摄影 刘明杰

谭惠民文集

胡昌振　李晓峰　主编

北京理工大学出版社
BEIJING INSTITUTE OF TECHNOLOGY PRESS

版权专有　侵权必究

图书在版编目（CIP）数据

谭惠民文集 / 胡昌振，李晓峰主编. - - 北京：北京理工大学出版社，2021.1
ISBN 978 - 7 - 5640 - 3166 - 4

Ⅰ. ①谭… Ⅱ. ①胡… ②李… Ⅲ. ①引信 - 文集
Ⅳ. ①TJ43 - 53

中国国家版本馆 CIP 数据核字（2010）第 076560 号

责任编辑：王玲玲　　　**文案编辑**：王玲玲
责任校对：周瑞红　　　**责任印制**：李志强

出版发行 / 北京理工大学出版社有限责任公司
社　　址 / 北京市丰台区四合庄路 6 号
邮　　编 / 100070
电　　话 / （010）68944439（学术售后服务热线）
网　　址 / http://www.bitpress.com.cn

版 印 次 / 2021 年 1 月第 1 版第 1 次印刷
印　　刷 / 廊坊市印艺阁数字科技有限公司
开　　本 / 787 mm × 1092 mm　1/16
印　　张 / 20.75
字　　数 / 368 千字
定　　价 / 106.00 元

图书出现印装质量问题，请拨打售后服务热线，负责调换

序　言

　　50多年前，我高中毕业于上海市继光中学。在我1952年进入这所学校时，她叫麦伦中学，沈体兰先生曾经当过校长，至今仍有"体兰馆"以作纪念；赵朴初先生曾经在此执过一学期教鞭，但恐怕已鲜有人知了。这所中学给我的最深印象是强调学生的德智体美全面发展。我的班主任孔慧英老师大不过我10岁，解放前就加入了中国共产党，待我们学生就如同她的阿弟阿妹，我考入大学后还给我写信，要我学会关心别人；我的语文老师潘成舟先生是位才子，他用浙江官话给我们朗读"北国风光，千里冰封，万里雪飘。……"时的神态，我至今记忆犹新；教我们体育的颜老师，教我们美术的朱老师，教我们音乐的梁老师，都具有专业级的水平。我还记得"焦晃大哥"当时还是上海戏剧学院的学生，曾辅导过我们的课余戏剧活动。我的同班同学夏金坤初中毕业后作为上海青年足球队的一员，出席了莫斯科国际青年联欢节。每每回忆以上这些情景，对照现在正在念中学（包括念小学）的孩子们，我就十分感慨。当年的物质生活尽管十分匮乏，但上学是件十分快乐的事。中学毕业了，能继续上大学当然很好，但如果考不上大学，在上海当一名工人未必就是一件坏事。当然，这是在20世纪50年代。

　　受一部苏联小说的影响，我中学毕业后曾经想报考医学院，当一名神经外科医生；因喜好美术、音乐，又想学理工，合适的专业就是建筑学了。就在自己三心二意时，管人事的王老师说，你报考北京工业学院（现在的北京理工大学）吧，是搞军工的，学校来人了，我推荐了你。就这样，我来到了北京工业学院，糊里糊涂进了北京工业学院第四专业，班号是4582，当时的理想是毕业后当个"少校工程师"。第四专业58级共有两个班，1958年进校时60名同学，几经院校及专业调整，到1963年毕业时只剩下14名，其中3名还是因病休学后复学的高年级同学，眼下还在专业岗位上的就我一个人了。

　　当时正值"大跃进"年代，有机会跟着班里"调干生"中的高级工匠参加高年级同学的科研工作，当当下手，由此开始知道第四专业是搞引信的。引信是个什么东西呢？引信是个小雷达，引信是个小闹钟，引信是个火药捻子。5年的大学生活，学了36门课程，数理化、机电热包罗万象。机械是基础，设有机械制图、理论力学、材料力学、互换性与测量技术、机械原理、机械零件、刀卡量具、金属学及热处理、机床原理、机械制造工艺等课程；电子是重点，学了电工学、无线电原理、无线电测量、电磁场理论与天线、雷达原理等课程；专业是核心，安排了内外弹道学、火工品概论、战斗部概论、火炮概论、导弹概论、机械引信、时间引信、电力引信、无线电引信等课程；最后还有一门企业管理，当然，政治和外语是必修的。如同美国人在《导弹设计原理（第三卷）》中所说，在进行战斗部（美国人将引信、保险装置、弹头作为构成战斗部的3个部分）研究时，必然会应用到所有的物理科学及有关的工程学。这是一个培养"杂家"的课程计划，毕业生适合当总工程师。当我

谭惠民文集

拿到盖有魏思文院长签名章的本科毕业文凭时，面临几种工作选择：或参军去五院（现航天）、六院（现航空）、七院（现船舶），圆我"少校工程师"的梦，或去九院"隐姓埋名"为中国的崛起作贡献。听说这些地方虽然待遇很好，但管得非常严，工作面非常窄，对我不是十分合适。正好恩师马宝华征求我的意见，问我是否愿意留校工作。考虑再三，像我这样散淡的人，所攻的又是这样一门"杂学"，当一名教师，可能是最好的选择。就这样，我在毕业登记表工作志愿一栏中填了"服从组织分配"几个字，开始了我46载"引信技术"的教师生涯。

引信，是我在大学所学的专业，是我一辈子的研究对象，是我赖以安身立命、养家糊口的载体。"引信"，俄语谓"Взрыватель"，英语谓"Fuze"，德语谓"Zünder"，汉语古称为"信"。引信是弹药的一个组成部分，小到手榴弹，大到导弹、原子弹，都有这个东西，它的作用是适时将弹药引爆以摧毁目标，除此之外的任何时候都处于一种安全状态，必要时甚至以自毁来避免伤及无辜。引信的这种特性，使长期从事引信研究工作的人逐渐养成一种很重要、很有用的素质，即承认矛盾的客观存在，分析矛盾的两个方面，寻找解决矛盾的途径，尽可能避免无谓牺牲。在汉语中，我国明朝曾将古典球形炮弹的火药捻子也即现代引信的鼻祖称之为"信"，除此之外，"信"尚有信用、信任、信息等含义。我已步入老年，很想把自己做过的工作总结一下，算是对自己、对师友、对后辈有个交代，由此想到选编一本文集。这个愿望得到诸多学生的热情支持，并有幸请得胡昌振、李晓峰两位博士担任主编。所收集的文章几乎都与"信"有关，文章提出的观点未必是正确的，但所依据的事实是可信的，作者当时的写作态度是诚恳的、认真的。

辑一收录了3篇有关我大学老师的短文，以此表达我对所有教诲过我的小学、中学、大学老师以及几位德国老师的怀念和感激之情。

辑二是有关教学工作的一些文章，其中几篇学位论文的评语摘编着重想表达作为评阅人的一种职责，即质疑，鸡蛋里挑骨头，这与论文本身水平的高低并无直接关系。

辑三中的一些文章是我担任引信技术专业组成员、引信重点实验室北京分部主任及一些项目负责人期间的部分工作记录，收存以给自己和有关师友留个纪念。

辑四至辑九入选的文章大多曾在学术刊物上公开发表过。记得有位哲人说过"技术是暂时的，艺术是永恒的"这样的话。商周时期煮肉汤用的一只青铜鼎，留存到现在是一件无价的国宝；60年前的一枚电子管近炸引信已经没有任何使用价值了。引信是一种工业产品，是基础科学、工业技术与军事需求、人类创造能力相结合的产物，和任何工业产品一样，都有它的生命周期。比起汽车，它的生命周期更短些。一部"老爷车"，只要保养得好，照样能作为代步的工具，开到路上，还能吸引人的眼球；一枚引信，过20年就要报废，一种老式引信即使重新生产，由于其性能落后，也很难找到用户了。因此，选录的有关引信的论文，绝大部分都是一种历史记录，表明曾经有人就有关的问题作过这样的研究。这些论文多半是解释已经发生的事物，预测可能发生的事物，极少是在创造新的事物。这就怨不得引信是一种工业产品了。客观的原因是我们这一代人所处的时代还是在向俄国人、美国人学

序　言

习的时代，但究其根本还是主观上创新精神的缺失。创新精神的确立和个体的天赋有关，同时也和教育培养及社会环境有关。陈寅恪先生所说的"独立之精神，自由之思想"是科学创新的灵魂，衷心地希望我们国家在经济飞速发展的同时，教育体制、社会环境的改善将愈来愈有利于人的创造能力的发挥。

辑三至辑九中一些未曾在学术刊物发表过的文章，大多作了一些技术处理，文中保留下来的一些数据也不足以作为工程或学术引用的依据。

辑十中的几篇读书笔记、调研报告、实物分析说明，涉及的主要是有关美国引信设计思想、设计方法、发展现状及事故分析等方面的问题。这些文章多为读书格物的心得，有其针对性和时效性，实为一家之言。

辑十一收录了几篇翻译文章，除了一篇我的德国老师来学校访问时所作的介绍德国高等工科教育情况的报告外，其余几篇文章的类型有论文、科技报告、专利等。当时翻译这些文章除了教学、研究工作的需要外，还想在专业科技文献的格式、文体及内容深浅的把握上寻求一种借鉴。很多年过去了，我认为至今仍不失其参考价值。

本文集收录了一些与师长、同事、学生合作的文章，更多的合作文章未被收录。无论是被收录还是未被收录的文章，都记录了一段我和他们曾经有过的相处、相知、相切、相磋的美好时光。他们的情谊伴随了我的一生，温暖了我的一生，我深深地怀念他们。

我近十年来的重要工作之一是受邀参加一些课题评审、专项分析会议。文集原稿有一辑收录我出席这类会议时的部分发言提纲。尽管入选的发言提纲与所涉及课题、项目的最终状态并无直接关联，题目名称也作了变更，目的只是为了提供一种发言模式而非留存技术档案，但出于技术安全的考虑，最终还是作了删除。在此，可与大家分享的体会是，凡参加这类会议至少应具备3个条件：对所讨论的问题有深入的专门知识；在相关领域有正确的基本常识；与相关部门利益不相关。即使有了这3条，未必保证不会犯错误，但不至于犯重大的、荒唐的错误。一旦对非己所长的问题说三道四、无视常识常理、因利益相关而强词夺理，通常就是犯错误的开始。

衷心感谢袁正研究员应我的请求审读了文集初稿，就内容、文字、编排及技术安全等众多方面提出了不少中肯的修改意见，这些意见绝大部分已被采纳，在此恕不一一列举了。近20多年来，我有幸长期与袁正研究员等诸多我国引信行业各领域的优秀专家在引信技术专业组共事，领教良多，从而使自己的人生也变得更为多彩。其中不少同志，亦师亦友，给过我诸多提携和帮助。至今，有的如杨欣德、李玉清研究员等已老成凋谢、仙归道山；有的如周京生、郝恩荣参谋则已卸下戎装，远离岗位了。每每想起曾经相处过的日子，总是让我十分感念。

这本文集从资料收集、打印、改错、删节到整理成集，自始至终得到胡昌振博士、李晓峰博士、王亚斌博士、何光林博士以及诸多学生的帮助。特别是李晓峰博士，近三年来，因撤换文章、调整篇目、修词改错、保密处理等原因，文集定稿前先后出过六个版本，都是经他的努力完成的。晓峰的耐心、细致、认真，让我深受感动。娄文忠博士处理了有关出版印刷的诸多具体事务。没有他们的鼓励，很难想象我能否坚持到底。在此，向他们表示我最诚挚的谢意。

胡昌振博士曾为文集作序一篇，已打出清样，列于卷首。反复阅读，序文多有溢美之词，可作徒弟替师傅卖瓜之想，再三考虑，应我的要求，在文集付印前还是将之撤下了。说实话，我很喜欢、很享受这篇序文，我将视之为学生对自己的真诚祝愿和慰藉，永远珍藏于心底。谢谢昌振。

能当一名教师是一件很幸福的事，学当一名称职的教师更是一辈子的事。

2009 年阳春

补　　记

　　在昌振、晓峰等诸多同道小友不懈努力下，文集在 10 年前已完成初稿，现今即将交付出版。趁此机会，补编了内容涉及 1980 至 2010 年间学习、工作片段的五篇短文，为辑十二。

　　文集中与专业技术直接相关的论文和研究报告，最晚的写于 2006 年，至今已过去一个本命年轮了。近十几年来，专业技术的研究内容、方法和工具，发生了很大的变化，取得了长足的进步。文集中这些与专业技术有关的文章，可以认为是一个专业的历史变迁在作者有限视野中的某种映射，对这个圈子里已步入老境的曾经的战友，或许由此能引发一些"遥想当年"的回忆；对还在岗位上的中青年同道，或许能从中感受几多他们的前行者曾经的艰辛，从而倍加珍惜当下的幸福和难得的机遇。

谭惠民
2018 年 12 月 28 日

目　　录

辑一　我的老师 ·· (1)
　　我的祖师爷李维临教授 ·· (3)
　　亦师亦兄忆宝兴 ··· (5)
　　《马宝华教授学术文集》序 ··· (7)
辑二　教与学 ·· (9)
　　引信用圆柱螺旋弹簧的半经验设计法 ·· (11)
　　"机械电子工程"本科毕业设计指导书 ·· (18)
　　学位论文评语摘编 ·· (20)
　　《机械弹簧》译者的话 ··· (23)
　　《系统动力学》前言 ·· (24)
　　《安全与引爆控制系统设计方法》前言 ·· (25)
辑三　发展与合作 ·· (27)
　　对引信安全性和可靠性研究的几点意见 ·· (29)
　　引信安全系统机电一体化技术 ··· (32)
　　关于发展炮兵弹药引信技术的几点思考 ·· (34)
　　精诚合作，优势互补，搞好跨单位合作 ·· (40)
　　我国中大口径火炮用机械、电子、近炸引信的安全系统亟待进行"三化改造" ········· (44)
　　关于引信技术发展战略研究的几点说明 ·· (46)
　　重点实验室（北京分部）拓展提高建设项目建议书 ··· (48)
　　对引信海外事故的咨询建议 ·· (50)
辑四　引信安全系统 ·· (53)
　　引信安全系统的技术进展 ··· (55)
　　引信安全系统逻辑结构的安全性分析 ·· (64)
　　后坐机构坠落安全性的工程设计 ·· (73)
　　曲折槽机构的灵敏度分析 ··· (79)
　　中大口径榴弹引信基型安全系统设计思想 ··· (83)
　　带万向支架的空空导弹安全系统消减横向过载影响动态特性研究 ··························· (98)
　　中大口径加榴炮引信安全系统通用性研究 ·· (104)
　　关于远程榴弹引信安全系统试验问题的几点意见 ·· (110)
辑五　机电安全与引爆控制 ··· (113)
　　引信机电安全系统研究工作最终报告 ·· (115)
　　末敏子弹机电安全与起爆系统技术方案 ··· (123)
　　空空导弹用安全系统设计构思 ··· (128)

I

辑六　机构设计及虚拟试验 …………………………………………（133）
　　子弹引信万向着发机构动力学分析 ………………………………（135）
　　引信过载随机过程计算机模拟 ……………………………………（142）
　　引信解除保险距离的虚拟试验技术 ………………………………（148）

辑七　钟表机构 …………………………………………………………（153）
　　带销钉式调速器钟表机构作用时间的计算 ………………………（155）
　　惯性原动机非调谐钟表机构固有特性仿真研究 …………………（166）
　　当擒纵机构相对弹轴不同位置布置时动态特性仿真 ……………（171）

辑八　动强度 ……………………………………………………………（175）
　　不同载荷条件下引信支筒的动态屈曲 ……………………………（177）
　　柱壳在轴向冲击载荷作用下塑性屈曲的实验研究 ………………（183）

辑九　引信可靠性 ………………………………………………………（187）
　　从抽样检验谈引信产品的质量控制 ………………………………（189）
　　关于引信可靠性指标的几个问题 …………………………………（198）

辑十　国外引信技术评述 ………………………………………………（203）
　　对两中心非调谐钟表机构研究方法的探讨 ………………………（205）
　　从30年来美国迫弹引信的发展历史可以学到些什么 ……………（213）
　　电子引信惯性开关故障原因分析 …………………………………（225）
　　PF-1 安全与解除保险机构动态特性分析 …………………………（229）
　　关于联合直接攻击弹药 JDAM（Joint Direct Attack Munition）的一些情况 ………（235）

辑十一　译文 ……………………………………………………………（243）
　　联邦德国机械工程高等教育 ………………………………………（245）
　　无返回力擒纵调速器某些动力学问题 ……………………………（257）
　　M125A1 型传爆管无返回力矩擒纵机构的重新设计 ……………（266）
　　薄锥壳对轴向冲击的弹塑性响应 …………………………………（289）
　　电磁近炸引信 ………………………………………………………（297）

辑十二　1980—2010 几个片段 ………………………………………（303）
　　留德杂忆 ……………………………………………………………（305）
　　摸着石头过河 ………………………………………………………（308）
　　行业、产品和学科 …………………………………………………（310）
　　工科学术带头人应有的素质 ………………………………………（312）
　　告别江湖 ……………………………………………………………（313）

谭惠民简历 ………………………………………………………………（315）
编后语 ……………………………………………………………………（317）

辑 一
我的老师

我的祖师爷李维临教授[①]

我的祖师爷李维临教授要是活着，应该是 84 岁高龄的老人了。他于 1977 年 10 月死于肺癌[②]，这或许与他早年曾患过肺结核，以后又勤于抽烟，且不论好坏有关。他的去世，使我失去了一位忠厚长者，使我国引信技术学科失去了一位真正意义上的祖师爷。尽管他离我们而去已经整整 18 个年头了，每每想起他来，总让我十分伤感。

李先生早年毕业于北洋大学，专攻机械设计和制造，1951 年被北京工业学院（现北京理工大学）聘为教授，历任教研室主任、系主任等职。先生学识渊博，人品高尚，有着让我们后辈钦佩并值得永远学习的敬业精神。一般说来，他是十分严肃的，但相处熟了，也不乏幽默，我就听他讲过一个将军怕老婆的笑话。我是 1958 年入学的，直到 1962 年上专业课时才有机会一睹先生的风采。他中等个，衣着绝对算不上整齐，稍微有点驼背，一头花白头发，戴一副深度的金丝边近视眼镜，是一位典型的教书先生。我听过蔡陛星先生的"普通物理"、孙嗣良先生的"高等数学"、洪效训先生的"雷达原理"等，我觉得当时的北京工业学院有一批非常优秀的基础课和技术基础课教师，讲课的先生们都很有学问，讲起课来有声有色，十分精彩。上李先生的课时，情况有些变化，他讲课条理很清楚，但缺乏"深度"，我听他的课更多的是得益于他的答疑。他的答疑不是简单回答问题，而是课堂讲授的深化。等我当了教师后，我曾就这个问题请教过他，我问先生："您何苦不在课堂上把所有问题都讲深讲透呢？"他回答我说："你们班有 14 位同学，不少是调干生，程度差别很大，我在课堂上只讲最基本的大家都应掌握的知识，有些知识需要同学通过提问去学习去掌握。"至此，我明白了因材施教的道理，也明白了如何当个好学生的道理。在课程学完后，需要做一个课程设计，我清楚地记得题目是有关美国 T227 引信隔离机构的反设计，有幸的是，指导我完成这个课程设计的又是李先生。我十分认真地做完了这个课程设计，其计算工作量不亚于现在的一个毕业设计，但结论大大出乎我和先生的意料，因为根据我的计算，这个机构是不能正常工作的，而 T227 引信曾在朝鲜战场上大量使用，两者显然是相悖的。先生反复检查我的计算，没有发现任何错误，最后还是给了 5 分，但"原因待查"。毕业后，由于教学工作需要，我重新拣起了这个当学生时留下的问题，此时有关 T227 引信的资料已经比较齐全。我发现我进行反设计时所依据的实物短缺了一个关键零件，如果用了这个关键零件，机构是可以正常工作的。我把这个"发现"告诉先生，先生笑着跟我说："作为一个课程设计，你当时得个优当之无愧，因为没有这个零件机构就是不能正常工作，我高兴的是你更重视那个'原因待查'，现在原因查出来了，我真想再给你一个 5 分。"

我参加工作后，与先生见面、讨论问题的机会就更多了。"文化大革命"刚结束，我陪他去过工厂、去过学校，所到之处，总是受到十分热情和敬重的接待。其实李先生是一位很

[①] 本文写于 1995 年教师节。
[②] 李先生"最后死于肝癌并发骨转移"，见先生子女撰《他是这样的人》，2011 年。

不善于言词和应酬的人，对他的热情和敬重多半是因为他在引信界的学问和人品，以及他众多弟子对他由衷的爱戴。他的魅力在于他能以完全平等的态度和别人（其中包括年轻人）讨论学术问题。由于专业发展的需要，他为学生开设过机械引信、钟表引信、电引信、无线电引信等各类引信的设计课程，其中有的是他的专长，有的则完全是因为教学工作的需要。我觉得，他是一位将学生的利益放在首位的真正的好教师。

我最后一次见到李先生是在北医三院的一间可住3个病人的普通病房里，先生十分消瘦，十分衰弱，但却十分清醒。我和一起去看望他的同事给他捎去了一本新出版的《毛泽东选集·第五卷》，让先生精神好时翻翻。他双手接书并放在枕边，正色说道："应该是好好学习。"听了这话，我不禁肃然起敬。当时并未确诊先生得了什么病，我们都希望他能早日康复，他也谈到将来很想深入研究一下引信中的冲击和振动问题，没有想到那次见面竟成了诀别。

在我的印象中，当我认识先生时他已经是位白发老人，但实际当时他才50出头。在十几年的时间里，他似乎没有什么变化。他离开我们时，享年66岁。

亦师亦兄忆宝兴[①]

1999年3月7日上午九时，已经退休近5年的王宝兴老师在骑车去大钟寺农贸市场买菜后的返家途中，在友谊宾馆前被一辆公交巴士撞翻，经抢救无效，不治身亡，至今已整整10个年头。宝兴老师亡故时，才67岁。对于我来说，总觉得10年前的那场车祸如梦似幻，似乎从来就没有发生过，即使他现在站在我面前，我也只会稍感惊讶，因为很久未见了，但不会有绝对的意外，因为他不过是一位77岁的老人罢了。

宝兴老师于1932年12月20日出生在辽宁盖县一个普通农民家里，我吃过不少他从家乡捎回北京的个头不大但味道鲜美的国光苹果，至今印象深刻。1952年他考入北京工业学院机械系，1956年加入中国共产党，1957年大学毕业并留校任助教。1959年至1963年师从李维临教授读在职研究生，当时我正在上本科。当我有机会与专业教研室的老师有所接触时，知道有位看似很老成实际很年轻（约30来岁）的老师叫王宝兴，经常去天津大学精仪系计时专业上课，他有一架50∶1的无返回力擒纵机构模型，人在北京时总在专业陈列室做实验，写他的有关无返回力擒纵机构设计方法的研究生论文。

1963年我大学毕业并留校当助教，当时宝兴老师是教研室主任。宝兴老师没有直接给我上过课，但由于他和我的导师宝华老师是同班同学，长宝华老师2岁，长我8岁，因此我们的关系一直很亲密，我视他亦师亦兄，直呼他的夫人为大嫂。他和宝华老师同为我的入党介绍人。他给过我很多教诲，比如："人这辈子有两种错误不能犯，一是生活作风问题，二是经济问题。"这话可是在30多年前说的呀！改革开放以后，我曾经受系里的委托，负责过一阵子系办公司的经营管理工作，他及时提醒我："你的目标是当个学者，而不是一个经理！"人们可以说宝兴老师是个"老派"人物，但不得不承认，他绝对是个正派人物。

大约是在1969年，我的妻子在河北涿鹿某部队锻炼即将结束，能否按原分配方案回北京工作还不很确定。为了确保我们夫妻团圆，宝兴老师专程去了一趟我妻子所在的部队落实此事。宝兴老师本人曾经历过夫妻分居两地的生活，他的夫人调入北京后又长期在远郊昌平工作，深知分居之苦。他对我个人家庭生活如兄长般的关心，让我深怀感激，终生难忘。宝兴老师这种将心比心、对别人的难处感同身受的情怀，也为我以后待人处事树立了榜样。

"文化大革命"初期，我们教研室的老师们曾经有过短时期的"混战"，好在只是动嘴不动手，彼此间并未造成太大的伤害，并且万幸的是很快形成共识，不能再继续在两派斗争中浪费宝贵的光阴。引信技术是最早走出学校去工厂开门办学的专业之一，先是去吉林524厂，后来又到北京通县的5424厂。1973年正式招收第一批工农兵学员。也就是说，对于引信技术专业而言，自1973年开始，即逐渐恢复正常的教学工作，编写了一批适应当时需要的教材。并根据战备需求，与工厂的工程技术人员相结合，开展了一定程度的科学研究。宝兴老师是当时开门办学的骨干力量之一。

[①] 在宝兴老师离世10周年之际，以此短文表达我的深切怀念。

经过党组织长时期的考察，1979 年 12 月由王宝兴、马宝华两位老师作介绍人，我加入了中国共产党。次年 9 月我到德国进修，两年后，即 1982 年 9 月我回到教研室。此时，中国已走上了改革开放的道路！

我回国后 3 个月，即接替宝兴老师担任教研室主任的工作。当年宝兴老师刚满 50 周岁，晋升副教授不到两年。他对我的交代是放手大胆改革开放，在系主任（马宝华老师）的带领下，把教研室的各项工作搞上去，并尽可能的争取改善大家的工作、生活条件。

1983 年至 1994 年退休前，在这 10 余年时间里，宝兴老师专心致力于培养学生、科学研究和著书立说。鉴于宝兴老师在学术上的突出贡献及重要影响，1989 年晋升为教授，1993 年起享受政府特殊津贴。他留给我们的重要著述有：《机械计时仪器》《时间引信钟表机构设计基础》《碰撞与振动》等，以及和宝华老师等一起编写的多种教科书、手册和辞书。

在我的印象中，宝兴老师一生致力于教学生、做学问，生活极其简朴，没有任何不良嗜好，可以说一生与人为善，与世无争，光明磊落。如果没有那起意外的车祸，宝兴老师一定能健康地活到现在，他的晚年生活一定会十分平静，十分满足，十分幸福。

今天刚好是宝兴老师不幸离我而去整整 10 个年头，记下点滴回忆以寄托我的哀思，愿宝兴老师安息！

《马宝华教授学术文集》序[①]

2003年10月1日是老师马宝华教授69华诞，也是他从教46周年。编辑出版这本《马宝华教授学术文集》以示祝贺。我是在校学生辈中老大，大家推举我从学生的角度说几句心里话，我也就当仁不让了。

为了编辑这本文集，我把全部文章通读了一遍。特别是老师有关引信技术发展战略研究、引信设计思想、引信系统分析的文章，因需做些校订工作，读得更仔细一些。读后掩卷静思，感慨良多。

"引信设计与制造"作为我国第一批建立的军工专业之一，经历了半个世纪的成长历程，从一个单纯的以产品为对象的本科专业，发展为军民结合、机电结合、教学和科研结合，可以培养本科、硕士、博士不同层次人才的"机械电子工程"学科，凝聚了几代人的心血。其中如李维临、何莹台等前辈教授均已作古，许哨子教授、叶英研究员两位前辈尚健在。作为他们的学生，马宝华教授是当之无愧的承上启下、开创未来的第一人。

宝华先生是国内公认的引信技术学术权威，他在学科建设上所做的几件事是值得我们后学者永远记住的。一是作为核心人物，与胡凤年、杨欣德、梁棠文等研究员一起筹划争取成立了本专业国家级的最高技术咨询组织，即原国防科工委"引信技术专业组"，现为总装备部"引信与火工品技术专业组"；二是作为学术带头人，规划推动了"引信动态特性国防科技重点实验室"的立项建设；三是主持将"引信技术"学科改造成为"机械电子工程"学科，并进入国家重点学科行列；四是作为主任编委，积极促成将《现代引信》更名为《探测与控制学报》，成为兵工学会一级的全国性刊物和核心期刊。宝华先生在以上几个方面所作出的贡献，本文集从不同侧面都有所反映。

宝华先生还以专家身份写了另外两类文章：一类是向领导机关反映引信技术领域重大问题的专门报告；另一类是为决策管理部门起草的有关引信技术领域重大项目的技术指导文件或技术评审文件。他不仅知识渊博，而且对专业发展趋势有准确的把握，对军事需求、相关技术发展及其与国家政策之间的关系有深刻的理解，以至于他可以在技术决策层面为国家提供服务。我想，作为一名学者，这已经达到了他学术生涯的最高境界了。宝华先生以他的真知灼见和认真负责的态度，为军方和主管部门进行技术决策提供了不少有价值的咨询意见和建议。他所提的意见和建议既不因主事者官居高位而曲意迎合，也不因具体管事者是自己的学生而草率敷衍。因此，宝华先生不只是在学术界及企业界有很大的影响，而且与军方及主管部门也建立了良好并正常的工作关系。当重读他多年来撰写的这方面的文章时，可以看出他的不少见地经受住了实践的检验和时间的考验。但因有关这方面的文章大多涉及机密，本文集不便收录，不能不说是一个遗憾。

近10年来，宝华先生的主要精力集中于将他在引信设计思想、设计理论和设计方法等

[①] 本文写于2003年5月18日。

方面的研究成果应用于引信的工程研制实践。他所主持设计并已投入生产的迫击炮通用机械触发引信、火箭炮基型触发引信、子弹通用机械触发引信等，使他在军方及企业界都获得了极大的声誉。他的设计理念认为"满足军方的战术技术要求是产品设计的起点而不是终点"，据此提出了一整套具有实际可操作性的设计原则和设计方法，并在身体力行的工程实践中不断加以丰富和发展。由此形成的产品，使军方得到了性价比很高的装备，使企业收到了良好的经济效益。本文集收录的部分文章反映了宝华先生工程实践方面的经验总结。

作为一名优秀教师，宝华先生讲课十分精彩，在学生中口碑非常好，著有荣获全国优秀教材奖的教材，自己撰写及指导学生撰写了不少在国内有广泛影响的学术论文，培养了众多优秀人才。本文集收录了一些有代表性的学术论文。从论文作者简介中，可以看出近20多年来他所培养的一部分学生的情况。还有一部分学生，有的从事政府或技术管理部门的工作，有的改行从事其他专业领域的教学或研究工作，有的"下海"成为公司经理，有的出国求发展了。我谈及这些，主要是想阐明一个观点，即宝华先生一直有一种使命感，始终不忘自己是一名教师，自己最主要的职责是因材施教，诲人不倦，教学相长。他提出了"做人、做学问、做论文"的育人思想，创造机会让学生自由发展。学生可以不继承自己的衣钵，但必须成为一个对国家有用的人才。他的学生中有些基础不是很好，但经过他有针对性的调教，几年后总是会在某些方面有所进步，从而可能改变了一生的命运；有的学生基础和天赋堪称优秀，经过几年的学习，兴趣发生极大的变化，他也会积极加以支持以至创造必要的条件，使之在与引信完全不同的学术领域中得到更好的发展。他的学生无论现在从事何种工作，也无论是有学问、有权还是有钱，仍与自己的老师保持十分亲密的关系，我想这对于作为教师的宝华先生是一种最大的褒奖和安慰了。

文集中收录的宝华先生与学生合作的文章，大部分是他所指导的硕士或博士论文的摘编。我看过他为学生论文所作的修改，除了学术上的对和错、是与非，他对文章结构、语言及格式规范、错别字等，一概要加以修改。他十分重视学术上的"考据"，即以面向世界的眼光搞清所研究课题的过去与现在，以便使自己的研究有高的起点。这种学术风格在本文集中马宝华教授的第一署名文章中可见一斑。这种学风对我们这些留校当教师的人也产生了言传身教的良好影响。

宝华先生即将进入古稀之年，仍以旺盛的精力应付着多方面的事务。按我的看法，有些活儿是可以推一推的，但似乎应了那句老话："人在江湖，身不由己。"想推也推不掉。这一方面说明他在学术界的地位，别人有事总想请教他；另一方面也确实是我这位老师十分好说话，"不"字很难启口。我衷心地希望老师能健康长寿，早日过上一种正常的学者生活，实现自己多年的愿望，也是众多门徒的期盼——将毕生的学问心得进行系统整理，编著成册，以传后人。

辑 二
教 与 学

引信用圆柱螺旋弹簧的半经验设计法[①]

设计引信弹簧的原始数据，是引信对弹簧的抗力要求及引信的有关结构尺寸。弹簧如果是作为保险器，则可根据保证平时安全及可靠解除保险这两个条件来确定对弹簧的抗力要求。弹簧如果是作为储能元件，用来推动其他零件的运动，则根据一定变形下能量足够的原则来确定对弹簧的抗力要求。总之，对引信弹簧的抗力要求，需利用我们前面所学的引信设计的知识，根据具体机构及具体作用而定。一般说来，设计的原始数据应包括导向件尺寸、弹簧的自由高度、全压缩高度、检验高度及检验抗力等。

1 半经验公式的推导

从材料力学可以得知密圈螺旋弹簧的刚度 R' 与弹簧的结构参数 d, n, D 之间有下列定量关系：

$$R' = \frac{R}{\lambda} = \frac{Gd^4}{8nD^3} \tag{7-13}$$

根据对弹簧的抗力要求，可以求得该弹簧应有的刚度，并据此确定弹簧的结构参数 d, n, D。但由式（7-13）可以看出，未知数有 3 个，不能用简单的代数方法由上式求得 d, n, D。通常采用试算的方法确定之。对于初学者来说，这是一种费时费功的方法。要想合理地确定它们，就得分析一下这几个参数在决定弹簧刚度时所起的作用，以及这几个参数之间的关系。在确定这 3 个参数的过程中，一共要解决 3 对矛盾：刚度 R' 与钢丝直径 d 的矛盾，R' 与有效圈数 n 的矛盾，R' 与弹簧平均中径 D 的矛盾。"这些矛盾，不但各个有其特殊性，不能一律看待，而且每一矛盾的两方面，又各有其特点，也是不能一律看待的。"

由刚度公式可以看出：

(1) 弹簧钢丝直径 d 对刚度的影响最大。

(2) 弹簧平均中径 D 对刚度的影响仅次于 d。

由式（7-9）、式（7-10）可知

$$D = D_d + \left(\Delta + d + \frac{\delta}{2}\right)$$

或

$$D = D_d - \left(\Delta + d + \frac{\delta}{2}\right)$$

式中，D_d 为导向件的最大外径或最小内径，取决于引信结构；Δ 为弹簧圈与导向件间隙，可根据 D_d 的大小按规范取；δ 为中径公差，取决于制造工艺，也有规范可查。引信弹簧钢丝的直径 d 一般在 0.2～1.2 mm。因此，引信结构一定，弹簧平均中径 D 也就基本定下来，

[①] 本文节选自北京工业学院 1976 年版的《引信设计》，凡公式号、图号、表号均见原文。

准确确定 D 只取决于钢丝直径 d。

(3) 有效圈数 n 对刚度的影响较小。

式 (7-2) 给出，对磨平端圈的弹簧

$$n = \frac{h_3}{d} - 2$$

对未经磨头的弹簧

$$n = \frac{h_3}{d} - 3$$

由于弹簧的全压缩高度 h_3 受引信结构的制约，是在引信结构设计中初步确定的，h_3 已知，n 就取决于钢丝直径 d。

根据以上 3 对矛盾及矛盾方面的具体分析，可以得出两点结论：

① 钢丝直径对弹簧刚度有着决定性的影响；

② 由于引信的结构尺寸是先于弹簧设计初步确定的，因而如果确定了钢丝直径，其他参数也就可以确定了。

"我们不但要提出任务，而且要解决完成任务的方法问题。"为此，结合以上的分析，采取下列措施。

以芯杆导向为例，已知

$$D = D_d + \left(\Delta + d + \frac{\delta}{2}\right)$$

暂不考虑导向零件与弹簧的间隙 Δ，d 取 0.7 mm，即目前常用的引信弹簧钢丝直径 $0.2 \sim 1.2$ mm 的中间值。δ 取 0.6 mm，即常用引信弹簧三级精度中径公差。所以

$$D = D_d + \left(\Delta + d + \frac{\delta}{2}\right) = D_d + \left(0 + 0.7 + \frac{0.6}{2}\right) = D_d + 1$$

又已知

$$n = \frac{h_3}{d} - (2 \sim 3) \approx n_1 - 2$$

为保证充分利用材料，引信弹簧的圈数不宜过多，但圈数过少会使工艺性变坏。统计表明，目前使用的引信弹簧有效圈数与总圈数的比值一般在 0.78 左右。所以有

$$n = 0.78 n_1 \approx 0.78 \frac{h_3}{d}$$

这样，刚度公式就可以表示为

$$R' = \frac{G d^4}{8 \times 0.78 \times \frac{h_3}{d}(D_d + 1)^3}$$

对于弹簧钢丝，$G = 8 \times 10^6$ g/mm^2，所以

$$d = 0.06 \sqrt[5]{R' h_3 (D_d + 1)^3} \tag{7-14}$$

式中，D_d 为弹簧导向件的极限尺寸。芯杆导向时，取芯杆外径最大值；驻室导向时，取驻室内径最小值，并写成 $(D_d - 1)^3$。

下面以某引信击针簧为例，说明如何应用上述几个公式设计弹簧。

设计的原始数据：

$R' = 18.8$ g/mm,$h_j = 6.5$ mm,$R_j = 350 \sim 460$ g,$H_0 = 28_{-3}^{\ 0}$ mm,$h_3 \leq 5$ mm,$D_d = 6$ mm,芯杆导向。

由式（7-14）得

$$d = 0.06 \sqrt[5]{R'h_3(D_d+1)^3} = 0.06 \times \sqrt[5]{18.8 \times 5 \times 7^3} = 0.48 \text{（mm）}$$

除非特殊需要，应将 d 化整为标准钢丝直径，如 0.45 mm，0.5 mm 等。在这里取

$$d = 0.45_{\ 0}^{+0.02}$$

根据初步取定的 d 计算中径。由式（7-9）

$$D = D_d + \left(\Delta + d + \frac{\delta}{2}\right)$$

查表 7-4，按三级精度取，当 $D_d = 6$ mm 时，$\delta = 0.6$ mm，查表 7-5，当 $D_d = 6$ mm 时，$\Delta = 0.3$ mm。所以有

$$D = 6 + 0.3 + 0.46 + 0.3 = 7.06 \text{（mm）}$$

根据以上得到的钢丝直径及弹簧中径，计算有效圈数。由式（7-13）得

$$n = \frac{Gd^4}{8R'D^3} = \frac{8 \times 10^6 \times 0.46^4}{8 \times 18.8 \times 7.06^3} = 6.75$$

化整为 $n = 7$。

这样，就初步确定了该击针簧的 3 个主要结构参数，即钢丝直径 $d = 0.45_{\ 0}^{+0.02}$ mm，平均中径 $D = 7.06$ mm，工作圈数 $n = 7$。我们说只是初步确定，是因为上述 3 个参数尚不能在刚度公式中得到完全的统一。如 n 的计算值是 6.75，在实际生产中，工作圈数最好是半圈的整数倍，因此，我们归整为 $n = 7$。在这种情况下，为保证刚度不变，或者增大钢丝直径，或者缩小弹簧中径。很明显，由于钢丝直径必须取标准值，改变弹簧中径要比改变钢丝直径方便。

根据 $R' = 18.8$ mm，$d = 0.45_{\ 0}^{+0.02}$ mm，$n = 7$，对应的弹簧中径

$$D = \sqrt[3]{\frac{Gd^4}{8nR'}} = \sqrt[3]{\frac{8 \times 10^6 \times 0.46^6}{8 \times 7 \times 18.8}} = 6.96 \text{（mm）}$$

以下，我们就可以计算击针簧的其他结构参数了。

弹簧总圈数（两端各一圈死圈，三级精度）

$$n_1 = n + 2 \pm 0.75 = 9 \pm 0.75$$

弹簧最小内径，由式（7-7）得

$$D_1 = D - \left(\frac{\delta}{2} + d_{\max} + 0.01\right) = 6.69 - (0.3 + 0.47 + 0.01) = 6.18 \text{（mm）}$$

已知芯杆的最大外径 $D_d = 6$ mm，即弹簧的最小内径与芯杆间尚有 0.18 mm 的间隙，比之原先选定的间隙 $\Delta = 0.3$ mm 要小些，但还是允许的。这是 n 取得比计算值大，以致中径变小的必然结果。在这里，我们实际取

$$D_1 = 6.2 \text{ mm}$$

弹簧的最大外径，由式（7-8）得

$$D_2 = D + \left(\frac{\delta}{2} + d_{\max} + 0.01\right) = 6.96 + (0.3 + 0.47 + 0.01) = 7.74 \text{（mm）}$$

在这里，我们实际取

$$D_2 = 7.7 \text{ (mm)}$$

因此，实际的平均中径为

$$D = \frac{1}{2}(D_1 + D_2) = 6.95 \text{ (mm)}$$

弹簧的全压缩高（磨端面），根据式（7-2）得

$$h_{3\max} = n_{1\max}(d_{\max} + 0.01) = 9.75 \times (0.47 + 0.01) = 4.68 \text{ (mm)}$$

$h_{3\max}$ 小于 5 mm，满足设计要求。如引信结构尺寸允许全压缩高稍大于 5 mm，也可以不磨端面。

弹簧的展开长度，由式（7-6）得

$$L = n_1 \pi D = 9 \times 3.14 \times 6.95 = 210 \text{ (mm)}$$

弹簧螺距，由式（7-3）得

$$t = \frac{H_0 - h_3}{n} + d = \frac{26.5 - 4.68}{7} + 0.46 = 3.58 \text{ (mm)}$$

弹簧缠绕比

$$C = \frac{D}{d} = \frac{6.95}{0.46} = 15.1$$

弹簧径距比

$$C_1 = \frac{D}{t} = \frac{6.95}{3.58} = 1.94$$

在讨论弹簧的结构工艺性时，我们提出了缠绕比和径距比的评价指标，上述计算结果表示该弹簧的工艺性尚好。下面根据以上得到的弹簧结构参数，画出该弹簧的抗力图，以检查给定的检验抗力分布是否合理。

根据式（7-13）

$$R = \frac{Gd^4}{8nD^3}\lambda$$

可以求得对应于检验高度 $h_j = H_0 - \lambda_j$ 时，该弹簧可能出现的最大抗力及最小抗力，并画出抗力分布图。

$$R_{\max} = \frac{d_{\max}^4 (H_{0\max} - h_j)}{(n_{1\min} - 2)(D_1 + d_{\max})^3} \times 10^6 = 560 \text{ (g)}$$

$$R_{\min} = \frac{d_{\min}^4 (H_{0\min} - h_j)}{(n_{1\max} - 2)(D_2 - d_{\min})^3} \times 10^6 = 180 \text{ (g)}$$

该击针簧的抗力图如图 7-7 所示。抗力图说明给定的检验抗力（$R_j = 350 \sim 460$ g）全部分布在上述范围内，即抗力分布基本上是合理的。但仔细分析一下，我们会发现两个问题。首先，检验抗力对于上述计算抗力的分布不很对称。其次，计算抗力散布较大，或者说检验抗力给的范围太小，因为

$$\Delta R = R_{\max} - R_{\min} = 560 - 180 = 380 \text{ (g)}$$

$$\delta R_j = R_{j\max} - R_{j\min} = 460 - 350 = 110 \text{ (g)}$$

$$\Delta R > 3\delta R_j$$

一般说来，弹簧的检验抗力可以在相当大的范围内变化而不致于影响它所在机构的作用性能。如该击针簧检验抗力在 320~1 000 g 的范围内变化，均能保证平时安全和可靠解除保

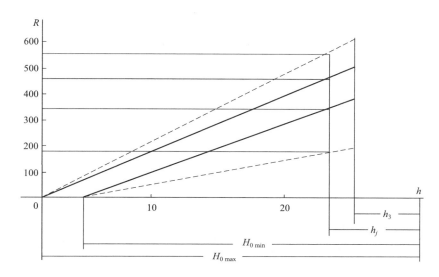

图 7-7　某击针簧抗力分布图

险。在设计弹簧时对此应做到心中有数，允许在满足性能要求的前提下，根据弹簧的抗力分布，对检验抗力作适当的调整。因此，对于上述两个问题，最简单的解决办法是放宽一下检验抗力的范围，将检验抗力的下限值由 350 g 改为 320 g。在某些情况下，这种改变是为性能要求所不允许的，则说明所给定的尺寸公差不甚合理，这时可改变尺寸公差，或者采用非标准的钢丝直径，以得到合理的抗力分布，高效率地缠制弹簧。

经过以上的检验，说明设计计算的结构尺寸及所取的公差是合理的，工艺性也较好，即可进行强度校核以确定使用哪一组别的钢丝来缠制弹簧，并绘制产品图。

弹簧的强度校核可根据材料力学给出的公式进行：

$$\tau = K\frac{8R_3 D}{\pi d^3} \leqslant [\tau] \tag{7-15}$$

式中，τ 为弹簧钢丝所受最大剪切应力（kg/mm^2）；R_3 为全压缩时弹簧抗力的平均值（kg）；D 为平均中径（mm）；d 为钢丝直径平均值（mm）；K 为由图 7-8 查得的曲度修正系数；$[\tau]$ 为许用应力。

许用应力一般取 0.4 倍的抗拉强度，在极限状态下可以取到 0.5 倍的抗拉强度。即

$$[\tau] \leqslant (0.4 \sim 0.5)\sigma_b$$

根据前面设计所得的数据，可以算得

$$R_3 = \frac{\overline{R_j}}{\overline{H_0} - h_j}(\overline{H_0} - h_3) = \frac{405}{26.5 - 6.5} \times (26.5 - 5) = 435 \text{ (g)}$$

已知 $C = 15.1$，由图 7-8 查得 $K = 1.1$，因此

$$\tau = K\frac{8R_3 D}{\pi d^3} = 1.1 \times \frac{8 \times 0.435 \times 6.95}{3.14 \times 0.46^3} = 87.5 \text{ (kg/mm}^2\text{)}$$

由表 7-6 查得 $d = 0.45$ 时，丙组钢丝 $\sigma = 270 \text{ kg/mm}^2$，因此

$$[\tau] = 0.4\sigma_b = 108 \text{ (kg/mm}^2\text{)}$$

即用丙组钢丝制造该击针簧就可以满足强度要求。

如计算的最大应力大于该直径的甲组钢丝的许用应力,则需选用更粗一些直径的钢丝重新设计弹簧。由于引信的结构尺寸限制得比较严格,实践证明,对于一些装配时不处于全压缩状态的单行程引信弹簧,许用应力最大可取到 $0.5\sigma_b$,而不至于影响弹簧的正常工作。

$0.5\sigma_b$ 相当于弹簧钢丝剪切屈服极限,因此应力超过 $0.5\sigma_b$ 的弹簧,在全压缩后将不能完全弹性恢复到自由高度。在引信弹簧的生产中,对于这样的弹簧,在缠制成形后,需连续 3~5 次将之压死,而后经检验,尺寸和抗力均符合产品图要求,方能进行表面处理。钢丝的屈服极限有一散布范围,式(7-15)未考虑因尺寸公差而造成的应力变化。根据计算,当 $\delta R = \pm 0.15\overline{R_j}$,并计入尺寸公差的影响,$\dfrac{\Delta\tau}{\tau}$ 可达 20%。因此,有可能出现这样的情况:按式(7-15)计算所得的应力值没有超过屈服极限,但事实上有一部分超过了。

在应力值超过屈服极限时,预压缩处理可提高钢丝强度,最大可达屈服极限的 30%。式(7-15)的实用意义也在这里。这个问题在本章的 7-5 节还将稍作讨论。

考虑到电解液对弹簧钢丝的腐蚀,使钢丝直径变细,以及电镀时的渗氢现象,使钢丝变脆,有些弹簧在电镀后,需在全压缩状态下保持 1~5 昼夜,要求弹簧不发生断裂。弹簧是否进行这种全压缩试验,与弹簧的应力是否超过屈服极限无直接关系,主要根据电镀工艺的好坏及弹簧用途而定,如电镀中腐蚀及渗氢现象严重,或弹簧用于双行程机构,或弹簧在装配位置即处于全压缩状态,一般均需进行全压缩试验。当然,应力稍微超过屈服极限的弹簧,也可以用全压缩处理进行强化。

2 半经验法设计弹簧的一般步骤

以上我们讨论了某引信击针簧设计计算方法。实际上,这种方法可以推演为引信用圆柱螺旋压缩弹簧的一般设计程序。

(1)根据引信有关的结构尺寸及性能要求确定对弹簧的抗力要求,给出弹簧应具有的平均刚度、检验抗力及检验高度、全压缩高度,作为设计弹簧的原始条件

(2)根据式(7-14)初定钢丝直径

$$d = 0.06\sqrt[5]{R'h_3(D_d \pm 1)^3}$$

D_d 为驻室的最小内径或芯杆的最大外径。当用驻室内径导向时,式中括号内取减号,当用芯杆外径导向时,式中括号内取加号,所得的 d 值化整为标准直径。

(3)根据初定的 d 及导向尺寸 D_d,初步计算弹簧的平均中径 D

$$D = D_d \pm \left(\Delta + d + \dfrac{\delta}{2}\right)$$

当用驻室内径导向时括号前取减号,当用芯杆外径导向时括号前取加号。δ 及 Δ 可根据 D_d 的大小按规范选取恰当的值。

(4)根据初定的 d,D 及已知的刚度 R',试算有效圈数 n

$$n = \dfrac{Gd^4}{8R'D^3} = \dfrac{d^4}{R'D^3} \times 10^6$$

以半圈为最小单位将 n 归整。为保证全压缩高度不超过规定值,n 一般总是向较小值归整。所得 n 值应满足 $n_{1\max}(d_{\max}+0.01)$ 或者 $(n_{1\max}+1)(d_{\max}+0.01)$ 小于规定 h_3 这一要求。

前者为磨端圈,后者为不磨端圈。能不磨端圈而满足要求最好。如即使磨端圈也不能满足要求,但差得不多,则可将中径 D 稍作放大重新计算工作圈数 n;如果相差很大,则应改变钢丝直径重新计算 n。

(5) 根据初定的 d 及归整后的 n,求得准确的中径 D

$$D = \sqrt[3]{\frac{Gd^4}{8R'n}} = 10^2 \times \sqrt[3]{\frac{d^4}{R'n}}$$

(6) 确定弹簧的内径

弹簧的最小内径

$$D_1 = D - \left(d_{\max} + 0.01 + \frac{\delta}{2}\right)$$

弹簧的最大外径

$$D_2 = D + \left(d_{\max} + 0.01 + \frac{\delta}{2}\right)$$

应保证弹簧圈与导向零件间有一定的间隙。如间隙过小,可适当缩小中径公差,或修改 D_d。

(7) 确定总圈数 n_1 和全压缩高度 h_3

(8) 检查旋绕比 C、径距比 C_1 及抗力分布是否合理

在实际工作中检验抗力总是根据性能要求及弹簧设计的结果,综合考虑后,才最后确定的。

(9) 弹簧钢丝的强度校核及材料选择

要求

$$\tau = K\frac{8R_3D}{\pi d^3} \leqslant [\tau]$$

一般可取

$$[\tau] \leqslant 0.4\sigma_b$$

在极限情况下,可取到 $0.5\sigma_b$。当弹簧的应力超过 $0.4\sigma_b$ 时,一般需要作预压缩处理。

(10) 绘制产品图

产品图中应标有 D_1、D_2、H_0、h_j、h_3、n_1、R_j、d、L 等结构尺寸,注明检验抗力及技术要求等。

上述设计步骤可根据具体情况而互易次序。比如,当全压缩高度 h_3 限制较严格时,(3) 和 (4) 可以颠倒一下,此时工作圈数 n 可由下式计算。

不磨端圈

$$n = \frac{h_3}{d} - 3$$

端圈磨平

$$n = \frac{h_3}{d} - 2$$

从特殊到一般,这是我们认识事物的客观规律。重要的是我们不要把这一般规律当做僵死的东西,而应结合具体情况,灵活运用。

"机械电子工程"本科毕业设计指导书
——《小口径弹引信 CAD 及动态特性仿真》

(1998 年 3 月)

1 小口径弹引信使用要求分析以及国内外小口径弹引信技术现状调研

(1)《炮兵引信战术技术指标通用要求》(GJB$_z$20119—1993),中国人民解放军总参谋部发布。

(2)《外军现役引信手册》,中国兵器工业标准化研究所,1993.12。

(3) MIL-HDBK-145,"Fuze Catalog Procurement Standard and Development",1. Oct. 1980。

(4)《引信手册(国产引信)》,兵器工业部三局,1984,1990。

(5) 专利文献。

2 引信结构方案设计

(1)《引信结构要素·小口径炮弹用弹头引信》(GJB814.4),国防科学技术工业委员会。

(2)《引信构造与作用》,马宝华编著,1984,12。

(3)《引信通用化、系列化、组合化专项实施方案》,中国兵器工业总公司,1997.12。

3 引信机构设计及动力学分析计算

(1)《引信设计原理》,董方晴编译,国防工业出版社,1973.10。

(2) MIL-HDBK-757(AR),"Fuzes",Department of Defense USA,1994.4.15。

(3)《引信设计》,北京工业学院,1976。

(4)《引信设计手册》,国防工业出版社,1978。

(5)《引信设计原理》,陈庆生,国防工业出版社,1986.6。

(6)《引信技术》《兵工学报·引信分册》《现代引信》等刊登的相关文章。

4 弹 道 条 件

《MIL-HDBK-757(AR)》,p9~p11 有 40 mm 弹内弹道曲线,也可由太原机械学院编

《内弹道手册》查询。

5 软 件

（1）三维造型软件：个人机为 MDT，工作站为 IDEAS。
（2）动力学数值仿真软件：个人机为 Working Model，工作站为 ADAMS。
（3）结构分析软件（用于触发机构、软带等分析）：工作站 ANSYS。

6 进度要求

（1）3月10日前完成文献调研、毕业设计内容提纲及相应研究计划。
（2）3月31日前完成指导书第一、第二部分研究内容的文字稿。
（3）4月7日前完成上机前的各种准备工作，包括数据及软件使用方法。
（4）5月26日前完成全部设计计算工作。
（5）6月16日前完成设计文本撰写工作。

学位论文评语摘编

1　工程硕士学位论文

论文针对目前我国引信行业军厂双方使用计数抽样检验方法来判定批产品质量水平（如安全可靠度、发火可靠度等）时，在概念、术语及其含义上多有模糊、混淆、不科学等实际情况，就我国引信抽样检验标准产生的历史渊源进行了科学梳理，对有关的国军标及美军标作了对比分析，并提出应根据军厂双方共同商定的 $AQL-\alpha$、$LTPD-\beta$ 及批量 N，具体确定抽样检验方案，以达到利用较低的检验成本获得较高的检验鉴别力的目的。为了方便使用，论文还结合我国引信抽样检验的实际情况给出了一次、二次、三次计数抽样检验方案的计算程序，并对其数学背景进行了详尽的描述。

有两个问题希望论文作者进一步思考：

（1）$AQL=4\%$ 并不是一个"规定值"，就引信众多的需要计数抽样检验鉴定的性能指标而言，凡涉及安全性及作战效能的性能试验，通常可取小于 4%，而其他性能试验（如安全距离外早炸）则可取大于 4% 的值，故以 4% 为准进行"AQL 的误差分析"似无从说起。

（2）"批量 N 对 OC 曲线影响较小，而样本量 n……对 OC 曲线的影响较大"这一论述不严密，算例结果也不支持这一观点。

2　硕士学位论文

论文针对弹目接近速度不大于 30 m/s，定距不大于 5 m 的使用要求，详尽讨论了主动超声引信的工程应用问题。论文的主要贡献为：

（1）从理论上论证了当超声波频率为几十千赫时，可忽略在空气介质中的吸收衰减和在目标中的透射问题，在此基础上，给出了定距模型及可满足引信检测要求的总体参数，以虚拟电路完成了样机设计，实验证明，所做的理论分析及系统设计基本正确。

（2）深入讨论了诸如定距误差、抗干扰、分辨能力、测距范围等在工程应用中会实际遇到的问题，提出的各种技术措施对于这一课题的深入研究有重要参考价值。

（3）对数字电路方案、温度补偿及换能器制作等问题作了简明而重要的讨论，为超声探测体制在陆上兵器引信中的实际应用提供了借鉴。

论文说明作者的基础理论知识扎实，具有深入的有关引信技术的专门知识，实际动手能力令人满意，表述通达，达到硕士论文的基本要求。

论文中：

（1）式（4-1）及其全微分似有误。

（2）几次提到反射并不能改变超声波频率，故可采用简单的 LC 窄带滤波器，但如作者所述，即使弹目之间的相对运动速度不大于 30 m/s，从理论上讲出现多普勒频移也是不可避免的，对此似应作进一步的分析。

（3）手描的系统时序图似应作进一步的说明，目录中"致谢"一项在正文中不见踪影，似系漏页。

以上几点谨供论文作者最后定稿时参考。

3 博士学位论文 (1)

国内在研究地面声目标探测问题时，通常都是在"背景干净"这一前提下进行的，较少涉及实际战场环境及风雨自然环境中的目标特征提取问题。论文针对反直升机／反坦克雷弹声引信的技术要求，围绕战场声目标识别抗干扰技术这一核心，就信号预处理、目标特征提取和目标分类识别3个问题，对国内外有关理论、方法、技术进行了深入的比较研究，得出的重要结论有：

（1）可通过硬件利用自适应噪声对消及线谱增强技术，通过软件利用小波变换技术，进行信号预处理，以提高系统的抗干扰能力。

（2）就战场干扰背景下直升机目标特征提取的有效性而言，基于子空间分解的 ESPRIT 算法要优于基于 AR 参数模型的 SVD-TLS 算法；在采用小波变换对目标信号进行去噪预处理的前提下，自适应迭代更新的小波变换算法有可能在十几毫秒量级（2 kHz 采样频率、32 个采样点处理）完成一次小波分析及特征提取。这两种算法目前都有条件硬件实现。

（3）根据高阶统计量进行目标特征提取，因其具有抑制高斯噪声干扰的特点，可明显提高系统的抗干扰能力，是一种有潜力的方法，但由于运算量大，目前硬件实现尚有困难。

（4）探讨了模糊神经网络分类器用于强背景干扰下声目标识别的可行性。

论文作者根据实际测得的目标声信号，对所论及的各种算法进行了充分的计算机仿真试验，附有大量的表征仿真结果的数据图表，以作为有关论断的佐证。

该论文文献调研相当充分，所研究问题很有针对性和理论深度。

文章对有关算法的理论说明似乎可以进一步精炼，而诸如 LMS 算法中 M，Δ，μ 的取值等实际问题，似有失简约；噪声对消及线谱增强需硬件实现，但作者又认为，因体积、成本等原因，在声引信中难以接受应用，如是，4.1，4.2 两节似可换一种写法；另图 2-5-3，图 2-5-4，图 2-5-6 的顺序可能有误。

4 博士学位论文 (2)

论文根据我国常规弹药低成本精确打击的实际需求，针对我国近期内尚不能提供弹药用微机电陀螺的技术现实，对通过加速度测量确定弹药空间位置及姿态这一关键技术进行了既有理论意义又有实用价值的探索性研究。

论文的创造性研究成果是：

（1）从理论上论证了以十个加速度计捷联惯性测量确定弹药空间位置及姿态的技术方案的可行性，深入研究了造成加速度计组合测量系统测量误差的原因，构造了相应的误差方程，并提出了角速度计算误差的修正方法，这对于弹道修正引信实际应用这种捷联惯性测量系统具有重要意义。

（2）对测量系统进行的数字仿真表明，该系统适用于飞行时间较短、角速度变化范围较大的弹药，这与系统的特定应用对象是一致的。

（3）在弹丸角运动模拟装置上进行的模拟试验表明，系统可以进行弹丸姿态测量，但对传感器安装精度及测量精度等要求较高，这为系统的继续研究指明了方向。

评阅人对论文作者求实、求真的良好学风表示欣赏。

论文对测量系统进行原理分析时，有"是否仅利用十个加速度计就可以完成某火箭弹的姿态计算还需要进一步分析"这样的表述，似应在后文加以呼应，否则极易产生歧义。另外如射击效能分析等内容与整篇论文游离，似无必要。

5 博士学位论文(3)

论文以小高炮防空反导前锥抛撒预制破片弹用弹底时间引信为背景，以单发引信实际作用时间为基本出发点，研究了弹丸实际速度 v 的测量方法问题、单发装定时间 t 的非线性修正量 Δt 的计算问题，以及有关装定器的系统设计问题。论文的主要贡献在于：

（1）通过仿真，从理论上论证了为提高配用弹底时间引信的前锥抛撒预制破片弹对目标的毁伤效能，对单发装定时间进行修正的必要性，并给出了诸如测量精度、装定精度等定量指标。

（2）根据等斜射距修正原则，提出了具有较高精度的引信实际作用时间的非线性修正方法。

（3）提出了基于校频二进制编码的自适应分频器设计方法，使分频周期、装定数据传输时间及时间引信的时基与 LC 振荡器的振荡周期基本无关。

（4）完成了与测速、计时、装定等有关的软硬件设计。

论文表明作者有很强的独立从事创造性科学研究工作的能力。

以下几点意见供论文作者参考：

（1）以一枚命中破片动能大于目标被击穿的临界动能作为反导毁伤准则，有可能命中而不毁伤。

（2）以等斜射距作为时间修正原则对前锥抛撒预制破片弹是否合理，应充分论证。

（3）静态模拟试验从本质上讲是显示了键盘输入装定时间的可靠性与准确性，如作者所述，与测速、修正计算无关，故该试验设计的充分性值得探讨。

（4）行文遣字上尚有进一步讲究的余地，如弹丸特性描述多次重复，破片阻力系数以圆柱形状取值，T 出现稍有差异的 3 个值，等等。

《机械弹簧》译者的话[①]

A. M. Wahl 所著"Mechanical Springs"一书，是一本关于机械弹簧的实用设计及其基本理论的著作。著名的螺旋拉、压弹簧曲度修正系数 K，就是以本书作者名字命名的。

作者用较大篇幅介绍了广泛使用的圆柱螺旋拉、压弹簧的实用设计方法及其有关理论，并且着重介绍了疲劳强度、冲击载荷、许用应力、公差等问题。

除圆柱螺旋弹簧以外，本书还给出了多种其他类型弹簧的设计方法及其有关基本理论。其他类型的弹簧包括：螺旋扭转弹簧，扭杆弹簧，板弹簧，片弹簧，截锥涡卷弹簧，碟形弹簧，环形弹簧，发条，弹性垫等。这些弹簧在航空、机械、动力、电器、仪表、兵器等工业部门中得到极广泛的应用。

翻译本书的主要目的，就是为在上述各领域从事实际工作的同志提供一本有一定深度，同时又比较实用的弹簧设计参考书。

这本书的最后一篇，择要介绍了各种弹簧的力学基础。对于设计人员，也许直接的用处不大，但对于从事应力分析及教学工作的同志来说，不失为一份很好的入门教材。

参加本书翻译的有刘明杰、王向东、吴福兴、谭惠民等。全部译稿由谭惠民负责统一整理。

樊大钧、何献忠两位同志对译稿进行了仔细的校订，在此表示深切的谢意。

译者
1981 年 3 月

[①] 《机械弹簧》，国防工业出版社，1981 年出版。

《系统动力学》前言[1]

在机械、化工、建筑、检测等技术领域，当规划或者设计一个工程题目时，动力学的观点得到日益广泛的应用。这对于提高工程质量，降低费效比具有重要意义。为此，就需要研究工程对象的动态模型及其对输入的动态响应。研究表明，尽管工程对象所属的技术领域可以大相径庭，但只要涉及的是系统的动态过程及动态特性，其建模方法、分析方法、仿真方法等，都是类同的、共通的。系统动力学就在此基础上应运而生了。

北美和西欧一些大学开设 System Dynamics 这门课程，已有十余年的历史。近几年来，国内一些大学也相继开设了类似的课程，并出版了相应的教材。由于系统动力学是一门比较年轻的课程，不同学科领域的学者对它的理解存在着相当大的差异。搞机械的教师沿着机械动力学的方向讲授；搞控制的沿着自动调节原理的方向讲授；搞通信的则沿着信号与系统的方向讲授；甚至于搞力学的、搞经济的教师，也在各自作出自己的解释。这种沿着特定技术领域的方向进行系统动力学讲授的方法，其优点是不言而喻的，它可以使学生很快"进入情况"，学会解决本专业的具体问题的能力，但同时也容易产生忽视对系统动力学基本概念和基本方法掌握上的弊病。在我准备给学生讲授这门课程并查阅众多的教科书时，就面临着这种情况。我感到这些教科书都有各自的优点，但作为一本适宜于不同专业共用的有关系统动力学的入门教材，似乎都不大合适。

承蒙联邦德国卡斯鲁埃（Karlsruhe）工业大学 J·瓦悟尔（J. Wauer）教授的帮助，向我推荐了 P·普罗福斯（P. Profos）教授撰写的《系统动力学基础》一书。读完以后，很受启发。这本书的内容十分精炼，基本概念、基本方法的交代比较清楚，特别适用于需要系统动力学的知识，而未必把系统动力学作为研究方向的学生。我以此书为蓝本，已经向 3 个年级的学生作了讲授，效果良好。

读者现在拿到的这本书，其主要内容全部来自 P. Profos：Einführung in die System Dynamik, Stuttgart, 1982。只是在第二章的随机信号部分及第四章的系统特性调整部分，作了一些修改和补充。如果发现有什么不当，则多半是我编译中的疏漏，还望不吝指教。

方再根教授对本书的编译稿进行了仔细的审阅，提出的宝贵意见已被采纳，在此表示衷心的感谢。

谭惠民
北京理工大学力学工程系
1988 年 9 月

---

[1] 《系统动力学》，国防工业出版社，1989 年出版。

《安全与引爆控制系统设计方法》前言[1]

  本讲义系根据"武器系统设计理论"系列讲座的讲授提纲编写而成，目的是为非武器专业背景的博士生提供一些入门知识，着眼于方法学的研讨，而不拘泥于严密的数学推演。讲义中提供了尽可能多的案例，出于技术安全的考虑，凡引用的国内资料，多半作了一些处理，这些处理不会影响所阐述观点的物理本质，但其数据不足以作为工程或学术引用的依据。

谭惠民
机电工程与控制国防科技重点实验室
（北京分部）
2000 年 4 月 18 日

---

[1] 该讲义于 2000 年北京理工大学内部出版。

辑 三

发展与合作

对引信安全性和可靠性研究的几点意见[①]

引信必须按预定的方式作用，除此以外，在任何条件和场合下都不得作用。前者构成了引信可靠性的研究对象，后者则构成了引信安全性的研究对象。引信显示可靠性的时间很短，从发射到与目标相遇，对炮弹引信而言，不过几分钟，甚至几秒钟，即使对于一些远程导弹的引信，显示其可靠性的时间也不过几十分钟。与之相反，显示引信安全与否的时间，却可以从开始制造算起，到引信随弹药抵达目标区为止，整个时间历程可长达几年到十几年。引信的安全性与可靠性是一个问题的两个矛盾着的方面，是引信不同于其他军械产品的主要特征。引信可靠性是以引信安全性为前提的，这是引信可靠性问题的特殊之处，必须进行专门的研究。

1 国内外有关这一课题的研究进展

国外，特别是美国，有关这一课题的研究，主要包括以下3个方面的内容。

（1）制定引信安全性设计和可靠性设计的各种准则、原则等，如引信安全性设计准则、瞎火保险原则、局部解除保险后可恢复安全状态原则等[1]。

（2）提出对安全性和可靠性的评价方法和评价技术，主要观点是产品的安全度和可靠度并不是通过试验获得的，只有严格执行各种设计规范和严格控制原材料的每一项技术指标、生产及检验中的每一个细节，产品的安全性和可靠性才能得到保证[2]。

（3）改进安全性和可靠性试验设备，开展对试验条件进行监控的科学研究，提高各种试验的标准化程度，如认为目前的沙尘、霉菌试验已经过时，有更好的试验可以代替，5英尺[②]坠落试验并不切合实际，运输振动试验也不够严格等[3]。

第一方面的研究工作国内正在进行，如相关研究所主持制定的"引信安全性设计准则"已经成文。对"保险机构运动可逆概念"[4]，"多重环境复位保险器设计方法"[5]等所作的探讨，标志着这方面的研究工作已具有相当的深度。

第二方面的研究工作，总的说来，国内引信界还停留在一般讨论的阶段。相比之下，航天工业部、电子工业部的工作要深入得多，研究实力也比较强[6]。

第三方面的研究工作，国内开展得比较活跃。重点是对平时坠落安全实验条件、试验设备进行研究。有关发射安全性的研究也取得了可喜的成绩。

国内引信安全性与可靠性研究工作存在的主要问题是缺乏统一的规划，"热门"课题多

---

① 本文是在"弹药基础与应用技术研讨会"上的发言提纲，1986.8。
② 1英尺=0.304 8米。

有重复，浪费人力物力，而一些重要的难的课题又无人问津；学术界和企业界、军方严重脱节，特别是引进产品采用不同的安全性和可靠性检查标准、检查设备，出现一个国家多国标准这样一种混乱状态。

2 本课题在"七五"期间应开展的主要研究工作

（1）为陆、海、空三军所用的各类引信（核弹用引信除外），制定一个统一的安全性设计和可靠性设计的准则。已提出的安全性设计准则草案要认真地听取学术界、企业界、军方的意见，然后加以修改，使之成为一份中国化的文件。着手制定引信可靠性设计准则，其主要内容为引信可靠性设计的基本定义、基本原则、基本方法、基本格式以及所引用的文件等。

（2）制定统一的引信安全性和可靠性评价程序。目的是在产品研制的不同阶段（如方案研制阶段、工程设计阶段、生产阶段、使用阶段等），对引信的安全性和可靠性作出评价。根据这一评价程序，工厂或研究所可向使用或订货单位提供定量数据，以证明该引信在安全性和可靠性方面已满足指标要求，或尚未满足指标要求。

（3）引信安全性和可靠性的数字仿真技术的研究。目的是对引信的安全性和可靠性进行预测。核心问题是建立符合实际的失效模式。

（4）研究安全性和可靠性试验方法、试验装置的监控技术。其技术关键是对各种试验所代表的环境作定量化的工作，以建立同类试验设备之间的比较标准。同时，也为工程师设计新产品时提供设计依据。

3 如何实施本课题的研究工作

（1）由有关管理部门向业内专家征询建议后，指定一个单位为本课题的负责单位。负责单位应对本课题所涉及的内容做过相当程度的研究，在人员、设备上具有一定的实力，有强有力的学术带头人。

（2）由负责单位列出具体专题指南，凡相关单位都有权提出对所列指南的具体实施计划。负责单位应认真审议这些计划，并择优确定承担单位，以合同方式落实专题研究计划。

负责单位也可以是某个专题的承担单位。

负责单位有义务回答各相关单位的质询，包括出示所收到的实施计划。

（3）负责单位负责编制详细的课题实施计划及费用预算。经管理部门审计后，可由管理部门直接向承担单位拨款。为了使负责单位真正负起责任，建议拨款分年度进行，逐年累加，凡承担单位未能履行合同时，负责单位有权要求管理部门停止拨款，并且有权将其承担的任务转交给其他单位。

负责单位就整个课题的指标、进度等对管理部门负责，同样受课题合同的约束。

参 考 文 献

[1] AMCP707-117, Fuzes, General and Mechnical, Engineering Design Handbook, 1968.

［2］可靠性和有效性评审程序手册［M］. 宇航出版社，1985.
［3］ADA024032.
［4］马宝华. 运动可逆概念在引信中的应用［C］. 1983年引信学会年会论文，1983.11.
［5］林桂卿. 多重环境复位保险器设计方法［J］. 现代引信，1985（1）.
［6］付佩琛. 用微机完成电子设备的可靠性指标预计和分配的BASIC程序［J］. 制导与引信，1985（2）.

引信安全系统机电一体化技术[①]

1 引信机电一体化概念的提出

近十年来,引信安全系统一直沿着"环境传感器—微电子控制器—钝感电雷管"三位一体的方向发展。在1989年美国的第33届引信年会上,几乎用了1/4的会期,集中讨论了所谓电子安全与解除保险(ESA)问题。这种新型安全系统主要是为直列爆炸序列服务的。发展这种安全系统的前提是有可供实用的各种环境传感器及冲击片雷管。

从传统的利用金属隔爆件的安全与解除保险机构到完全去掉运动零件采用直列式爆炸序列的电子安全系统,使安全系统产生了质的飞跃。

现在的问题是:

(1) 我国相关技术的发展比较落后,如引信用环境传感器、高压转换器、冲击片雷管等,都是"八五"攻关项目。因此"八五"期间的电子安全系统的实际研究内容,只是微电子控制部分,要进行系统实验比较困难。

(2) 由传统的机械错位隔离机构到电子安全系统之间的台阶太高。后者在国外正处于发展研究阶段。另外,由于情报分析上的偏差以及我国的具体国情,认定美国现有的电子安全系统概念为我国安全系统的发展方向,将要冒一定的风险。

(3) 直列爆炸序列的重要应用背景之一,是多点精确起爆控制。对于起爆控制要求(时间与空间)不那么高的一般弹药,使用直列爆炸序列的必要性有待讨论。

这里提出引信安全系统机电一体化的概念,目的是充分利用我国引信技术及相关技术(主要是活塞式电做功火工品、微处理器、程控技术等)的已有成果,结合最新的有关引信安全系统设计思想,设计符合我国国情的引信安全系统。

机电一体化安全系统的基本要点是:

(1) 对现有的后坐、离心、爬行、前冲等保险或发火机构稍作改进,即可作为相应的阈值传感器。

(2) 上述传感器只用做感知环境信息,不再兼有执行解除保险或直接刺发火工品的功能。

(3) 对环境信息进行逻辑处理,需要较高的处理速度时利用模拟量,需要精度时利用数字量,核心是微处理芯片。

(4) 保留现有的滑块或转子隔离机构,以我国已有设计和生产能力的电做功火工品(活塞式电做功火工品)作为执行元件,完成解除保险动作。

(5) 以逻辑处理的结果控制是否解除保险。

除了不采用直列爆炸序列,从而避免了高压转换器及冲击片雷管等技术困难外,这一设

[①] 本文系向管理部门提交的项目建议书,1989.5。

计概念保留了新型电子安全系统的全部优点,它的工程实现在"八五"是完全有把握的,在"九五"完全可以用于型号。

上述设计概念的提出,是基于在我国已经形成的"机电一体化技术",因此,称之为引信安全系统的机电一体化技术。

2 基本的研究内容及可能采用的方案

机电一体化技术包括了5个方面的基本内容,结合引信的具体情况,可以这样来表述:

(1) 引信本体及隔离组件(滑块或转子)。它们的主要功能是,安装安全系统的各种零部件,完成机电连接,在隔离位置保证隔爆可靠,在解除保险位置保证传爆通道畅通,保证电路的可靠转换。

(2) 各种简易环境传感器(阈值开关)。主要用来检测弹道环境阈值(如后坐、转速、爬行、冲击、振动等),以供信息处理器进行运算、分析、判断。

(3) 信号处理部分。对于引信来说,通常为单片机、可编程控制器或其他电子装置,它的主要功能是贮存信息,并进行运算、分析、判断,最后通过相应的接口电路,向执行元件发出命令,完成必要的动作。

(4) 执行元件。对引信安全系统来说,主要是活塞式电做功火工品。

(5) 接口。其任务是将上述4个部分联成一个系统,以实现信息的交换(如工作速度快的处理器与工作速度慢的传感器、执行元件之间的信息交换,将传感器输出的模拟量变成处理器所能接受的数字量)及电平的变换。

从器件的角度讲,现有的各种机械保险机构,很容易改进发展成为相应的环境阈值传感器。执行元件国内已经研究试制成功两种,进一步的工作是发展几种不同档次(力×行程)的标准元件,以供选用。引信本体和隔离组件与传统机械安全系统的设计稍有些差别,主要是解除保险的动力来自做功火工品以及需要借助电路加以实现。其中有关电路方面的问题,有现用的炮弹及导弹电引信可供借鉴。因此可以这样说,机电一体化安全系统的核心问题是:系统设计、接口硬件研制及处理器软件设计。

关于发展炮兵弹药引信技术的几点思考[①]

摘 要：本文从打赢一场现代技术特别是高技术条件下的局部战争这一基本指导方针出发，提出有选择地追赶国际弹药技术的发展潮流，研制高效费比弹药，重视系统协调设计及产品配套，谨慎引进、认真消化吸收改造国外技术等基本观点，并对未来十年炮兵弹药引信技术的发展重点提出了具体建议。

面临新的形势，陆军，特别是炮兵，适当调整自己的武器发展战略，以便在未来战争中，有一些基本配套并能形成战斗力的武器系统可供使用，这是一个需要认真对待的问题。本文就与炮兵弹药引信有关的问题，谈几点看法，以期引起讨论。

1 从战略高度考虑炮兵引信技术的发展

"准备打赢一场现代技术特别是高技术条件下的局部战争"，是我们考虑武器发展规划的基本出发点，当然也是炮兵弹药引信技术发展规划的基本出发点。

长时期以来我国炮兵武器的发展战略，表现在弹药引信技术上，重点考虑的是反坦克弹药的研制。面临新的形势，潜在的敌人具有以西方发达国家高科技武装起来的战争体系，所要对付的敌人目标首先不是坦克，而是各种战术导弹、预警机、战斗轰炸机、武装直升机、舰艇、机场、指挥中心、通信枢纽、导弹发射阵地、后勤基地等。除了来袭的战术导弹、战斗轰炸机和武装直升机，其他目标都可以在超出常规火炮射程范围外发挥它们的战术功能。在这种情况下，炮兵武器及其弹药引信技术的发展战略如果不作重大的调整，将有可能因不能满足未来局部战争的需求而日益自我萎缩；如果我们认清形势，勇于积极开拓、创新，则可以在新的形势下获得新的发展。

2 从我国实际出发，有选择地追赶国际弹药引信技术的发展潮流

我国的国情首先是比较穷，国防开支无法与发达国家相比，科研开发所占的比例较低；其次是工业基础比较薄弱，弹药工业生产设备尤其比较落后；最后是设计、模仿的能力比较强，人才资源相对雄厚。

因此，在考虑未来弹药引信技术发展规划时，笔者认为应遵循以下几点基本原则。

[①] 原文刊于《挑战与机遇》，略作删节，与范宁军、高世桥共同撰稿，1995.12。

2.1 从未来的实战需要出发，发展高效费比的弹药

以潜在敌人的几种主要目标为例，如机场跑道、指挥中心等固定目标，轰炸机突防进行空袭代价会很高；用一些战略运载工具携带常规弹头进行打击，是一条可行的技术途径，但不是唯一的技术途径。设想能否为陆军航空兵发展一种超视距投掷的滑翔炸弹。这种炸弹用战斗轰炸机投放，用助推发动机爬高，发动机关车后，靠滑翔提高攻击距离，通过简易弹道修正与固定目标交会。可采用标准模块的方法进行设计。标准模块为助推器，滑翔弹体，战斗部，目标探测及弹目定位装置，简易弹道修正及控制装置，安全及引爆控制系统等。战斗部是子母式的，子弹为钻地子弹和随机长时间杀伤地雷两种。这是一个高效费比的系统，而且具有较充分的技术发展余地。类似的系统，我们还可以设想一些，这类系统的基本特点是，利用已经掌握的高新技术，组合一个新的系统。

再就反坦克弹药及其引信而言，新型装甲技术的发展，使得正面攻击主装甲的破甲弹愈来愈趋于劣势，整体弹药已经很难再提高威力，而高速动能弹在技术上又相当复杂。因此，在我国构成反装甲弹药主体的，应是各种攻顶子母弹药，也即炮兵几乎所有的发射平台，如大口径迫击炮、榴弹炮、火箭炮等，都应发展常规子母弹药，以及与之配套的母弹和子弹引信。

再如末敏弹药是一种打了不用管的自主式弹药，当用于毁伤集群轻装甲目标时，其效费比优于末制导弹药，炮兵应该积极支持该项研究，不能打坦克就打战车，不能打战车就打火炮，使之具有实战能力。同时考虑这种技术的进一步发展，比如能不能用来打击直升机。

2.2 重视产品配套及系统协调设计

在常规军备竞争十分激烈的今天，只有掌握系统配套的技术和武器的部队，才是具有实际战斗能力的部队。从毁伤抓起，协调发展火炮、火控、侦察等技术，形成一个完整的武器系统，是炮兵武器系统发展的正确途径。

现代弹药高技术的含量愈多，相关系统之间的协调化设计就愈重要。末敏弹就是一个极好的例子。引起我国弹药界关注的瑞士 35 mm 高炮预制破片榴弹，也是一个极好的例子。榴弹配用弹底电子时间引信，每次发射都进行炮口测速并对引信进行遥控装定。因此，采用该系统就必须对炮弹、引信、火炮、火控等进行协调化设计。这样的例子不胜枚举。

这除了要求工业部门重视系统设计及总体技术以外，军方对未来"威胁"要有领先一步的眼光，积极参与武器系统的概念论证及系统分析，这个问题若能很好地解决，炮兵武器可望有长足的进步。

2.3 对国外信息资源应持分析态度，对引进技术应加以消化、吸收、改造和发展

我国的改革开放政策，给武器技术的发展带来了活力，和国外进行信息交流的渠道多了，从国外引进技术（样品、设备乃至生产线）的机会也多了，这无疑对我国军工技术的发展产生了相当大的推动作用。军工技术在西方既是国家武装力量的重要组成部分，又是一种商品。作为一种商品，出于商业宣传的目的，免不了有夸大失实之处；原理性的、报道性

的信息较多，对涉及关键技术的具体细节则往往加以保密。出于国家利益的考虑，一些最新的敏感的技术，通常连盟国也不转让。一些我们能看到的资料通常是过时的解密资料；我们买到的产品通常是二流或三流的东西，也即对方已经有了更新一代的产品，更不用说正在研制的产品。有些报道性的信息，更有可能是出于政治目的，或迷惑对方，使之误入歧途；或引诱对方，使之以难以承受的高投入，陷入难以获得优势的军备竞赛泥潭，不仅造成对方军事上的损失，同时也造成巨大的经济损失。

也有些报道，可能不是对方故意放的烟幕，但我们只知道别人开始搞了某项新技术，于是就跟着搞，却不清楚或不正视这样一个事实：别人已经调整了研究方向或停止进行研究，而我们还在继续搞下去。这样既浪费了原本就短缺的资金，也错过了宝贵的时机。

1976年美国人提出传感器末端敏感弹药的概念，它的关键技术是子弹的减速和稳定扫瞄技术、目标探测技术、自锻破片技术。20世纪80年代初，我们开始跟踪研究，这个方向抓得完全正确，历时10年，成绩巨大。但有几条经验值得总结：一是如何处理突破单项关键技术与系统型号研制之间的关系；二是如何对待不断搜索到的国外末敏子弹首选攻击目标一再发生变化信息；三是如何确定载体。这3点都需要我们详细占有国外信息，去伪存真，结合我国技术、经济的具体情况，认真进行系统分析，然后作出科学的、基本合乎实际的结论。

再如MLRS，较早的报道是第一阶段为发展常规破甲杀伤双用途子弹，第二阶段为末敏子弹，第三阶段为末制导子弹。

最新的报道是，美军已经停止发展以多管火箭弹作为载体的毫米波寻的末制导子弹，而是发展一种"聪颖反坦克"（Brilliant Anti-Tank，缩写BAT）子弹药。这种采用红外/声双模探测器的子弹药，可用来攻击集群坦克、炮兵阵地以及地空导弹阵地等多种目标。对最后一种目标，即使雷达系统不工作，子弹药照样可以利用声学传感器探测并攻击目标。我们是否也要沿着多用途子母战斗部、末敏子弹、末制导子弹或BAT子弹的道路发展，对于这个问题，不能只是从技术进步的台阶来考虑，还应该从MLRS的战斗使命及与潜在敌人的对抗方式这些方面来考虑问题。如果潜在敌人地空导弹发射阵地根本就不可能进入我方的MLRS射程之内，那末在MLRS上发展BAT子弹就值得认真推敲了，或许把这种子弹药技术用到战略导弹的常规化改造上去更为有意义。

列举以上这些例子，无非想说明这样一个问题：对于国外的信息和实物，一定要采取一种具体分析的态度，在分析的基础上，特别要弄清其设计思想，结合国情进行改造、发展。充分发挥科技人员的聪明才智，是可以搞出一些总体水平较好、效费比较高、能用于实战的高新技术弹药的。

3 关于发展炮兵弹药引信技术的几点具体建议

有关国外弹药技术的现状及其发展，在兵科院发表的《从战场目标特性看弹箭技术的发展》一文中，作了十分详尽的介绍，文中所作评述也相当明确地表示了该文作者对我国弹药技术发展的倾向性意见，这里不再重复。这里我们想从宏观的角度谈谈对弹药技术发展的几点建议，不仅表达我们对我国弹药技术发展的关心，更重要的是由此引出未来炮兵弹药引信技术发展规划的一些大思路。

首先，炮兵应将灵巧弹药及末制导战斗部作为发展弹药技术的主要内容。发展灵巧弹药及末制导战斗部将有利于提高炮兵弹药的高技术含量，促进炮兵武器的技术进步，增强炮兵的战斗能力。炮兵灵巧弹药及末制导战斗部应形成自己的特色，即利用现有的发射平台，如火炮、火箭炮、战术导弹，在弹药及战斗部上下工夫，使有效载荷飞得更远、更准，但价钱不一定特别贵，国外在迫弹、炮弹、火箭弹、航弹等各种弹种上都有发展简易末端弹道修正技术的动向，值得我们认真地加以追踪研究。我们预计子母炮弹以及火箭弹子母战斗部将成为压制兵器的主要弹种。攻击硬目标的半穿甲弹和新一代的防空弹药将受到重视。

新的弹药技术对引信技术提出新的需求，成为引信技术发展的动力；反过来，先进的引信技术也将为弹药技术的发展提供条件。

在上述背景下，我们认为，与炮兵弹药技术发展密切相关的引信技术在以下几个方面值得我们认真规划。

3.1 能对弹道散布作出响应的高精度母弹开舱引信

在这一项目中，主要研究母弹开舱点高度散布及距离散布对子弹毁伤概率的影响、开舱点散布的影响因素、在母弹弹道自然散布的基础上抑制开舱点散布的技术途径。其理论研究面向多种母弹开舱引信，其结构设计则针对各种不同发射平台的母弹开舱引信进行。

3.2 通用子弹引信

子弹引信（无论是用于炮射子母弹还是箭射子母弹），目前存在的主要问题是如何提高发火可靠性以及如何降低成本、提高效益。由于常规子母弹将成为压制兵器主要弹种这一发展趋势，其用量将是十分巨大的，提高这种引信的效费比不仅具有军事意义，也具有巨大的经济意义。

在这一项目中，主要研究提高子弹飞行稳定性及引信发火可靠性的方法、新型稳定器结构以及子弹引信系统的低成本设计。产品成本是产品性能、结构、材料、工艺诸多因素综合作用的结果。性能和结构的合理匹配，是产品高效费比的基础，在此基础上，才谈得上选用廉价材料及高效工艺的问题。低成本设计是炮兵引信中带有普遍意义的问题，而子弹引信则是开展这项研究工作的一个合适的突破口。

3.3 迫弹及榴弹多选择引信

普通杀伤/爆破榴弹及混凝土破坏弹仍将是压制兵器的重要弹种，与常规子母榴弹相比，相对数量要少些，但总体数量仍然很大。在杀伤/爆破榴弹及混凝土破坏弹上配用多选择引信，具有军事、经济的双重价值。

涉及多选择引信几项关键技术的基础预研工作，或者已经进行完毕，或者即将完成，因此该项研究在未来5年的主要任务是系统总体设计及发射过程中的遥控装定技术。

3.4 小口径防空/反导弹药引信

在未来高技术局部战争中，地面部队的防空及反导将成为我军的战术和技术难点。防空及反导可以有多种手段，搞一种高性能、高效费比的小口径防空和反导弹药，技术关键在于引信及火控系统。无论是采用天线方向图可调的无线电引信，还是单发测速遥控装定精确定时引信，都需要和火控系统很好地进行协调化设计。

3.5 硬目标侵彻引信

硬目标侵彻弹的载体可以是远程炮弹、远程火箭、航空炸弹、战术导弹。在硬目标侵彻弹中，高精度的命中是十分必要的。在这种情况下，采用末端弹道简易修正技术有可能取得更高的效费比。

此项研究的关键技术是目标特性及长距离引信探测技术、末端弹道简易修正原理与调控技术、侵彻炸点自适应控制技术。从已见到的国外资料报道可知，末端弹道简易修正技术已用于 76 舰炮、120 加农炮、155 榴炮、120 迫炮、2.75 英寸①火箭等弹药上，涉及的国家有德国、瑞典、意大利、法国、美国等。这一动向值得我们认真加以重视和研究。

3.6 陆上目标声引信

未来战争是一场在激烈电子对抗环境下进行的战争。各种利用目标电磁特征进行起爆控制的引信及进行弹道修正的弹药都面临如何提高自身生存能力的问题。除了采取各种各样的抗干扰措施以及在更高技术层次上设计新的时间引信及触发引信以外，声探测有可能成为一种重要的引信探测体制。有关水下目标的声探测技术已有久远的历史，但陆上目标的声特征及其探测技术，与水下目标有着巨大差别，其差别可用不同波段的无线电引信的差别进行类比。这种新的探测体制可用于反直升机、反装甲两用雷弹。其技术延伸，则可用于战场侦察以及直升机预警。

该项研究的主要技术关键是：陆上目标的声学特征研究及最佳探测波段选择，声阵列探测器研究及多路声信号的相关及融合技术，陆上目标的声定位原理。

3.7 现役引信改造

现役引信的最大问题是安全性问题。对迫弹、尾翼火箭弹和涡轮火箭弹，应为之设计 3 种满足 GJB 373 要求的基型机械触发引信。对中大口径榴弹用触发、时间、近炸引信，应设法通用一个安全系统。

3.8 引信动态特性的模拟和仿真

如果说我们准备认真用高技术改造常规兵器的话，那么，模拟和仿真技术的重要性将日益得到体现。弹药引信技术中高技术含量愈多，研制过程中单发产品的试验成本将愈明显高于普通产品。利用仿真技术，对于降低研制成本、缩短研制周期、改进和提高研制产品的性能等方面所起的作用，是显而易见的。传统的经验性的研制方法将愈来愈不合时宜。

仿真离不开模拟，如环境模拟及目标模拟等。这里不再赘述。

该项研究需引信技术专业人员与相关技术的专业人员，包括军方运用研究人员进行充分合作，才能取得事半功倍的效果。

---

① 1 英寸 = 2.54 厘米。

4 结　　语

弹药引信行业如能解放思想、拓宽视野、组织好力量，是可以为建设一支强大的炮兵作出贡献的。

弹药引信技术的发展趋势之一，是更加强调它的"总体性能"。搞一个新弹，找一个现成引信来配用；或者发展了一种新引信，只是为了适应现成弹种的需要。这种设计概念虽然可行，但已属陈旧，运用这种概念，是很难从根本上提高弹药乃至整个武器系统的效费比的。

就引信技术而言，目标探测器与安全系统已形成各自的技术发展方向，作为"整体"的引信已不是唯一的结构形式。引信功能的实现将更多地依赖微电子器件。为降低成本、缩小体积、提高可靠性，高技术弹药将可能采用一个中心控制器处理整个弹药的多种信息并给出控制信号。所有上述技术发展趋势，都要求有一批通晓高技术弹药各个技术领域的系统工程师及总体设计师，提出系统概念，进行系统分析、评估及总体设计，从而发展形成一个新的人才群体。这就要求从事弹药技术以及引信技术研究的科技人员在明确的军事需求背景下，紧密地进行合作。引信行业应顺乎这种发展趋势，满足这种客观需要，学习新的知识，更新旧的观念，特别是要掌握有关高技术弹药的总体知识，以便更好地理解本行业在整个弹药行业中充当的角色及应做的工作，为提高我国弹药技术的总体水平而做好我们应做的一份工作，为增强我军战斗力作出我们应有的一份贡献。

精诚合作,优势互补,搞好跨单位合作[①]

各位领导、各位专家、同志们:

我代表机电信息研究所、北京理工大学两个单位,汇报一下"引信安全系统机电一体化技术"课题组如何从国家利益出发,精诚合作,优势互补,为提高引信技术的预研水平,促使预研成果更好、更快地运用到型号研制中去,而尽力工作的一些情况。

1 满足军事需求是国防预研的基本出发点

"引信安全系统机电一体化技术"预研课题最初是从技术推动这一角度提出来的,当时潜在的应用背景有3个:一是新一代的加榴炮系统;二是具有起飞/巡航两级发动机的精确制导弹药;三是诸如末敏弹那样的灵巧弹药。它们的共同特点是武器系统对弹药的安全可靠性要求非常高,其中的精确制导弹药、灵巧弹药等,可利用作为安全系统解除保险的环境条件选择的余地较少,并且应力水平较低,很难直接用来驱动保险件。而建立在传感技术、微电子技术、控制技术及现代引信安全性设计思想基础上的机电一体化安全系统,将引信赖以最终解除保险的环境信息与解除保险的驱动力分离,能很好满足上述新型弹药对引信安全系统的苛刻要求。

在课题开始进行研究时,我们手上有以下4份比较有价值的国外参考资料:一份与炮弹多选择引信机电安全系统有关;一份与末敏子弹引信安全系统有关;一份与精确制导弹药机电安全系统有关;一份最有价值的是张卫同志提供的有关炮弹多选择引信机电安全系统的资料。这份资料给出了安全系统的主要性能指标、主要机构示意图、总体轴测示意图以及作用原理方框图。

就当时我们的加工条件、试验条件而言,以多选择引信机电安全系统作为主攻方向最好。因为我国多选择引信电子部件预研在"七五"期间已取得了突破性成果,而末敏弹系统总体已经确定全电子安全系统及直列爆炸序列作为首选方案,精确制导弹药当时对机电安全系统的需求还比较模糊。因此,在预研工作开始的头两年,我们轻重缓急的次序一直是多选择引信第一,末敏子弹引信第二,精确制导弹药引信第三。

"八五"头两年的预研进程表明,全电子安全系统及直列爆炸序列要想在一个五年计划内使其体积、重量、抗过载能力满足末敏弹系统总体的要求还有较大的困难。我们当时面临着两种选择:一个选择是按原计划继续我们的研究工作,这样做风险较小,因为在我们这个课题中,原计划只是将末敏子弹作为一种研究背景,并不涉及与战斗部匹配等系统协调问

[①] 本文为"引信预研工作会议"发言稿,与施坤林共同撰写,1996.6。

题；另一个选择是对研究计划作较大的调整，将末敏子弹安全系统作为一个工程对象的一部分进行研究，增加原本没有列入计划的输出波形调整器以及与战斗部的匹配性试验等具体研究内容。再三斟酌后，我们选择了后者，尽管这样做不仅有较大的技术风险，而且要增加研制投入。作出这一选择的原因是，随着预研工作的深入开展，末敏弹系统的军事需求愈来愈明显，工业部门已将其列为重点项目，军方有意在"九五"开展末敏弹系统的工程研制。国防预先研制的最终目的就是将预研成果应用于产品开发，以提高我军的装备水平。因此，在"八五"的后3年，我们一直将末敏子弹用机电安全系统及错位式爆炸序列作为课题研究的重点，并最终较好地满足了末敏弹系统总体对我们提出的要求。1996年4月专家评审意见为：以错位式机电安全引爆装置作为末敏弹安全系统及爆炸序列的首选方案。并预定1998年年底开始全系统的炮射演示验证试验。

与此同时，我们也在积极寻找精确制导弹药及新一代中大口径榴弹用机电安全系统的工程应用对象，努力促使以技术推动为基本出发点的预研成果早日用于产品开发。

2 精诚团结、优势互补是搞好跨单位合作课题的重要保证

"引信安全系统机电一体化技术"是一个由北京理工大学牵头、北京理工大学和机电信息研究所合作研究的课题。在"八五"期间，这样的合作研究课题不是很多。当时预研主管部门的指导思想是，预先研究的水平应该代表我们国家的水平，而不是某一单位的水平，更不是某几个人的水平，开展跨单位合作的宗旨就是要打破行业和单位的界线，尽可能在课题研究中，集成国内最高水平的技术。

不能说我们已经做到了这一点，但我们确实是努力去做了。

首先是两个主要合作单位做到精诚团结，优势互补；再者，凡是工作需要，别的单位有专长的，有些工作能请别人做的，尽可能请别人做。

北京理工大学从"七五"开始注意收集有关机电安全系统的情报资料，在国家教委博士点基金的资助下，对机电安全系统的构成、安全系统与战斗部以至与全弹的匹配、数值仿真等，做过比较深入的研究，并有一些理论储备。但作为一项具有明确工程背景的预研课题，涉及采购、工程设计、加工、试验等诸多具体问题，解决这些问题的水平高低、质量好坏以及经费多少，在很大程度上取决于经验，而学校，或者具体到北京理工大学引信技术教研室，恰恰缺乏这方面的经验。因此，从预研工作一开始我们就树立一个非常明确的指导思想：两个合作单位一起精诚团结，把搞出高水平的预研成果放在首位，不仅在北京理工大学和机电信息研究所之间互相取长补短，优势互补，而且要发挥国内有关单位的长处和优势，在精神和物质两个方面都充分尊重别人的劳动成果。

课题研制过程中所用到的末敏子弹错位式爆炸序列的波形调整器是委托北京理工大学燃烧与爆炸灾害预防国家实验室完成的；波形调整器与战斗部匹配性试验是委托总体单位进行的；末敏子弹抛撒模拟试验装置则是委托工厂加工制作的。在研制过程中涉及的火工元件、传感器、厚膜电路的加工制作等问题，分别得到具有上述领域技术优势的工厂、大学、研究所诸多单位的大力协助。

开展单位之间的合作和协作，首先要有诚意，该向别人技术交底的一定要技术交底。为

国家安全严格遵守保密规定是我们应尽的义务和应负的责任，但对于经批准的合作和协作单位，如果不提供必要的图纸资料、实物，不说清楚有关的技术背景和详细的技术要求，就很难进行有效的合作和协作。在眼下市场经济的条件下，合作和协作同时也意味着经济往来。我们的体会是，只要找准了确有专长的对象，开展必要的单位之间的合作和协作，即使在经济上也是合算的，因为别人是在多年经验积累的基础上为你服务，你一次性付出的代价无论如何要小于如果完全由自己搞而为之付出的代价。

在北京理工大学与机电信息研究所合作的过程中，学校以系统设计、方案论证、数值仿真和实验室单项实验为主；研究所以样机设计加工、系统动态模拟试验和外场试验为主。无论以谁为主完成某项具体工作，事前都取得完全一致的意见。我们通过方案评审、联合试验、交换研究报告、写信、电话、电传等多种手段，在两个单位之间保持经常的联系。在5年时间里，我们有意识地使研究工作的重点由学校逐步向研究所转移，因为我们的最终目的是将预研成果用于型号研制，而完成这个转化工作的主力理所当然地应该是研究所。

在我们两个单位之间，从未发生过因资料交换不及时或互不通气而影响研究进度的问题，也从未发生过因牵头单位给合作或协作单位的经费未及时到位而使研究进程中断的事情。

3 处理好预先研究与工程开发、部件与系统的关系

"引信安全系统机电一体化技术"是一项预先研究课题，主要任务是解决各种弹药用机电安全系统的共性关键技术。但是作为该课题的主要应用对象，末敏弹系统的工程开发色彩愈来愈浓，末敏弹系统总师组对机电安全系统的技术要求愈来愈具体。由于末敏弹系统本质上还处于预研阶段，各分系统本身还在研制过程中，引信安全系统赖以工作的弹道环境以及一些约束条件一直未能最后确定。就管理体制而言，合同甲方是预研管理部门，而课题的技术领导则是末敏弹系统总师组。对于这种情况，我们始终以一种积极的态度，辨证地、认真地加以处理。

我们先后做了5个末敏子弹用机电安全系统方案，如按预先研究的要求，到第四方案已经可以交差了，其输入参数及几何约束条件是我们设定并得到合同认可的。但根据末敏弹系统总体的要求，希望安全系统的几何外形是圆的（原方案是方的），初步给出的解除保险环境阈值与原设定的参数也有些出入。好在我们根据预先研究的要求，理论分析及数值仿真工作做得比较充分，尽管外形尺寸的变化引起零件结构尺寸的很大变化，输入条件的变化要求重新设计保险件及弹性元件，但这些工作大部分可以在计算机上进行，因此还是较好地按总体的进度要求完成了任务。预研任务并未要求安全系统与战斗部进行匹配试验，而这一试验对于末敏弹系统却是至关重要的。当总师组提出这一要求时，我们积极承担下来了。为了解决原先并未列入计划的爆炸物异地运输以及试验费用等实际问题，在总体单位大力支持下，由我们出图纸、工艺条件，由战斗部分系统加工、压药、组装，"搭车"做匹配试验，取得了预期的结果，并节省了我们大量的经费。

预先研究一旦纳入系统管理，必然涉及部件与系统、部件与部件之间的协调问题，如末敏子弹用机电安全系统与末敏弹总体及其他子系统的协调问题。由于末敏弹全系统尽管工程

色彩较浓,但终究尚处于预研阶段,无论是总体参数还是分系统的参数都只有"相对的稳定性",因此协调工作就更为复杂、更为困难。对此,除了要有耐心,要充分谅解对方外,还要有应变的准备。

我们具体的做法是:

(1) 凡我们需要而总体或别的分系统暂时给不了或给不准的参数,我们自己搜集相近或相关的参数,让研制工作不停顿地进行下去。

(2) 凡是总体或别的分系统需要我们给出的参数,尽可能给准、给全,这不仅有利于整个系统提高协调水平,最终也给自己提供了方便,减少了麻烦。

(3) 不因纳入系统管理、工程色彩浓厚等原因,而忽略预先研究的特点和规律。这样做的目的,都是为了通过该课题的预先研究,为当前和可以预见的未来机电安全系统的工程开发,提供尽可能充分的关键技术支撑。

4 预先研究必须重视理论及软件建设

预先研究是为了解决课题所涉及的某工程领域的关键技术。作为一个具体的工程问题,甲乙双方共同关心的是实现特定的、具体的战术技术指标,它的最终成果主要体现在一个产品实体上。作为一项预研课题,甲方所关心的、乙方所追求的应该是为研制某一类产品,提供理论、方法以及可供选择的若干种方案,以便在技术上最优地解决某一具体工程问题。也就是说,预先研究应重视能满足工程开发需要的理论及软件建设,并同时培养人才。

在 5 年时间内结合课题研究,我们撰写了 1 篇博士论文,6 篇硕士论文,在一级学报发表论文 5 篇,二级学报发表论文 5 篇,形成的各类研究报告约 30 万字。建立了涉及机电安全系统诸多方面(如系统分析、结构设计、可靠性分析、动力学分析、控制器设计、试验设计等)的理论和方法。编制的计算机程序语句 6 000 余条。所有这些工作,为机电安全系统的工程开发,奠定了很好的技术基础。

在这 5 年里,众多的年轻人先后参加了课题研究工作。他们中的有些人已经成为博士、博士后,成长为从事引信技术教学科研和管理工作的骨干力量。我们感到,重视人才的培养,认真重用一代新人,是引信技术发展的希望所在,也是预先研究本身的重要使命。

"引信安全系统机电一体化技术"课题组之所以在 5 年的研究工作中取得一些成绩,这与北京理工大学、机电信息研究所两个单位管理部门的正确指导,以及有关领导机关负责同志的关心、支持和鼓励是分不开的。在此,课题组对他们一并表示深深的感谢。

我国中大口径火炮用机械、电子、近炸引信的安全系统亟待进行"三化改造"[①]

据外电报道及 Internet 查询，配用美式 M739（或 M739A1）引信的 155 mm、203 mm 榴弹炮的弹药，先后在新西兰和我国台湾的射击训练中发生膛炸和炮口炸事故。在新西兰发生膛炸的确切原因尚待查明；在我国台湾发生的炮口炸事故中，共死 3 人，伤 17 人，台湾军方分析，90% 的可能性是引信在发射前已提前解除保险，处于待发状态。

由美国 Honywell 等公司生产的 M739 及其改进型 M739A1 引信，是美军现役装备的性能最先进的弹头机械触发引信，该引信大量装备美国和北约国家，并出口各东南亚国家。

M739 引信利用后坐和旋转两个环境条件解除保险，利用无返回力矩钟表机构实现 43~126 m 炮口安全距离，有 170 μs 瞬发和 0.03~0.07 s 延时作用两种装定，有防雨机构以保证在中到大雨条件下射击安全。在美国国防部 1994 年 4 月 15 日出版的 MIL-HDBK-757（AR）手册中，M739、M739A1 引信仍被视为中大口径榴弹用机械触发引信的范例。

M739、M739A1 引信所用的安全系统为 F/M739，该安全系统还可以应用于 M732A1 无线电引信及 M587、M724 电子时间引信。美国 MIL-HDBK-145A 手册认为该安全系统不符合美军标 MIL-STD-1316《引信安全性设计准则》的要求。

在新西兰和我国台湾发生的 M739（或 M739A1）引信膛炸和炮口炸事故值得引起我们的充分重视，目前我国 122 mm、130 mm、152 mm 和 155 mm 各型火炮所配用的杀爆榴弹、底凹弹、底排弹、发烟弹和子母弹用的机械触发引信、电子时间引信和无线电引信的安全系统均采用了与 F/M739 相类似的设计，很难保证不再出现类似的恶性事故。我国采用 F/M739 类型的安全系统有若干种变型，分别用于我国中大口径火炮各类弹药的各类引信，涉及多个型号，就事论事均不能彻底解决问题，只有通过专项研究才能对它们统一进行改进并形成系列。

从 1995 年开始，有关部门组织开展了我国兵器引信"三化"（通用化、系列化、组合化）的论证工作，其中重点任务之一就是开展中大口径火炮引信安全系统的"三化"改造工作，并已提出了具体结构方案。兵器引信"三化"论证工作已经广泛征求了陆、海、空三军装备研制主管部门和论证单位的意见，得到了他们的支持。

在新西兰和我国台湾发生的膛炸、炮口炸事故，进一步向我们敲响了警钟：中大口径火炮引信安全系统的"三化"改造迫在眉睫。

[①] 本文为《引信科技动态》的通讯稿，1997.11.18。

我们建议有关部门尽快批准立项兵器引信的"三化"专项研究，结合该项研究工作，对我国中大口径火炮所配用的各类引信进行彻底的安全性改造，研制高安全性的通用化、系列化安全系统，根除由于设计缺陷而导致的膛炸、炮口炸等安全性隐患，保证部队的训练和作战使用安全，提高武器系统的整体作战效能。

关于引信技术发展战略研究的几点说明[①]

我代表课题组简要汇报一下在进行引信技术发展战略研究时的一些思考,有关的技术细节可见书面文件,这里就不详谈了。

1　突出实现引信技术大跨度发展的指导思想

为贯彻大跨度发展的指导思想,通过和三军研讨,明确如果在未来一二十年要打仗,需要提供什么引信技术。去年我们专门与军方一些专家开了两天会,进行需求研讨,形成了一本论文集。以后又多次与军方对话。与此同时,密切跟踪国外引信技术发展动态,这种跟踪直到科索沃战争爆发,还在进行。跟踪研究一方面使我们从事发展战略研究的同事及时、准确地把握国外正在发展一些什么引信技术,同时也通过我们不定期出版的《国外引信追踪月报》《国外引信发展动态》《引信科技动态》等,从反馈的信息了解军方在关心些什么。军方需求及国外相关技术的发展趋势是我们发展战略研究的主要依据。

2　发展战略确定的主要研究方向

根据我国面临的现实威胁和潜在威胁,根据有限国力和分步骤实现国防现代化的指导方针,根据三军对未来武器系统、武器平台的发展思路,落实到引信技术的主要研究方向是:

(1) 提高武器及弹药的有效毁伤能力,如硬目标侵彻引信技术、定向战斗部引信技术、子母弹引信技术等。

(2) 提高防空反导引信的战场生存能力,研究一些新探测体制及复合探测体制的引信技术。

(3) 通过末端敏感引信技术及弹道修正引信技术,提高常规武器无控弹药的精确打击能力。

我们建议组织一支跨行业、跨部门的精干队伍,使上述几个方向的预先研究所取得的成果为三军所共享。共享分3个层次:

(1) 在技术层次上三军共享,如引信系统技术、软件引信技术等。

(2) 在装备层次上,如硬目标侵彻引信技术,陆军地地导弹、空军空地导弹、海军巡航导弹都可以用;定向战斗部引信技术,三军防空反导战斗部都可以用;激光引信技术,陆军迫击炮弹、空军空空导弹、海军面空导弹都可以用。

(3) 在时间层次上,在一个军兵种先突破,再在其他军兵种推广,如弹道修正引信技术,先在陆军压制兵器弹药中开展研究,使"笨弹"变成灵巧弹药,再向海、空军弹药推广。

[①] 本文为一次研究工作汇报会的发言提纲,2000.2。

3　两点思考

（1）在预研中重视"三化"问题及三军共享问题。

在进行发展战略研究过程中，我们发现美国空、海、陆三军十分重视联合研制高技术武器。如 JDAM 是 1991 年美国空、海军联合备忘录确定的项目，JASSM，JSOW 也有类似的情况，指导思想是强调经济上可承受、简化结构、模块化、三军共用。这种思想值得借鉴。

（2）在预研过程中，就要考虑如何将成果用到型号中去。

将型号研制中必须考虑的一些要素，如技术性能、成本、材料、器件、工艺等问题，在预研的全过程，如立项论证、方案评审、中期评估、试验验证、成果鉴定各个环节都要不同程度加以考虑。军方要有适度风险意识，在型号研制中应将新技术含量列为双向约束，即新技术含量既不能超过某一比例，也不能少于某一比例。

重点实验室（北京分部）拓展提高建设项目建议书[①]

1 目　的

通过实验室的拓展提高能为以下项目的研究开发提供仿真、测试及集成等技术支撑：

（1）跨行业重点预研，如自主式弹道修正引信技术、硬目标侵彻引信技术等。

（2）引信新技术、新原理基础研究，如引信用MEMS技术、引信仿生敏感器等。

（3）型号研制，如导弹机电及电子安全系统、火箭子母弹通用子弹引信、中大口径榴弹引信安全性改造、海军深弹引信、海军舰炮弹底引信等。

2 项目建设内容

2.1 引信虚拟试验平台

该项建设内容是在实验室现有软硬件条件基础上的拓展和提高，主要是添置部分弹道分析及弹目交会仿真软件，完善电路分析软件，更新部分PC机。

2.2 高 G 值冲击标定系统

实验室初建时因经费有限，气源及频响标定台均未采购，处理标定结果的计算机软硬件经过8年使用已经老化及落伍，即气源及频响标定台需重新采购，计算机软硬件需重新升级。

2.3 MEMS集成及测试系统

MEMS在引信中的应用是一高新技术课题，在引信安全与引爆控制系统及弹道修正引信中均有广泛的应用前景。本实验室不开展MEMS制作技术研究，仅进行按功能要求将芯片集成及系统静动态性能测试。拟建立一套实验室用厚膜集成装置、高转速试验台及静动态性能测试系统。

2.4 勤务处理及弹道环境存储测试系统

随着实验室型号研制任务的加重，能否获取实际的勤务环境及弹道环境越来越成为影响产品安全性和作用可靠性的"瓶颈"，如舰炮引信自动输弹过程中自调延期机构解除保险、火箭弹通用安全系统在磕碰试验中安全失效、无坐力炮机电引信在安全距离外弹道炸等，均

[①] 本文系代表实验室起草的建议书，2002.9.6。

是由于在模糊环境条件下凭"经验"进行产品设计而导致的结果。拟建立含多种传感器、弹上存储记录装置、实验室及外场用测试分析设备组成的存储测试系统。

2.5 引信仿生探测试验系统

由于战场目标及战场环境的日益复杂,新型战斗部的飞速发展(如多模战斗部),在复杂自然背景和人工干扰条件下的目标识别及引战配合已经成为引信目标探测的关键问题,仿生探测是解决这一问题的重要技术途径之一。仿生探测是一个很大的领域,与引信目标探测关系(定距、定向、测速、成像)较为直接的是电子复眼和超声听觉。拟在实验室已有基础上完善听觉仿生敏感器实验系统及动物复眼仿生敏感器实验系统。前者主要由声源及回波模拟器、听觉仿生接收器及神经网络、听觉仿真系统等组成;后者主要由光电仿生复眼装置、视觉仿生神经网络及视觉仿真系统等组成。

2.6 实验室扩建及维修

实验室经 8 年使用,水电管路损坏严重,墙面及天花板多处开裂,约 1 000 m^2 建筑面积需要全面整修。实验室承担的任务及拥有的仪器设备逐年增加,常年在实验室工作的教师和博士生、硕士生约 75 人,现有工作场地已不敷使用。拟在 5 层平台上加建顶层约 600 m^2。此楼原设计结构时,已经打好六层的地基。

3 计划经费

序号	项目内容	所需经费概算/万元
1	引信虚拟试验平台(补充、完善、更新)	***
2	高 G 值冲击标定系统(补充、完善、升级)	***
3	MEMS 集成及测试系统(新购置)	***
4	勤务及弹道环境存储测试分析系统(新购置)	***
5	引信仿生探测实验系统(完善)	***
6	实验室扩建及维修	***
总计		***

4 效 益

上述拓展提高建设计划完成后,重点实验室(北京分部)将具有更先进、完善的技术手段从事机电引信动态特性数字仿真及虚拟试验技术研究的能力;具有基本的引信勤务环境及飞行环境力学参数的存储测试能力,为引信设计及事故分析提供较清晰的环境条件,以提高机电引信的安全可靠性和作用可靠性;具有初步的以 MEMS 技术为基础的灵巧引信及引信仿生探测器的研究能力。与此同时,实验室的工作环境也将得到较大的改善。

对引信海外事故的咨询建议[①]

1 概 况

出口 S 国 M 型迫击炮机械触发引信在该国部队使用时，连续发生两次膛炸事故。在此膛炸事故前后，则分别发生过两次搬运炸事故。据报，由于引信的装定扳手较少，射前准备均在前线库房进行。这种引信以前在国外也曾发生过搬运炸事故。

该迫击炮机械触发引信在我国约有 20 年生产历史，在当时是一种比较先进的引信。为解决迫弹引信勤务处理安全和发射时可靠解除保险的矛盾，并使射击前准备更为方便，该引信的装定栓兼作运输保险用。出厂时装定栓箭头对准 0 位，此时后坐销（管主击针安全）及侧击针（用于火药远解击发）均被卡住在安全状态。发射时无论作瞬发装定（装定栓箭头对准"瞬"）还是延期装定（装定栓箭头对准"延"），后坐销及侧击针均被解除勤务处理保险，此时引信就处于半解保状态。如不即时发射，只要经受 $200G\sim300G$ 持续过载作用（这在磕碰、跌落过程中是很容易产生的），主击针将因后坐销下移而解除对转子的保险，侧击针则使火药远解机构作用从而解除对转子的保险，转子在扭簧作用下转正，处于待发状态；如此时引信再次受到磕碰或跌落的作用，则会发生"搬运炸"，如发射，则会发生"膛炸"。

2 初步分析意见

（1）可初步排除加工、装配、检验等质量控制不严而造成的事故原因。

（2）尽管两发膛炸均发生在该门火炮在该次战斗中第二枚炮弹发射时，可疑为因"重装"原因而膛炸，国内部队训练时曾有类似事故的先例，但无法解释搬运炸的原因。

因此，此次多起膛炸和搬运炸的原因可基本归结为，发生膛炸和搬运炸的共计 6 发引信在事故发生前，引信装定栓箭头已不在"0"位，主击针已抬起，火药保险已解除，转子已转正。

3 造成上述现象的可能过程

（1）射击前调节装定栓的地方和发射阵地不在同一地点，完成装定后已解除运输保险的引信（连同炮弹）又搬运了一段距离，在搬运过程中受到各种冲击激励，引信完全解除保险。

（2）射击前调节装定栓和进行发射在同一地点，但完成装定操作后，由于某种原因取消

[①] 本文为一份咨询报告，2006.10。

了发射命令,而射手未将装定栓箭头恢复"0"位,即进行搬运转移,在搬运过程中引信完全解除保险。

在以上两种情况下,处于完全解除保险的引信,只要再次受到冲击激励,都会爆炸。如冲击激励来自搬运过程,则发生"搬运炸";如冲击激励来自正常发射,则发生"膛炸"。

4 善后处理建议

(1)现场调查膛炸是否可能因"重装"而产生。

(2)对现存数千发引信中未启封的引信100%拆封检查装定栓箭头是否对准"0"位,主击针是否有抬起的,即再次确认事故是否由加工、装配、检验等原因造成。

(3)对已启封的引信100%检查装定栓箭头是否处于"0"位,以判断是否有使用不当的可能性。

(4)进行理论分析和实验验证,是否有可能因装定力矩不够大,在搬运冲击、振动下,装定栓受侧击针及惯性杆不对称惯性力作用,使装定栓箭头与"0"位的对准性不能切实得到保证,从而失去勤务处理安全性能。

(5)装定扳手要保证配备到炮班,使用说明书要直白,如装定操作应在发射阵地完成,装定后应立即发射,取消发射任务后引信装定栓箭头应恢复对准"0"位等,应有准确的图文说明。

辑 四

引信安全系统

引信安全系统的技术进展[①]

谭惠民　施坤林

摘　要：本文回顾了引信安全系统技术的发展过程，结合战术及技术背景，对各阶段引信安全系统的特点进行了分析。针对我国引信技术的实际情况，提出了我国引信安全系统的近期目标是利用现有技术发展机电结合型的安全系统，远期目标是向电子安全系统方向发展，并提出了当前应开展的基础性研究工作。

1　前　　言

按照引信是信息控制系统的概念，引信主要由下列 4 个部分组成：
发火控制系统、安全与解除保险装置（简称安全系统）、爆炸序列和能源。

随着引信技术的发展，引信概念也在进一步发展。发火控制系统与安全系统之间的联系和相互作用越来越密切。发火控制系统不仅利用目标信息，而且还利用环境信息，同样，安全系统不仅要利用环境信息，而且要利用目标（或目标区）信息。引信的安全系统控制与发火系统控制越来越多地结合在一起。所以对引信系统组成部分的划分有待于进一步发展。据资料介绍，1982 年美国试验成功的火箭增速动能弹引信是一种安全、解除保险和引爆控制一体化的引信。SADARM 也是这样。

引信安全系统与其他系统的关系可以从图 1 中看出，安全系统对发火控制系统的输出通道、对能源、对爆炸序列都有控制作用。

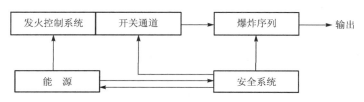

图 1　引信安全系统与其他系统的关系

2　安全系统发展的几个主要阶段、特点及其战术技术背景

到目前为止，按信息利用量及作用原理划分，引信安全系统的发展大致为以下 3 个

[①]　原文刊登于《现代引信》，1990（1）。

阶段。

(1) 利用单一发射环境信息的纯机械安全系统阶段。

在这一阶段，主要是要求引信安全系统能够正确区分发射与非发射环境，研究重点放在区分发射与非发射环境方法的实现上。一般是用机械机构去感受膛内的后坐力或者离心力信息，还没有从系统设计的角度对引信安全可靠性提出要求。同时只考虑了引信的勤务处理和发射安全性，对引信弹道安全性几乎没有考虑。信息处理方式为力信号阈值或机械积分仪。机械机构既是力信号的感受元件，也是保险和解除保险的执行元件。

(2) 利用双重环境信息的纯机械安全系统阶段。

随着武器系统愈来愈复杂，价格愈来愈昂贵，同时生命的价值愈来愈受到重视，必然对引信安全系统的安全可靠性提出更高的要求。人们开始从系统设计角度对引信安全可靠性进行研究。在这一阶段，引信在距炮口一定距离内的起始弹道安全性也受到了重视。美国在不断补充、修改的《引信安全性设计准则》中对引信安全系统提出了双重环境力保险、冗余保险、故障保险和延期解除保险（安全分离）等要求。这些要求提出的目的是提高引信对环境的识别能力，提高安全系统的可靠性。20世纪70年代初期，美国为了设计出满足安全性设计准则要求的引信，进行了大量机械保险机构、部件的研究工作，采用了双环境冗余保险引信。安全系统只有在同时感受到膛内后坐力和离心力信息时才能解除保险，并且带有无返回力矩远解机构，或其他原理的远解机构，实现了弹丸与炮口的安全分离。

(3) 利用双重环境信息的机电结合型阶段。

从20世纪70年代后期开始，引信安全系统的最大进展是研制了许多机电结合型的安全系统。促使安全系统从纯机械向机电结合型发展的原因有下列几点。

① 美军标 MIL-STD-1316A，B，C 的贯彻执行。在该标准中明确规定引信只有在两个独立环境力作用下才能除解保险。在旋转弹引信中这一要求是比较容易满足的。但对于非旋转弹引信，在用机械机构感受第二环境力信息时遇到了很大困难。另外，在纯机械安全系统中，环境力不仅作为信息被感受，还必须能提供一定的能量使机械机构完成解除保险动作，所以对于纯机械安全系统不是所有环境信息都能充分利用，要受到环境信息的性质（力信息）和能量的限制。这就促使人们寻求新的环境信息传感器。并且，随着引信技术的发展，对安全系统的要求越来越高，机械机构因难以进行复杂的信息处理而无法满足需要。

② 微电子控制技术、新型传感器技术为引信采用各种环境传感器获取并处理环境信息提供了可能性。集成电路技术的发展使电子逻辑控制装置具有体积小、可靠性高、功耗小、成本低等一系列优点，很快在引信中获得应用。美国 Motorola 公司1982研制的具有可变碰炸延期的引信起爆系统中就采用了电子逻辑程序控制技术。

传感器技术在民用工业和大型武器系统中早已获得了广泛的应用，但是由于引信的恶劣工作环境（高过载、小体积、小质量等）给引信使用传感器造成了很大困难。随着技术的不断进步，利用超精细加工、集成电路工艺、新材料等的最新成果，用于引信的传感器制造技术已经成熟。美国率先开始了引信传感器的研究工作。美国哈里·戴蒙德实验室早在1970年就提出了磁炮口传感器的构思，并成功地用于海军5英寸、8英寸制导炮弹的引信安全系统中。

机电结合型安全系统的发展给引信安全系统带来了根本性变化，在信息获取、处理、安全与解除保险方式和系统结构等方面形成了许多新的概念和方法。在纯机械安全系统中，环境信息的感受和解除保险动作的完成都是由同一机构实现的，如离心保险机构、后坐保险机构等。环境信息必须是直接取自力信号的特征参量，而且要有足够的能量，这就限制了环境信息的利用，信息利用率低，信息特征的提取、处理困难。而在机电结合型安全系统中，传感器只用做感受环境信息，安全与解除保险由独立的执行机构完成。这就使利用环境信息时所受的限制大为降低。只要传感器性能允许，可以利用发射与弹道上的各种信息，信息利用率有了很大提高。在信息处理上，由于可以采取存贮手段，其逻辑顺序与信息出现的自然顺序可以不同步，灵活方便。系统可以按功能实现模块化设计。例如将安全系统分成三个功能模块：信息采集模块、信息处理模块、安全与解除保险执行模块。有利于引信设计的通用化、系列化和组合化。

美国"毒刺"（Stinger）导弹配用的M934E5引信的安全系统就是一个典型的机电结合型的安全系统。其结构框图如图2所示。

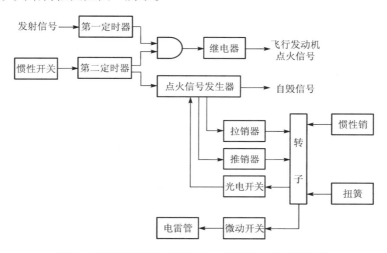

图 2 "毒刺" 导弹用 M934E5 引信的安全系统框图

作用原理如下：

平时，惯性销和拉销器将转子锁定在隔离位置，电雷管被微动开关短路，且与发火电路断开，引信处于安全状态。

发射时，由发射信号启动时钟1。在发射发动机工作正常时，惯性销第一次解除保险，此时，拉销器仍然锁住转子，所以转子不能运动。在发射发动机过载作用下，惯性开关闭合，启动时钟2。0.75 s时，在时钟1、2信号的共同作用下，点燃飞行发动机。当过载达$30G$时，惯性销第二次解脱。当时钟2定时到1 s时，输出信号，控制点火信号发生器点燃拉销器，拉销器从转子中抽出，这时转子被释放，在惯性力矩作用下，克服扭簧抗力矩向解除保险方向运动。当转子转过某一预定角度时，光电开关导通，控制点火信号发生器点燃推销器。在推销器作用下，转子加速运动，越过扭簧力矩变向拐点，在扭簧力矩作用下向解除保险位置运动，并被扭簧力矩压在解除保险位置。在转子的运动过程中，同时也释放微动开关，使电雷管解除短路保险，并接入发火电路。

在平时勤务处理中，如果惯性销和拉销器同时失去锁定作用，则扭簧推动转子向安全锁定方向运动，并被锁定销锁在安全位置，保持在安全失效状态。

如果发射发动机正常,而飞行发动机不正常,惯性销在第一次解除保险后复位,不再解脱,虽然到 1 s 后,拉销器仍然工作,但转子却被惯性销锁住,不能转动。

M934E5 引信解除保险过程作用时序如图 3 所示。

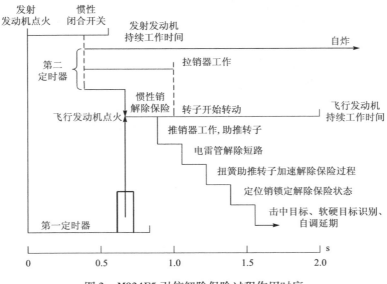

图 3　M934E5 引信解除保险过程作用时序

（4）利用全弹道环境与目标信息的全电子安全系统阶段。

随着现代战场条件的日趋复杂,电子对抗技术越来越先进,近炸引信的弹道安全性遇到了日益严重的威胁,引信在全弹道上的安全性是引信设计者必须考虑的问题。全弹道安全性最重要的两点就是抗干扰与故障保险。其实在机械触发引信中,已有了全弹道安全的保险装置。例如美国 Motorola 公司的 Carl R. Broth 等人发明的着发解除隔离装置,能保证引信在碰击目标过程中才解除隔离。国内正在研制的某反跑道炸弹引信也采用了具有类似功能的机构。

安全系统的发展不仅与前面提到的传感器技术、微电子技术有关,而且还与引信采用的爆炸序列有关。目前的引信广泛采用错位式爆炸序列,为了防止因感度较高的雷管意外作用而引起整个爆炸序列的作用,在爆炸序列中插入隔爆元件或使雷管与导爆药错开。与高能炸药具有相同安全水平的冲击片雷管（Slapper Detonator）的出现,促使人们有条件发展一种全新的完全取消机械隔爆机构的安全系统——全电子安全系统。

全电子安全系统是与引信采用直列爆炸序列分不开的。美军标 MIL－STD－1316C 对直列爆炸序列作了明确规定：在火工品中只能用标准中规定的炸药作为导爆药和传爆药（称为许用炸药）,这些炸药在火工品中使用时不能进行敏化改性处理。显然,如果雷管的装药与导爆管、传爆管装药一样时,也就无需要再进行隔爆了。取而代之的是能量流的隔离。在全电子安全系统中并不是完全没有机械机构。MIL－STD－1316C 规定,对于电发火能量流至少应有两处实现隔离,并且必须另有一个独立的机械装置使电路直接锁定在安全状态。但作为开关使用的机械装置结构可以很简单,可靠性可以很高。

可以这样理解：全电子安全系统是一种采用直列爆炸序列的新型机电安全系统,由于采用了无需隔爆的钝感雷管（其安定性与战斗部主装药相当），使引信的安全性和可靠性得到进一步提高。

图 4 就是一种典型的全电子安全系统原理框图。

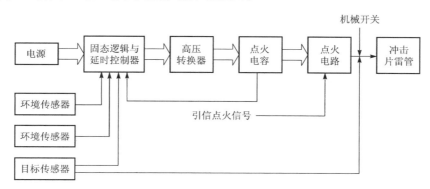

图 4　一种典型的全电子安全系统结构框图

作用过程为，由控制电路对传感器采集到的信息进行处理，当识别为正常发射环境并进入目标区时，才允许高压点火电容充电，这时引信处于待发状态，当发火控制系统给出点火信号后，引信发火。

安全系统由电源、环境传感器、控制电路、高压转换器、高压点火电容及点火电路等部分组成。在点火电路与高能冲击片雷管之间的通道还受到一个独立于控制电路的机械开关的控制。

全电子安全系统刚出现时，由于具有一系列独特的优点，因而受到各国引信界的普遍重视。下面对有关特点作进一步分析。

① 信息利用量大，信息处理方式先进。

在全电子安全系统中，由于采用了各种新型传感器技术，可以感受全弹道的环境及目标信息，包括后坐力、离心力、爬行力、转速、空气压力、空气流速、流量、温度、炮口磁场、地磁场等。在信息处理上可以采用先进的方式，例如可以建立发射环境模式库，在发射过程中不仅可以可靠地区别发射与非发射环境，还能区分不同的发射环境，根据不同的发射环境要求，选择最合理的解除保险方式等。还可以在飞行过程中接受地面指令，处理特殊情况等。

② 安全系统与其他系统之间的配合更为方便可靠。

随着引信技术的发展，为提高系统可靠性（安全可靠性及作用可靠性），安全系统、发火控制系统以至于制导系统要求进行统一的控制，各系统之间的信息交换增多，系统之间接口的合理匹配就显得很重要了。在全电子安全系统中，由于全部以电量进行控制，可以采用标准化的通用接口技术。引信全电子安全系统很适合采用计算机进行统一控制，有利于引信的智能化。

③ 有利于引信设计的标准化。

全电子安全系统可以分解成通用性很强的标准化功能模块，如信息采集模块、处理模块等。设计时可以采用功能模块组合法，从而缩短产品研制周期，减少部件品种，并潜藏着低成本特性。

④ 安全系统的可靠性得到很大提高。

在全电子安全系统中广泛采用了集成电路，又取消了机械隔离机构，很明显将使可靠性得到很大提高。

⑤ 安全系统的功能更加完善。

前面说过，全电子安全系统可以利用全弹道上的各种信息，可以在全弹道上对引信进行保险，可以处理意外故障，只有在进入目标区时才最终解除保险。安全系统的基本功能是对环境（也含对目标）信息进行感受与利用，识别引信是处于发射环境还是处于非发射环境。当引信处于发射环境时，在满足一定条件下，使引信处于待发状态；否则必须保证引信处于安全状态。安全系统功能的进一步扩展是：如果战斗状态突然中止（发射或飞行出现故障），对开始解除保险或已经处于解除保险状态的引信使之恢复安全状态，包括复原保险状态或进入瞎火安全状态。

现代战场的恶劣环境，特别是电子对抗越来越激烈，对引信，特别是具有近炸功能的引信构成了很大威胁。因此要求引信具有很强的抗干扰能力。抗干扰能力可以从两个方面采取措施，即发火控制系统的抗干扰能力和安全系统的抗干扰能力。这里仅对安全系统的抗干扰能力作一讨论。

安全系统的抗干扰能力是通过延迟解除保险来达到的，有两种不同的实现方式：① 以发射时刻为基准，延迟一定时间解除保险，这种方法比较容易实现，但不能实现最佳延迟解除保险的时间；② 利用目标区信息解除保险，这种方法由于以目标区信息为依据，与发射等因素无关，可以比较精确地控制解除保险时战斗部与目标之间的相对距离。对于后者，由于解除保险时战斗部已处于目标区域，即使引信受干扰提前作用，也能对目标造成一定程度的毁伤。当安全系统利用目标区信息解除保险时，引信就具有全弹道的安全性。

3 全电子安全系统的技术关键及其可能的实现途径

从前面的讨论可知，全电子安全系统具有许多独特的优点，是未来安全系统的发展方向，有必要对其技术关键进行分析。

第一，与全电子安全系统直接有关的是直列爆炸序列技术。在直列爆炸序列中最关键的就是高能钝感雷管。美国发展的钝感雷管，如 Slapper Detonator 需很高的电能来引爆，直接与 60 Hz，110 V 或 220 V 交流电或 28 V 直流电源相接不会起爆，目前报道的性能参数为起爆电压 2~4 kV，起爆电流 >6 kA，能量约为 0.5 J。

第二，对于采用高能钝感雷管的引信，在安全系统中必须带有高压转换器，把电源低电压转换成大于 2 000 V 的高电压。

图 5 是美国的一种高压转换器原理框图。

高压转换器主要是通过脉冲升压变压器升压的。普通低压电源提供的交流电通过整流器整流后向电容器 C_1 充电，C_1 能给脉冲升压变压器提供瞬间大电流。动态开关在接通之前，升压变压器中无电流，不工作。在控制器控制动态开关瞬间导通时，变压器中产生脉冲电流，变压器输出端就有高压输出，通过二极管给高压发火电容器 C_2 充电，直到充够所需的高压为止。

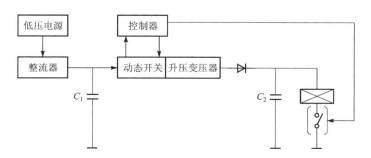

图5　美国的一种高压转换器原理框图

第三，传感器技术。

在全电子安全系统中使用各种传感器来获取发射环境、飞行环境及目标的特征信息。由于引信的工作环境十分恶劣，要经受高低温、高过载，还受到体积、重量的限制，所以对引信中使用的传感器性能要求很高，必须是微小型的，微功耗的，最好是无源的、固态化的。由于引信传感器是一次性大量使用的传感器，所以必须适于批量生产。对传感器的稳定性和可靠性要求很高。

目前美国在研制引信传感器方面极为活跃，技术也最为先进。所研制的各种引信传感器有：加速度传感器（或传感器阵列）、压力传感器、速度传感器等。其中有些是微型传感器，如硅片加速度计、硅片集成压力传感器、与集成电路装在同一硅片上的磁强计等。在美国陆海军联合研制的弹头起爆/延期引信中就采用了3种传感器，分别是压电后坐传感器、极靴地磁转数传感器、压电碰击传感器。

在众多的不同原理结构的传感器中，最有发展前途的是集成化多功能传感器。这类传感器采用集成电路的工艺技术，把敏感元件与部分信号处理电路、温度补偿电路、放大及运算电路等集成在一起，或把多种或多个敏感元件集成在同一芯片中。它是固态传感技术和集成电路技术相结合的产物。由于采用了集成工艺，提高了可靠性，有较强的抗干扰能力，可与计算机直接连接。目前已出现的集成传感器有：集成压力传感器、集成磁传感器、集成温度传感器、集成光电传感器等。

第四，微电子控制技术。

微电子控制部分是全电子安全系统的核心，要求具有极高的可靠性和完善的控制功能。最早用于引信的是电子逻辑程控技术，它具有体积小、简便、可靠性高、功耗小、价格低等一系列优点。如英国的通用航天公司1983年研制的导弹安全连锁控制系统就采用了电子逻辑程控技术。

随着计算机技术的发展，微处理器以其独特的性能在控制领域中获得了广泛的应用。以微处理器为核心的可编程控制技术正在迅速取代电子逻辑程控技术，即控制技术从硬件控制向软硬结合以软为主的方向发展。由于大量采用了软件技术，使控制系统具有很强的信息处理能力。可编程控制技术在引信中也得到了应用，如美国Motorola公司1978年研制的炮弹可编程引信、美陆军1981年负责研制的可重复编程电子引信等。在各种控制器中，功能最完善、控制能力最强的是单片计算机，利用单片机可以实现自适应控制、智能化控制等复杂控制技术。

目前可应用于引信的控制器件越来越多，如可编程阵列逻辑器件（PLA），电可编程逻辑器件（EPLD），各种通用、专用的信号处理器（DSP），以及高性能的单片机等。

4 我国引信安全系统发展的技术对策

综合分析引信安全系统的发展趋势，根据我国引信技术的实际水平，提出适合于我国国情的技术发展对策，对加快我国引信技术的发展，少走弯路，有重要意义。

自从我国制定了类似于美军标 MIL-STD-1316C 的《引信安全性设计准则》以来，我国引信安全系统已进入了第二个发展阶段，设计出了利用双重环境信息符合准则要求的机械安全系统，如榴-7 引信的安全系统。但是，除了在导弹引信的安全系统中采用了一些电子控制技术外，对机电一体化安全系统研制刚刚起步，正在探索将简易传感器技术和微电子控制技术用于安全系统；全电子安全系统尚处于概念跟踪阶段，与之有关的几个关键技术还未掌握。

根据我国的实际情况，我们认为，我国引信安全系统的技术发展分两步走比较妥当。近期目标，即在"八五"期间，应利用现有的技术，如自带电荷放大器的压电加速度传感器、电火工做功器件、集成控制器件、各种开关等，保留隔爆机构，但保险机构对环境的感受与执行解除保险动作是分离的，研制出功能更加完善的机电结合的安全系统，以满足"九五"期间如远程多管火箭弹、反跑道航弹及各种战术导弹等新型弹药对引信安全系统的需求。

远期目标就是使安全系统向全电子方向发展。针对这个远期目标，今后一段时间内应抓紧进行以下基础性的研究工作：

① 全电子安全系统的几项关键技术的研究，如高能钝感雷管（冲击片雷管）、高压转换器等。

② 研制适合于引信用的各种传感器，特别需重视集成多功能传感器在引信中的应用研究。

③ 对各种可利用的环境信息进行实际测量。在设计传统的机械安全系统时，只利用了膛压、转速等信息作为设计计算的依据，结果是很粗糙的。当使用传感器采集信息并由电路或计算机进行处理时，就必须事先精确地测出有关数据以辨真伪。通过实际测量还能发现以前未被掌握的新信息。如引信在膛内所受的横向过载，完全可以作为一种新的发射环境信息。

④ 对控制技术进行仿真研究。提出适合于引信安全系统的信息处理方法，对安全系统的控制功能进行探讨。

上述基础研究，将有利于我们加深对全电子安全系统的理解，结合更进一步的跟踪研究成果，争取在"八五"结束时，形成明确的有关我国全电子安全系统的技术发展方向及其具体结构。

以上观点只是从技术发展的角度进行讨论的。在可以预见的将来，我国大量装备的主要还是机械引信及机械安全系统，有关机械引信及引信机械安全系统的设计计算、模拟仿真、工艺改进等，应该仍然是我国引信行业的主要和重要的研究内容，这是勿庸置疑的。笔者想重复 6 年前说过的一句话：如果设计者不考虑经济效益问题，很可能最好的引信部队装备不起，次好的引信没有，不得不继续使用目前正在使用的性能较差的引信。

参 考 文 献

[1] 徐振相. 对直列式传爆序列研究课题的分析和建议 [R]. 华东工程学院专题报告, 1989.
[2] 范宁军, 马宝华. 国外引信安全与解除保险程控技术 [R]. 北京理工大学专题报告, 1988.
[3] 高敏, 马宝华. 美军对引信环境识别技术的研究 [R]. 北京理工大学专题报告, 1988.
[4] 彭若开. M934E5 引信简介 [C]. 引信学会第六届年会论文, 1988.
[5] 国际引信发展预测 [R]. 根据 DMS Inc. 1984 年版《军用引信——国际市场比较研究和预测》, 机电部 210 所、北京理工大学引信技术教研室编译, 1989.
[6] Denis A. Silvia. Basic S&A Features. The National Course in Fuzing and Initiation, Texas, Mar. 1990.

引信安全系统逻辑结构的安全性分析[①]

施坤林　谭惠民

摘　要：采用状态转移法对引信安全系统的几种逻辑结构进行了定量的安全性分析。比较了安全系统中常用的几种控制方法对安全性的影响程度。研究表明，时间窗控制是提高安全性的最有效途径。

关键词：安全系统；状态转移法；时间窗控制

进行引信安全性设计时要解决两个基本问题：一是如何区别发射与非发射环境，只有在发射环境下才解除保险，否则必须保证安全；二是如何保证安全系统自身出现故障时的安全性。安全系统的逻辑结构对安全性有很大的影响，本文将对两者的关系进行讨论。在讨论中，假定元件都能正常工作。

文献［1］对引信安全系统进行了抽象化，用带箭头的线和开关描述。符号含义为：

带空心箭头的粗实线表示爆轰输出通道，其上的开关表示保险装置。当开关都闭合时，表示系统解除保险；只要有一个开关没有闭合，就认为系统还没有解除保险。

带实心箭头的细实线表示环境力的输入通道。其上的开关闭合时表示保险装置或环境传感器能响应环境力；开关打开时表示即使出现环境力也不响应。对应细实线实心箭头的开关，其动作受环境信号的控制。

带空心箭头的细实线表示控制信号通道。其上开关起着传递或阻止控制信号的作用。

1　引信安全系统逻辑结构的安全性分析

这里所讨论的安全性，是指在勤务处理过程中，因出现能使保险装置解除保险的环境力，从而导致安全系统提前解除保险的概率。所涉及的环境力是广义的，可以是坠落、冲击时的力信号，也可以是电磁、静电等干扰信号。为了叙述方便，统称为解除保险环境力。显然，平时解除保险的概率值越小，安全性越好。

勤务处理过程可分为几段，如运输过程、贮存过程等，各过程中出现解除保险环境力的概率是不一样的。为了简化，这里仅针对某种过程，如运输过程，进行讨论，并认为每种解除保险环境力都有不变的概率分布。这种讨论问题的方法也适用于其他过程。

某勤务处理过程可看成由一系列等间隔的区间组成。假设：

（1）在每个时间间隔中，解除保险环境力出现的概率相同，若有两个解除保险环境力，则其出现的概率分别设为 p_1 和 p_2；

[①]　原文刊登于《兵工学报》，1993（4）。

（2）在每个区间中，每种解除保险环境力最多只出现一次；
（3）所有零部件都正常工作；
（4）在 $t_i \sim t_{i+1}$ 期间，系统从保险或半保险状态转换为解除保险状态的概率为 p_{i+1}。

1.1 单一环境力保险结构

绝大部分苏式引信以及在贯彻 MIL‑STD‑1316 前设计的美式引信（如 M51，M509 等）的安全系统皆属此列。如图 1 所示，设：状态①为系统未解除保险状态，状态②为系统解除保险状态。

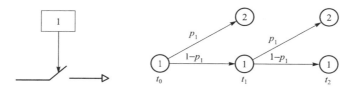

图 1　结构 1 及其状态转换图

在 t_0 时刻系统处于状态①。$t_0 \sim t_1$ 期间，系统从安全状态转换为解除保险状态的概率为 $P_1 = p_1$；$t_1 \sim t_2$ 期间，系统从安全状态转换为解除保险状态的概率为 $P_2 = (1-p_1)p_1$；$t_{n-1} \sim t_n$ 期间，系统从安全状态转换为解除保险状态的概率为

$$P_n = (1-p_1)^{n-1} p_1 \tag{1}$$

到 t_n 时刻，系统解除保险的概率为

$$P = \sum_{i=1}^{n} P_i = \sum_{i=1}^{n} (1-p_1)^{i-1} p_1 \tag{2}$$

1.2 双重独立环境力保险结构

1.2.1 开关 K_1、K_2 在合上之后不再打开，即开关不可恢复的情况

如图 2 所示，设：状态①为系统处于保险状态，K_1、K_2 都打开；状态②为半解除保险状态，K_1 合上，K_2 打开；状态②为系统处于半解除保险状态，K_1 打开，K_2 合上；状态③为解除保险状态，K_1、K_2 都合上。

$t_0 \sim t_1$ 期间系统从保险状态转换为解除保险状态的概率为

$$P_1 = p_1 p_2$$

$t_1 \sim t_2$ 期间系统从保险状态和半保险状态转换为解除保险状态的概率为

$$P_2 = (1-p_1-p_2+p_1 p_2) p_1 p_2 + p_1(1-p_2) + p_2(1-p_1) p_1$$

$t_{n-1} \sim t_n$ 期间系统从保险状态和半保险状态转换为解除保险状态的概率为

$$P_n = p_1 p_2 \left[\sum_{i=0}^{n-2} (1-p_2)^{n-1-i} (1-p_1-p_2+p_1 p_2)^i + \sum_{i=0}^{n-2} (1-p_1)^{n-1-i} \cdot (1-p_1-p_2+p_1 p_2)^i + (1-p_1-p_2+p_1 p_2)^{n-1} \right] \tag{3}$$

t_n 时刻系统解除保险状态的概率为

$$P = \sum_{i=1}^{n} P_i \tag{4}$$

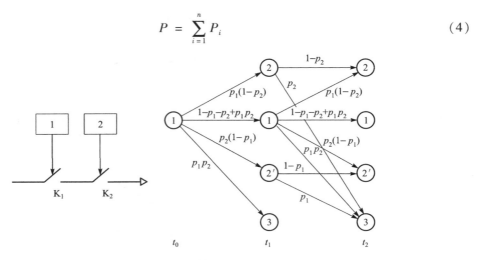

图 2　结构 2 及其状态转换图

1.2.2　开关 K_1、K_2 独立，且可恢复的情况

采用这种结构形式的有小口径对空榴弹引信 M758，中大口径榴弹引信 M739 等。如图 3 所示，设：状态①为系统处于保险状态，K_1、K_2 都打开；状态②为解除保险状态，K_1、K_2 都合上。

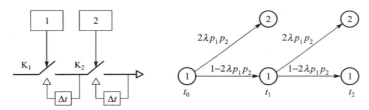

图 3　结构 3 及其状态转换图

在这种情况下，K_1 或 K_2 在解除保险环境力作用下闭合 Δt 之后，又恢复到打开状态。假定所取时间间隔为 T，K_1、K_2 为无序系统。令

$$\lambda = \Delta t / T \tag{5}$$

$t_0 \sim t_1$ 期间　　$P_1 = 2\lambda p_1 p_2$

$t_1 \sim t_2$ 期间　　$P_2 = (1 - 2\lambda p_1 p_2) \cdot 2\lambda p_1 p_2$

$t_{n-1} \sim t_n$ 期间

$$P_n = (1 - 2\lambda p_1 p_2)^{n-1} \cdot 2\lambda p_1 p_2 \tag{6}$$

t_n 时刻

$$P = \sum_{i=1}^{n} P_i = \sum_{i=1}^{n} (1 - 2\lambda p_1 p_2)^{i-1} \cdot 2\lambda p_1 p_2 \tag{7}$$

1.3　双环境顺序控制结构

采用这种结构形式的有迫弹用多选择引信 M734，反坦克导弹用引信 M114，机载反坦克

导弹"海尔发"用引信 M820 等。如图 4 所示，设：状态①为保险状态，K_1、K_2、K_3 打开；状态②为半解除保险状态，K_1、K_3 合上，K_2 打开；状态③为解除保险状态，K_1、K_2、K_3 都合上。

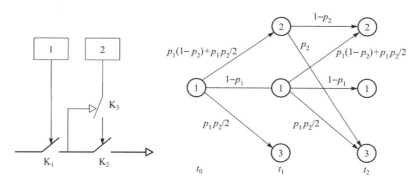

图 4　结构 4 及其状态转换图

在这种情况下，假定两个解除保险环境力都能分别出现，环境力 1 或 2 先出现的概率为 $p_1p_2/2$，而两个环境力在同一时刻出现的概率为零，K_1、K_2、K_3 都是不可恢复的。

$t_0 \sim t_1$ 期间　　$P_1 = p_1p_2/2$

$t_1 \sim t_2$ 期间　　$P_2 = [p_1(1-p_2) + p_1p_2/2] \cdot p_2 + (1-p_1)p_1p_2/2$

$t_{n-1} \sim t_n$ 期间

$$P_n = [p_1(1-p_2) + p_1p_2/2] \cdot \left[\sum_{i=0}^{n-2}(1-p_2)^{n-2-i}(1-p_1)^i\right]p_2 + (1-p_1)^{n-1} \cdot p_1p_2/2 \tag{8}$$

t_n 时刻

$$P = \sum_{i=1}^{n} P_i \tag{9}$$

1.4　双环境顺序加时间窗控制结构

时间窗控制指的是某一解除保险信号只有在设定的时间区间内出现才有效，而该区间与正常发射周期相关。如信号在该区间以外出现，则认为非正常，解除保险过程中止。

采用这类结构的有多用途破甲弹引信 M763、M764 和多管火箭系统用母弹引信 M445、XM450 等。如图 5 所示，设：状态①为保险状态，K_1、K_2、K_3 打开，K_4 合上；状态②为解除保险状态，K_1、K_2 合上；状态③为系统处于瞎火安全状态，K_2、K_4 打开，K_1、K_3 合上。其他假定同 1.3 节，λ 的定义见式（5）。

$t_0 \sim t_1$ 期间　　$P_1 = \lambda p_1 p_2/2$

$t_1 \sim t_2$ 期间　　$P_2 = (1-p_1) \cdot \lambda p_1 p_2/2$

$t_{n-1} \sim t_n$ 期间

$$P_n = (1-p_1)^{n-1} \cdot \lambda p_1 p_2/2 \tag{10}$$

t_n 时刻

$$P = \sum_{i=1}^{n} P_i = \sum_{i=1}^{n} (1-p_1)^{i-1} \cdot \lambda p_1 p_2 / 2 \tag{11}$$

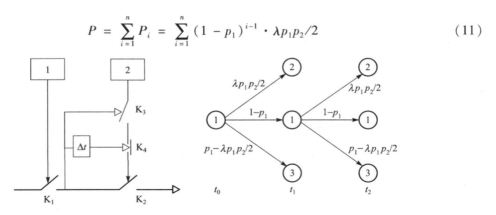

图 5　结构 5 及其状态转换图

1.5　双环境非顺序则瞎火控制结构

采用这类结构的有单兵反坦克用 MK420 引信等。如图 6 所示，设：状态①为保险状态，K_1、K_2 打开，K_3、K_4 合上；状态②为半解除保险状态，K_1、K_4 合上，K_2、K_3 打开；状态③为解除保险状态，K_1、K_2、K_4 都合上；状态④为系统处于瞎火状态，K_2 合上，K_4 打开。其他假定同 1.3 节，λ 的定义见式（5）。

$t_0 \sim t_1$ 期间　　$P_1 = (1-\lambda)p_1 p_2 / 2$

$t_1 \sim t_2$ 期间　　$P_2 = p_1(1-p_2)p_2 + (1-p_1-p_2+p_1 p_2)(1-\lambda)p_1 p_2 / 2$

$t_{n-1} \sim t_n$ 期间

$$P_n = p_1 p_2 \cdot \left[\sum_{i=1}^{n-2} (1-p_2)^{n-1-i}(1-p_1-p_2+p_1 p_2)^i \right] +$$
$$p_1 p_2 \cdot (1-\lambda)(1-p_1-p_2+p_1 p_2)^{n-1}/2 \tag{12}$$

t_n 时刻

$$P = \sum_{i=1}^{n} P_i \tag{13}$$

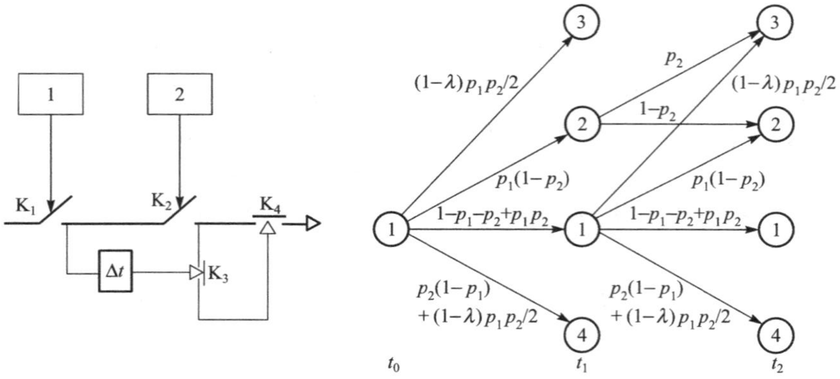

图 6　结构 6 及其状态转换图

1.6 双环境全部满足条件才开始解除保险的结构

采用这类结构的有综合灵巧火炮系统（ISAS）配套的多选择引信 XM773 等。本结构解除保险的条件为：① 解除保险环境力 1、2 都出现；② 环境力 1 在环境力 2 之前出现；③ 环境力 2 在环境力 1 出现之后的 Δt 内出现。

如图 7 所示，设：状态①为保险状态，K_1、K_2 打开；状态②为解除保险状态，K_1、K_2 合上。其他假定条件同 1.3 节，λ 定义见式（5）。

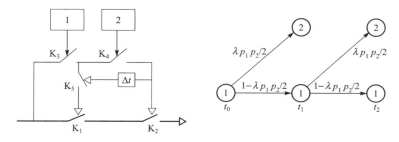

图 7　结构 7 及其状态转换图

$t_0 \sim t_1$ 期间　　$P_1 = \lambda p_1 p_2 / 2$

$t_1 \sim t_2$ 期间　　$P_2 = (1 - \lambda p_1 p_2 / 2) \cdot \lambda p_1 p_2 / 2$

$t_{n-1} \sim t_n$ 期间

$$P_n = (1 - \lambda p_1 p_2 / 2)^{n-1} \cdot \lambda p_1 p_2 / 2 \tag{14}$$

t_n 时刻

$$P = \sum_{i=1}^{n} P_i = \sum_{i=1}^{n} (1 - \lambda p_1 p_2 / 2)^{i-1} \cdot \lambda p_1 p_2 / 2 \tag{15}$$

2　几种逻辑结构的安全性比较

图 8 和图 9 是根据第 1 节所列各公式，计算所得的各种结构的解除保险概率曲线图。计算条件：$p_1 = p_2 = 10^{-3}$；$\lambda = 10^{-2}$；n 取 50。

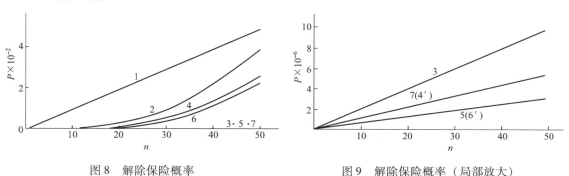

图 8　解除保险概率　　　　　　图 9　解除保险概率（局部放大）

从计算结果看，安全性最差的是结构 1，其次是结构 2。结构 1 是美军推行军标 MIL-STD-1316 之前只利用单一环境力解除保险的安全系统；结构 2 虽然利用了两个环境力，但开关互不相关，又不可恢复，也即是孤立地利用两个环境力，安全性与结构1相比没有什么明显改进。因此，实际引信极少采用结构2这种形式。

结构4和6的安全性差不多，但比结构2提高了一倍。即仅仅采用顺序控制技术，无论是非顺序不解除保险，还是非顺序瞎火安全，对系统安全性的提高都不显著。

相对来说，结构3，5，7的安全性都很高，一些新型引信大多采用其中的一种。从逻辑上看，结构5只在结构4的基础上增加了时间窗控制功能。当解除保险环境力1出现之后，环境力2必须在Δt内出现，系统才能解除保险，否则转入瞎火安全状态，使安全性有了显著提高。结构3与结构2相比，不同之处在于结构3的两个开关都是可恢复的：在某时刻出现了环境力1，K_1闭合；只有在K_1闭合的Δt内出现环境力2，系统才解除保险，否则系统将又恢复到安全状态。如果环境力2先出现，情况也一样。这里同样体现了时间窗控制。结构3比结构5和7安全性稍差的原因是没有进行顺序控制。从结构7的解除保险条件看，既有顺序控制又有时间窗控制，所以安全性很高。因此，时间窗控制可显著提高系统的安全性。

实际的火炮弹药用引信的机械式安全系统绝大部分采用结构3的形式。其中K_1、K_2分别对应于后坐保险装置和离心保险装置。

相对来说，结构5的安全性比结构3和7的更高。但结构3和7的正常作用率高于结构5。因为结构3和7在出现某个解除保险环境力或出现过两个环境力但不符合解除保险条件时，能恢复到正常保险状态，并在正常发射时继续正常工作。而结构5如果出现了环境力1而在Δt内没有出现环境力2，则系统进入瞎火安全状态，以后不再工作。

结构7虽然安全性和正常作用率都很高，但要求环境信息感受装置同保险和解除保险装置分开，这在机械安全系统中是难以做到的，只有采用机电一体化技术才有可能实现。

3 改善安全性的方法

根据时间窗控制能明显提高系统安全性这一结论，可对安全性较差的结构4和6进行改进。

3.1 对结构4的改进

结构4安全性较差的原因是仅仅采用了顺序控制，而没有采用时间窗控制。现在引入时间窗控制，构成结构$4'$，如图10所示，其中K_1、K_3是可恢复的。设：状态①为保险状态，K_1、K_2打开；状态②为解除保险状态，K_1、K_2合上。其他假定同1.3节，λ定义见式(5)。

$t_0 \sim t_1$ 期间　　$P_1 = \lambda p_1 p_2 / 2$

$t_1 \sim t_2$ 期间　　$P_2 = (1 - \lambda p_1 p_2 / 2) \cdot \lambda p_1 p_2 / 2$

$t_{n-1} \sim t_n$ 期间

$$P_n = (1 - \lambda p_1 p_2 / 2)^{n-1} \cdot \lambda p_1 p_2 / 2 \tag{16}$$

t_n 时刻

$$P = \sum_{i=1}^{n} P_i = \sum_{i=1}^{n} (1 - \lambda p_1 p_2 / 2)^{i-1} \cdot \lambda p_1 p_2 / 2 \tag{17}$$

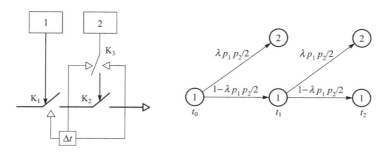

图 10　结构 4′ 及其状态转换图

式（17）与式（15）相同，故改进后的结构 4 与结构 7 具有相同的安全性。AIM-7 空对空导弹的安全系统 Mk5Mod1 采用的就是这种结构。

3.2　对结构 6 的改进

在结构 6 的基础上引入时间窗控制，构成结构 6′，如图 11 所示。假设部分同结构 5。从状态转换图看与图 5 所示的相同。所以，到 t_n 时刻系统解除保险的概率为

$$P = \sum_{i=1}^{n} P_i = \sum_{i=1}^{n}(1-p_2)^{i-1} \cdot \lambda p_1 p_2 / 2 \tag{18}$$

当 $p_1 = p_2$ 时，结构 6′ 与结构 5 具有相同的安全性。采用结构 6 的有 M740 和 M934E5 引信，两种引信的逻辑结构相同，但具体实现上又不一样，各具特色。

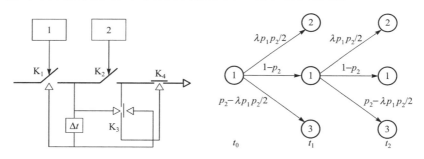

图 11　结构 6′ 及其状态转换图

4　讨　　论

以上分析是在假定所有零部件都正常工作的前提下进行的，实际上所有零部件都存在固有的失效率，因此，分析的结果必然带有一定的片面性。例如，结构 5 在不考虑 K_2 失效的情况下具有与结构 6′ 相同的安全性，但如果 K_2 的失效率较高时，结构 5 的安全性就要明显下降，而结构 6′ 仍具有很高的安全性。

另外，本文对解除保险环境力的概率分布所作假设的合理性也有待于进一步进行理论和实验验证。

本文是对安全系统逻辑结构的安全性作定量分析的一个初步尝试。分析方法虽然比较简单，但比直观定性的判断方法已前进了一步。分析的结果与直观判断的结果基本相符。

参 考 文 献

[1] Denis A. Silvia. Basic S&A Features. The National Course in Fuzing and Initiation, Texas, Mar. 1990.
[2] 马宝华. 引信构造与作用 [M]. 北京：国防工业出版社，1984.

后坐机构坠落安全性的工程设计[①]

谭惠民　刘新羽

摘　要：本文提出了引信后坐机构的一种工程设计方法。这种方法考虑了弹底激励经弹-引系统传递后所产生的影响，使用简便，设计精度可控制在5%以内。

关键词：惯性；冲击；后坐机构

1　引　言

华西里也夫（М. Ф. Василъев）假定弹-引系统的速度变化是分阶段瞬时完成的，既不符合实际，理论上也很难说通。库里可夫（Е. В. Кулъков）设整个速度变化是瞬时完成的，前提是载荷作用时间与弹-引系统固有周期相比非常小。他们的安全条件式共同优点是将机构参数（m, x_0, l, K 等）与要求的安全坠落高度 H 联系起来了，为设计人员实际使用这些公式提供了方便条件。但两者都假定弹-引系统是一绝对刚体，这与近十年来国内的研究结果相比，出入很大。即在坠落冲击时，系统不同位置在同一时刻的运动特性是不一样的，必需考虑系统的传递特性。

本文提供的方法试图既保留现有安全条件式使用方便的优点，又具有较高设计精度和较符合实际的理论基础。

2　后坐机构的工程设计方法

本工程设计方法的基本思路是：① 以各种标准的冲击加速度曲线作为后坐机构的输入，这些曲线代表不同弹丸在不同落高向不同目标坠落时，弹-引系统对坠落冲击的响应，由实验统计得到；② 假定上述冲击加速度的持续时间与后坐机构的固有周期相比可以忽略，即认为后坐机构质量的瞬态位移响应等于0，瞬态速度响应等于冲击加速度对其持续时间的积分，质量以此初速度作自由运动；③ 对上述近似计算进行修正，即对瞬时假定进行非瞬时修正。

根据第二点考虑，设冲击加速度对其持续时间的积分为 v_0，则保证后坐机构坠落安全的基本公式为

$$\frac{1}{2}mv_0^2 + \frac{1}{2}Kx_0^2 \geqslant \frac{1}{2}K(x_0+l)^2 \tag{1}$$

$$v_0 = \int_0^{t_c} a(t)\,\mathrm{d}t \tag{2}$$

[①]　原文刊登于《兵工学报》，1991（4）。

式中，m 为后坐机构惯性体质量；K 为后坐机构用圆柱螺旋压缩弹簧的刚度；x_0 为弹簧的预压变形；l 为解除保险行程；$a(t)$ 为后坐机构所受加速度激励；t_c 为加速度激励的持续时间。
(1) 式经整理后有

$$K \geq \frac{mv_0^2}{(2x_0+l)l}; \quad \omega_n^2 = \frac{K}{m} \geq \frac{v_0^2}{(2x_0+l)l} \tag{3}$$

如弹簧刚度 K 或圆频率 ω_n 满足（3）式，该机构即能保证在 $a(t)$ 激励下产生的最大位移小于 l。据此可进行机构的参数设计。实际上，m 的速度响应并不是在瞬间达到 v_0 的，在量值上 m 在 t_c 时的速度与 v_0 也并不相等，甚至相差很大。如图 1 所示，电-2 引信当所受加速度激励的持续时间为 0.48 ms 时，由（2）式积分所得的 v_0 = 5.2 m/s，而 m 在时 t_c 的速度响应为 3.5 m/s，因此 m 实际产生的最大位移响应 l_t 不会正好等于 l，必须加以修正。

l_t 的大小与加速度的峰值、持续时间及其波形有关，也与机构参数，如 K，m，x_0 等有关。设 l_t 与 l 的相对误差：

$$\delta\% = \frac{l - l_t}{l_t} \times 100\%$$

即

$$l_t = \frac{l}{1 + \delta\%}$$

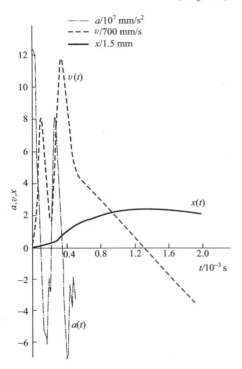

图 1　电-2 引信后坐机构所受冲击
加速度及其速度和位移曲线

如 δ 为正，说明 l_t 要比所需的保险行程小，即弹簧刚度设计得太大，此时可将（3）式中的 l 以 $l/(1+\delta\%)$ 代入再算一遍，所得 K 值即可作为设计后坐机构弹簧的原始依据。因 δ 是代数值，或正或负，方法都一样。

如需几组 $K-m$ 作方案比较，可用机构自振角频率 $\omega_n^2 = K/m$ 作为设计参数，计算过程不变。

3　δ 修正曲线的获得

加速度激励大致可归纳为方波、半正弦波、三角波和指数衰减波 4 种类型。前三种通常在各种弹-引系统向土地、木墩、橡皮等软目标坠落时产生，后一种通常在向铸铁板等硬目标坠落时产生。对水泥地面等中硬目标坠落时，其波形要视弹-引系统的具体结构而定。现以半正弦波为例，推演如何得到表征 δ 修正曲线的方程。

单自由度质量-弹簧系统在基座受 $a(t)$ 加速度激励时，质量相对于基座的瞬态位移响应的一般表达式为

$$x_{tc} = \frac{1}{\omega_n}\sin\omega_n(t_c - t_0)\int_{t_0}^{t_c} a(t)\cos\omega_n t\, dt - \frac{1}{\omega_n}\cos\omega_n(t_c - t_0)\int_{t_0}^{t_c} a(t)\sin\omega_n t\, dt -$$

辑四　引信安全系统

$$x_0 [1 - \cos \omega_n(t_c - t)] \tag{4}$$

式中，$\omega_n = 2\pi/T_n$；t_0 为质量运动开始时间。对一般炮弹引信后坐机构而言，t_c/T_n 通常在 0.03~0.3 的范围内，也即质量的最大位移响应将出现在稳态阶段。设加速度激励终止时质量块的速度为 $\dot{x}_{tc}$，稳态阶段继续产生的位移为 l_c，则根据能量守恒定律，有

$$\frac{1}{2}m\dot{x}_{tc}^2 = \frac{1}{2}Kl_c^2 + (x_0 + x_{tc})Kl_c, \quad l_c = \sqrt{(x_0 + x_{tc})^2 + \left(\frac{\dot{x}_{tc}}{\omega_n}\right)^2} - (x_0 + x_{tc}) \tag{5}$$

$$l_t = x_{tc} + l_c = \sqrt{(x_0 + x_{tc})^2 + \left(\frac{\dot{x}_{tc}}{\omega_n}\right)^2} - x_0 \tag{6}$$

但按瞬时假定，m 在 $t=0$ 时即有由式（2）所得的初速 v_0。根据瞬时冲击假定，由能量守恒定律

$$\frac{1}{2}mv_0^2 + \frac{1}{2}Kx_0^2 = \frac{1}{2}K(x_0 + l)^2$$

得 m 的最大位移

$$l = \sqrt{\frac{v_0^2}{\omega_n^2} + x_0^2} - x_0 \tag{7}$$

根据式（6）、式（7）的结果，即可计算非瞬时修正系数 $\delta = (l - l_t)/l_t$。假定加速度激励为一半正弦波，即

$$a(t) = a_m \sin(\pi/t_c) \cdot t \tag{8}$$

$$v_0 = \int_0^{t_c} a(t) \mathrm{d}t = \frac{2a_m t_c}{\pi} \tag{9}$$

因弹簧有预压抗力，m 产生位移响应的起始时间将滞后于激励加速度的时间原点。设该滞后时间为 t_0，则有

$$a(t_0) = a_m \sin\left(\frac{\pi}{t_c}\right)t_0 = \frac{Kx_0}{m} = \omega_n^2 x_0 \tag{10}$$

$$\sin\frac{\pi}{t_c} \cdot t_0 = \frac{\omega_n^2 x_0}{a_m}; \quad \cos\frac{\pi}{t_c} \cdot t_0 = \sqrt{1 - \left(\frac{\omega_n^2 x_0}{a_m}\right)^2}$$

在半正弦波激励下，以预压位置作为 m 位移的坐标原点，由方程（4）可得加速度激励终止时 m 的位移响应和速度响应为

$$x_{tc} = \frac{a_m}{\left(\frac{\pi}{t_c}\right)^2 - \omega_n^2}\left[\frac{\pi}{\omega_n t_c}\sqrt{1 - \left(\frac{\omega_n^2 x_0}{a_m}\right)^2}\sin \omega_n t_c + \frac{\omega_n^2 x_0}{a_m}(1 + \cos \omega_n t_c)\right] -$$

$$x_0(1 - \cos \omega_n t_c) \tag{11}$$

$$\dot{x}_{tc} = \frac{a_m}{\left(\frac{\pi}{t_c}\right)^2 - \omega_n^2}\left[\frac{\pi}{t_c}\sqrt{1 - \left(\frac{\omega_n^2 x_0}{a_m}\right)^2}\left(\frac{\sin \omega_n t}{\omega_n t} + \cos \omega_n t_c\right) - \frac{\omega_n^3 x_0}{a_m}\sin \omega_n t_c\right] -$$

$$\omega_n x_0 \sin \omega_n t_c \tag{12}$$

为使所得结果不失一般意义，设特征量

$$F_K = \frac{\text{预压抗力}}{\text{惯性力峰值}} = \frac{Kx_0}{ma_m} = \frac{\omega_n^2 x_0}{a_m}$$

$$F_T = \frac{\text{过载持续时间}}{\text{系统固有周期}} = \frac{t_c}{T_n} = \frac{\omega_n t_c}{2\pi}$$

由此得无量纲化处理后的 x_{tc} 和 $\dot{x}_{tc}$

$$\frac{x_{tc}}{x_0} = \frac{4F_T^2}{1-4F_T^2}\left(1 + \frac{\sqrt{1-F_K^2}}{2F_T F_K}\sin 2\pi F_T + \cos 2\pi F_r\right) - (1 - \cos 2\pi F_T) \tag{13}$$

$$\frac{\dot{x}_{tc}}{v_0} = \frac{\omega_n x_0}{v_0}\frac{4F_T^2}{1-4F_T^2}\left[\frac{\sqrt{1-F_K^2}}{2F_T F_K}\left(\frac{\sin 2\pi F_T}{2\pi F_T} + \cos 2\pi F_T\right) - \sin 2\pi F_T\right] - \sin(2\pi F_T) \tag{14}$$

同样可对式（6）进行无量纲化处理，得

$$\frac{l_t}{x_0} = \sqrt{\left(1 + \frac{x_{tc}}{x_0}\right)^2 + \left(\frac{\dot{x}_{tc}}{\omega_n x_0}\right)^2} - 1 \tag{15}$$

当加速度激励为半正弦波时，$v_0 = 2a_m t_c/\pi$，所以式（7）l 的无量纲化表达式为

$$\frac{l}{x_0} = \sqrt{\frac{v_0^2}{\omega_n^2 x_0^2} + 1} - 1 = \sqrt{\left(\frac{2a_m t_c}{\pi \omega_n x_0}\right)^2 + 1} - 1 = \sqrt{\left(\frac{4F_T}{F_K}\right)^2 + 1} - 1 \tag{16}$$

由式（13）~式（16）可知，对于一种确定的波形，非瞬时修正系数 δ 仅与特征值 F_T，F_K 有关。因此，可以 F_K 为参量，F_T 为自变量，作出半正弦波加速度激励时的非瞬时位移修正用的 δ 曲线（图2），供设计计算时使用。

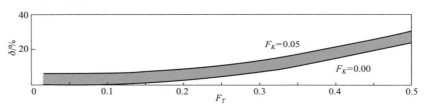

图 2　半正弦波输入时的 δ 曲线

三角波、矩形波和按指数规律衰减的简谐波作为激励过载时，都可照此处理。图3~图5 即为这种曲线。对于指数规律衰减的振荡波形，δ 曲线尚与参数

$$F = \frac{\text{系统固有周期}}{\text{激励信号振动周期}} = \frac{T_n}{T} = \frac{\omega}{\omega_n}$$

有关。图5 即为 $F = 60$ 时的曲线簇。

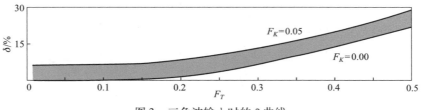

图 3　三角波输入时的 δ 曲线

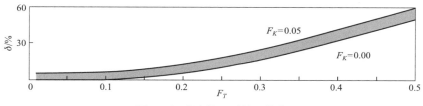

图 4 矩形波输入时的 δ 曲线

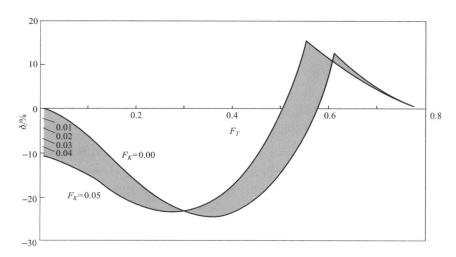

图 5 指数衰减波形输入时的 δ 曲线（$F=60$）

4 δ 曲线的应用举例

某后坐机构在结构设计时初步确定的 $x_0 = 5$ mm，$l = 15$ mm；实测机构部位的激励加速度峰值 $a_m = 0.3125 \times 10^8$ mm/s^2，$t_c = 1.5 \times 10^{-3}$ s，$v_0 = 8.371 \times 10^3$ mm/s，波形为指数衰减的振荡波，$T = 0.25 \times 10^{-3}$ s。计算得

$\omega_n^2 \geqslant 432.3^2$ s^{-2}，$\omega_n = 432.3$ s^{-1}，$T_n = 0.015$ s，$F_T = 0.1$，$F_K = 0.03$，

$$F = \frac{T_n}{T} = \frac{0.015}{0.25 \times 10^{-3}} = 60$$

根据 $F_T = 0.1$，$F_K = 0.03$，查 $F = 60$ 时的修正曲线图（图 5）得 $\delta = -13$。故机构的非瞬时冲击响应为

$$l_t = \frac{l}{1 + \delta\%} = \frac{15}{1 - 0.13} = 17.24 \text{（mm）}$$

说明 ω_n 嫌小，也即需要较硬的弹簧才能保证平时安全。修正后得

$$l = 15(1 + \delta\%) = 15 \times 0.87 = 13.05 \text{（mm）}$$

代入式（3）得

$$\omega_n^2 = \frac{v^2}{(2x_0 + l) \cdot l} = 482.7^2,\ \omega_n = 482.7,\ T_n = 0.013$$

即可以由 $K/m = \omega_n^2$ 来确定 K 和 m 之间的关系，据此算得的位移误差不超过 15 mm 的 ±5%。

5 结 论

(1) 本文提出的方法，利用 δ 曲线进行修正后，对应的保险行程计算误差不超过精确计算值的 ±5%。

(2)《引信安全性设计准则》对安全系统中每一个独立保险件是否必须独立满足安全落高的要求，并无明确规定。美国 G. G. Lowen 教授近期还在研究后坐机构的坠落安全性问题。说明这个问题还有待作进一步的探讨和研究。但搞清后坐机构在坠落时的状态，将有利于分析引信的总体安全性。即使采用双重环境保险机构，在具体设计一个后坐机构时，还是要解决在某一冲击过载水平下机构是否安全和如何为优化设计提供初始参数等问题，本文提供的手段将是简便有效的。

(3) 如用冲击过载作为机构的输入，瞬时和非瞬时假定下得到的质量位移响应两者的相对误差不超过 25%，绝大多数不超过 20%。这比两位苏联学者的公式的相对误差要小得多。因此，问题主要不在于瞬时假定，而在于弹底的冲击经弹－引系统的传递已完全走样了，用弹底冲击作为机构的输入，必然会带来大的误差。G. G. Lowen 对这一现象也未加考虑，仍将弹体视为绝对刚体，因此其设计计算误差也将是较大的。

参 考 文 献

[1] G. G. Lowen. Calculation of Displacement of a "G" Detent on Setback and on Drop Test. SRC-TR-F146，Jan. 1983.

曲折槽机构的灵敏度分析[①]

谭惠民　齐杏林

摘 要：采用无量纲模型，分析了曲折槽机构的解除保险灵敏度。所得的结果对于重新得到重视的曲折槽机械保险机构的工程设计，具有普遍的指导意义。

关键词：引信设计；曲折槽机构；灵敏度分析

曲折槽机构早在第二次世界大战时德国就用于迫弹引信，以得到一定的炮口保险距离，如 Wgr. Z. T.[1]。战后，苏联研制了一系列配用在迫击炮弹、无坐力炮弹和火箭弹上带有曲折槽机构的引信，如 M-6，ГК-2，Э210 等[2]，它们或用来保证平时安全，或用来得到一定的炮口保险距离，或两者兼而有之。近几年来，这种机构在美国再次受到重视，认为它在辨别长、短持续时间的高加速度脉冲的能力方面技高一筹[3]。对于迫击炮弹和火箭弹引信尤为有用。已有资料报道用于中大口径榴弹多选择引信和全电子安全系统作为保险机构的[4]。

1　曲折槽机构的动力学模型

设曲折槽开在惯性筒上，销子不动。其受力如图 1 所示。图中 α 为槽与水平线的夹角；F 为弹簧抗力；ma 为筒所受惯性力；N 为销子对筒的反力；μN 为摩擦力。另外已知销子与槽接触处至筒中心轴距为 r；筒质量为 m；筒转动惯量为 J；惯性半径为 k_0；弹簧刚度为 λ；弹簧预压量为 x_0。在矩形脉冲加速度作用下，筒沿 x 方向的运动方程为

$$mk\frac{\mathrm{d}^2 x}{\mathrm{d}t^2} = ma - \lambda(x_0 + x) \quad (1)$$

式中，$k = 1 + \left(\dfrac{k_0}{r}\right)^2 \left(\dfrac{1 + \mu\tan\alpha}{\tan^2\alpha - \mu\tan\alpha}\right)$。

由初始条件 $t = 0$，$x = 0$，$\dot{x} = 0$，可解得

$$x = \frac{ma - \lambda x_0}{\lambda}\left(1 - \cos\sqrt{\frac{\lambda}{mk}}t\right) \quad (2)$$

如果这段槽沿 x 方向的长度为 x_1，在幅值为 a 的加速度作用下，运动完这段距离所需的时间和对应输入加速度 a 的速度变化量为

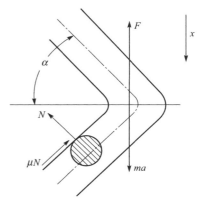

图 1　带曲折槽的惯性体受力图

---

① 原文刊登于《兵工学报》，1994（4）。

$$t_1 = \sqrt{\frac{mk}{\lambda}} \arccos\left(1 - \frac{\lambda x_1}{ma - \lambda x_0}\right) \quad (3)$$

$$v_1 = a\sqrt{\frac{mk}{\lambda}} \arccos\left(1 - \frac{\lambda x_1}{ma - \lambda x_0}\right) \quad (4)$$

假定筒与销子在拐角处相碰后，筒速度下降到零。则当惯性筒有 n 段槽时，在 a 的作用下，运动完 n 段槽对应 a 的速度变化量为

$$v_a = a\sqrt{\frac{mk}{\lambda}} \cdot \sum_{i=1}^{n} \arccos\left(1 - \frac{x_i}{\frac{ma}{\lambda} - x_0 - \sum_{j=1}^{i-1} x_j}\right) \quad (5)$$

式中，x_j 为各段槽沿 x 方向的长度。

曲折槽机构按位移判断准则（机构位移达到一定值时解除保险），确定解除保险所需输入的 a 的幅值及其持续时间。显然，机构解除保险的时间与冲击加速度持续时间可以是不同一的，因为当筒运动到某一位置而 a 消失时，筒还将继续运动，直至将其动能消耗完毕为止。考虑筒的动能建立运动方程，筒运动到 x_1，机构所能识别的对应于输入 a 的速度变化量为

$$v_{A1} = a\sqrt{\frac{mk}{\lambda}} \arccos \frac{kw\lambda(x_0+x_1)\left\{\sqrt{1+\frac{2(ma-\lambda x_0)}{kw\lambda(x_0+x_1)}\left[\frac{ma-\lambda x_0-\lambda x_1}{ma-\lambda x_0}+\frac{ma-\lambda x_0}{2kw\lambda(x_0+x_1)}\right]}-1\right\}}{ma-\lambda x_0} \quad (6)$$

式中 $w = \dfrac{1}{1+\left(\dfrac{k_0}{r\tan\alpha}\right)^2}$

由式（5）、式（6），可得对有 n 段槽的曲折槽机构的临界速度识别量为

$$v_{\text{crit}} = \sum_{i=1}^{n-1} a \cdot \sqrt{\frac{mk}{\lambda}} \arccos\left(1 - \frac{x_i}{\frac{ma}{\lambda} - x_0 - \sum_{j=1}^{i-1} x_j}\right) +$$

$$a\sqrt{\frac{mk}{\lambda}} \cdot \arccos \frac{kw\lambda(x_0'+x_n) \cdot \sqrt{1+\frac{2(ma-\lambda x_0')}{kw\lambda(x_0'+x_n)}\left[\frac{ma-\lambda x_0'-\lambda x_n}{ma-\lambda x_0'}+\frac{ma-\lambda x_0'}{2kw\lambda(x_0'+x_n)}\right]}}{ma-\lambda x_0'} \quad (7)$$

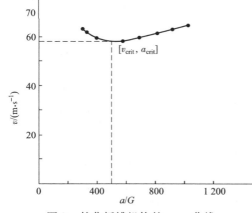

图 2 某曲折槽机构的 v-a 曲线

式中 $x_0' = x_0 + \sum\limits_{i=1}^{n-1} x_i$

图 2 为某一曲折槽机构的 v-a 曲线。机构参数：$x_0 = 0.002$ m；$\alpha = 0.785$ rad；$x_1 = x_2 = x_3 = 0.001$ m；$\mu = 0.2$；$r = 0.00125$ m；$k_0 = 0.0049$ m；$\lambda = 588$ N/m；$m = 0.00123$ kg。

对某一特定机构可给出一系列 a，并求得相应的 v 和 $t = v/a$。每一组 a-t 表明在该矩形脉冲作用下，机构处于临界解除保险状态。由图示曲线可以看出，其中有一临界值 (v_{crit}, a_{crit})，该值表示在给定的机构参数条件下，机构所能识别的最小速度变化量及其

对应的加速度脉冲幅度和持续时间 $t=v_{\mathrm{crit}}/a_{\mathrm{crit}}$。在其他 a-t 组合的情况下，都表明机构需要更大的输入速度变化量才会解除保险。a_{crit} 和 $v_{\mathrm{crit}}/a_{\mathrm{crit}}$ 是能引起机构解除保险的最小输入加速度幅度及其持续时间。

2 运动方程的无量纲化处理

在进行无量纲处理[5]时，取纵坐标为

$$\frac{v}{G \cdot T_n} = \frac{v}{2\pi G \sqrt{m/\lambda}} \tag{8}$$

式中，v 为机构可识别的速度变化量；G 为重力加速度；T_n 为机构固有周期。取横坐标为

$$\frac{t}{T_n} = \frac{t}{2\pi \sqrt{m/\lambda}} \tag{9}$$

式中，t 为对应于某一矩形加速度脉冲幅值 a 的脉冲持续时间，在该 a-t 组合下，刚好使机构解除保险，$v = at$。

令 $E = x_0/(mG/\lambda)$；$I = x_i/(mG/\lambda)$；$J = x_j/(mG/\lambda)$。则式（7）可变换为

$$\left[\frac{v}{GT_n}\right] = \frac{a}{2\pi G}\sqrt{k}\left\{\sum_{i=1}^{n-1}\arccos\left(1 - \frac{I}{\frac{a}{G} - E - \sum_{j=1}^{i-1} J}\right) + \arccos\left[\frac{kw\left(E + \sum_{i=1}^{n} I\right) \cdot \sqrt{1 + \frac{2\left(\frac{a}{G} - E - \sum_{i=1}^{n-1} I\right)\left[\frac{\frac{a}{G} - E - \sum_{i=1}^{n} I}{\frac{a}{G} - E - \sum_{i=1}^{n-1} I} + \frac{\frac{a}{G} - E - \sum_{i=1}^{n-1} I}{2kw\left(E + \sum_{i=1}^{n} I\right)}\right]}{kw\left(E + \sum_{i=1}^{n} I\right)}} - 1}{\frac{a}{G} - E - \sum_{i=1}^{n-1} I}\right]\right\} \tag{10}$$

由 v，a 和 t 的关系和式（7）可变换得解除保险时间的无量纲方程为

$$\left[\frac{t}{T_n}\right] = \frac{\sqrt{k}}{2\pi}\left\{\sum_{i=1}^{n-1}\arccos\left(1 - \frac{I}{\frac{a}{G} - E - \sum_{j=1}^{i-1} J}\right) + \arccos\left[\frac{kw\left(E + \sum_{i=1}^{n} I\right) \cdot \sqrt{1 + \frac{2\left(\frac{a}{G} - E - \sum_{i=1}^{n-1} I\right)\left[\frac{\frac{a}{G} - E - \sum_{i=1}^{n} I}{\frac{a}{G} - E - \sum_{i=1}^{n-1} I} + \frac{\frac{a}{G} - E - \sum_{i=1}^{n-1} I}{2kw\left(E + \sum_{i=1}^{n} I\right)}\right]}{kw\left(E + \sum_{i=1}^{n} I\right)}} - 1}{\frac{a}{G} - E - \sum_{i=1}^{n-1} I}\right]\right\} \tag{11}$$

3 曲折槽机构的灵敏度分析

利用方程（10）和方程（11）可得一系列无量纲量 $x_0\lambda/(mG)$，k_0/r，n，a，$x_i\lambda/(mG)$ 等为参变量的机构速度识别量（以 $v/(GT_n)$ 表征）与加速度脉冲宽度（以 t/T_n 表征）随冲击加速度变化的关系曲线。对应的矩形脉冲幅度为

$$a = \frac{v/GT_n}{t/T_n} \cdot G \qquad (12)$$

图 3 为以预压抗力 $x_0\lambda$ 与筒重量 mG 之比为参变量的一簇曲线。该图表示了机构弹簧预压抗力与筒重量之比对解除保险灵敏度的影响。在机构其他参数不变的前提下，预压抗力对速度识别量的影响几乎是线性的，也即预压抗力增加一倍，速度识别量也增大一倍。机构最敏感的脉冲宽度几乎不因预压抗力的变化而变化。这就是说，如果某一组机构参数能保证在 $[a_{\text{cint}}, t_{\text{crit}}]$ 的作用下安全，增加预压抗力使速度识别量由 $v_{\text{crit}} = [a_{\text{cint}}, t_{\text{crit}}]$ 提高到 $v'_{\text{crit}} = [a_{\text{cint}}, t_{\text{crit}}]'$，其中的加速度脉冲幅度和持续时间可以任意组合，机构对这些任意组合的 $[a, t]'$ 均能保证安全。

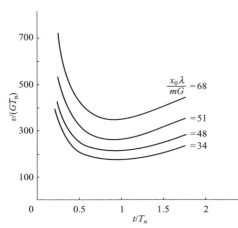

图 3　以 $x_0\lambda/(mG)$ 为参数变量的灵敏度曲线
$x_i/x_0 = 0.75$；$k_0/r = 1.88$；$\lambda = 0.785$；$n = 4$

以 k_0/r，a，n，x_i/x_0 为参变量时的各灵敏度曲线图这里都从略。

由这些灵敏度曲线图可知，增加曲折槽段数，提高预压抗力与筒重量之比，对提高机构安全性最有效。调整槽的倾角 α 看来似乎很有效，实际可调范围有限，通常 α 取 $35° \sim 52°$（相当 $0.61 \sim 0.91$ rad），对应的速度识别量变化范围不超过 $\pm 20\%$。调节筒惯性半径与筒销着力点至筒轴距离的比值 k_0/r，也能有效提高机构的速度识别量，但具体实现有些困难，因为对于圆筒形的惯性体 k_0 和 r 是相关的，实际可调范围极其有限。在实际设计一个曲折槽机构时，为了提高它对速度变化量的识别能力，通常可采取的综合措施是：提高弹簧的刚度和预压抗力，增加曲折槽的段数，在减轻惯性筒质量的前提下尽可能提高其惯性半径。

参 考 文 献

[1] 王贵林译，许哨子，肖金光校. 德国起爆信管. 中国人民解放军军事工程学院，1955.12.
[2] 马宝华. 引信构造与作用 [M]. 北京：国防工业出版社，1984.
[3] Harry A G. World military fuzes 1991 – 1992. Forecast International/DMS Market Intelligence Report, April 1991.
[4] Overman D L, et al.. Low-G zigzag device for high voltage converter safety. AD – A195461, March 1988.
[5] 谭惠民，刘新羽. 后坐机构平时安全性的工程设计方法 [J]. 兵工学报，1991（4）.

中大口径榴弹引信基型安全系统设计思想[①]

1 我国中大口径榴弹引信及安全系统技术现状

1.1 我国中大口径榴弹引信装备发展概况

在过去 10 年中，我国中大口径榴弹引信从技术进步角度讲，共发展了滑榴-A、榴-B 及榴-C 3 种机械触发引信。另为 105 坦克炮杀伤爆破弹设计定型了一种无线电近炸引信，技术引进了一种中大口径榴弹通用无线电近炸引信。

滑榴-A 引信是用于 120 滑膛坦克炮杀伤爆破榴弹的小口螺引信。该引信成功地使用了准流体远解机构，在 900 m/s 初速条件下，能达到 20 m 炮口保险距离。

榴-B 引信是我国自行研制的中大口径榴弹用大口螺引信，有瞬发、惯性、延期 3 种装定，可配用于 85～152 mm 口径的火炮及其发射的榴弹。该引信具有明显技术进步台阶，与美国 M739A1 引信相比，以惯性、延期两种作用方式代替后者的自调延期机构。榴-B 引信的钟表远解机构采用了两对过渡轮，与采用一对过渡轮的 M739A1 相比，有较远的炮口保险距离，榴-B 引信的特征值 $N\approx40$，M739A1 的 $N\approx24$。

除上述两种引信外，我国尚在榴-4、榴-5 引信基础上，作了一些局部改进，设计了榴-4 甲、榴-5 甲引信（滑块式隔离 +40 m 火药远解）、中大口径炮弹通用引信（转子式隔离 + 离心销 + 钢珠/后坐销保险机构）、榴-8 引信（转子式隔离 + 离心销 + 离心板/后坐销 + 拉簧驱动 150 m 钟表远解机构），以及榴-8 的放大型（200 m 钟表远解）海榴-1A 引信。

榴-C 引信即引进的 M739A1 引信的国产化产品。M739A1 引信不仅被美国陆军大量装备，并出口世界各国，我国于 20 世纪 80 年代引进。该引信充分考虑了中大口径地炮的各种作战要求，有后坐和离心双环境保险、钟表远解、瞬发和着发延期两种装定、防雨等功能。可通用于 105，155，175，203 各种口径的火炮及其弹药，也可用于 4.2 in 旋转迫击炮弹。这里的"着发延期"即俗称的自调延期，完成该功能的机构（IDM）在碰目标时，因目标阻力的上升而处于待发状态，当阻力加速度降到 $300G$ 以下时机构击发。对此种机构，美国人的评价（MIL-HDBK-757〈AR〉）为：着发延期机构优于固定时间延期，它能敏感目标的厚度，允许侵入厚目标并在目标后爆炸；其缺点在于这种机构在碰击目标后才能最终完成作用，而事实上不是总能确保机构在此过程中不受损坏。因此，着发延期机构只能对付轻型目标，如胶合板、砖、矿渣块、松软土地等；对混凝土、轻装甲、沙袋等，或者把 IDM 放在弹头引信钢制头锥内，或者放在弹底引信内，同时采用缓冲措施，否则必须考虑采用其他类型的引信。

上面提到的两种近炸引信因系对地榴弹引信，设计有独立的冗余着发机构，以备近炸失

[①] 本文为一项基金研究的最终报告，撰稿人马宝华、谭惠民，1998.12。

效时仍有可能对地发火。

1.2 我国中大口径榴弹引信及安全系统存在的主要问题

综上所述，近10年来，我国中大口径榴弹引信的技术进步主要沿着两个方向发展：一是以美国M739A1引信为借鉴，自行设计研制了榴-B引信，两者的性能差异只是榴-B为瞬发、惯性、火药延期3种装定，M739A1为瞬发、着发延期两种装定，对此也是仁者见仁、智者见智；二是在原榴-4、榴-5引信基础上，作局部改进设计，以满足小口螺引信双环境保险及远解的战术技术需要。在此过程中，一些新原理机构，诸如无返回力矩钟表机构、准流体机构等，都在高膛压火炮系统中得到成功的应用，并积累了丰富的工程设计方面的经验。

以榴-B、榴-C为代表，我国中大口径榴弹机械触发引信的综合性能水平，已与当前国际装备水平保持同步。与此同时，也反映出一些需要加以严重关注的问题：

（1）战技指标研究得不透彻。如引信的瞬发、惯性、延期3种装定，从技术上讲，国内都已实现。问题在于战术使用上"惯性"射击究竟是针对什么目标？在现代战争中，"延期"射击形成"最大炸坑"的准则是否仍然适用？这些问题如果不搞清楚，2种或3种装定的争论就失去了评价的依据。

（2）安全系统机芯繁多。我国中大口径榴弹引信中采用后坐/离心双环境保险+钟表远解机构作为安全系统的共6种（不计衍生引信），其中大口螺机械引信3种，小口螺机械引信一种，大口螺无线电引信两种，功能完全一样，但外形尺寸、轮系、性能指标多有差异。与通用化、系列化、组合化的要求相去甚远，且全部不完全符合GJB 373《引信安全性设计准则》的有关要求。

根据对国内中大口径榴弹引信的统计分析，可以得出几点结论：

（1）我国中大口径对地杀爆榴弹引信有两种类型：一种是机械触发引信，另一是无线电近炸引信。为保证无线电近炸引信在电子系统作用失效时仍能对地可靠发火，因而都设计有独立的机械发火机构。该独立机械发火机构可靠发火与否，与电子头、电源等是否正常作用无关，只依赖于安全系统是否可靠解除隔离。有的利用碰目标时惯性雷管座前冲碰击针发火，有的利用碰目标时惯性击针前冲碰雷管发火。

（2）无论是机械触发引信、机械时间引信、电子时间引信还是无线电近炸引信，都采用了后坐及离心两个环境力解除保险，利用水平转子作为隔爆件，转子靠离心力驱动无返回力矩钟表机构实现远解。

（3）安全系统的外廓尺寸稍有差异，有φ40.30×20.50，M38×16.33，M42×30.70，φ40.00×21.95几种，如图1所示。凡尺寸大者为两对过渡轮，特征值 N 也稍大，即在同样

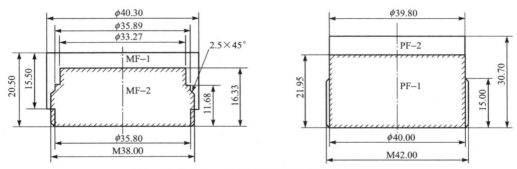

图1 几种中大口径榴弹引信安全系统的外廓尺寸

的条件下，可得到较远的炮口保险距离。

（4）从对几个我国自行设计的地炮榴弹机械或无线电引信钟表远解机构计算分析可见，因转子解保角度较大、采用两对过渡轮以及摆的转动惯量较大等原因，其远解特征值 N 通常比同类美国引信稍高。

（5）国产制式引信（引进的 M577A1 除外），均不能全部满足 GJB 373《引信安全性设计准则》的要求，特别是关于"4.6.6 未解除保险的保证"的设计要求。即防止引信装配成解除保险的特性，防止解除保险的安全系统与引信完成装配的特性，防止解除保险的引信安装到弹药上的特性；或设计有引信安全/解除保险的目视标志。

据外电报道及 Internet 查询，M739（或 M739A1）引信，曾发生因发射前引信解除保险而导致膛炸和炮口炸的事故。

2　美国中大口径榴弹引信及安全系统

美国陆军中大口径榴弹机械触发引信经历了 M51，M557，M572 以及 M739 几个大的发展阶段。M51 起爆引信由 M48 点火引信 + M21 传爆管（单一离心保险）组成；M557 引信由 M48 + M125 传爆管组成；M572 同 M557，只是为提高引信结构强度，在引信体弧形部内充填有环氧树脂。M739 引信在结构上做了较大的改进，如采用整体式引信体，设计有防雨机构等。至于 M739A1 引信，以机械自调延期机构代替 M739 的火药延期机构，并用以代替前述 M51，M557，M572，M739 全部陆军中大口径榴弹机械触发引信。使用该型号引信的除陆军外，还有海军和海军陆战队。上述进程从第二次世界大战开始持续了 30 余年。

美国陆军中大口径对地近炸引信 M732E1 配用的安全系统与 M724 电子时间引信通用，有独立图号。该安全系统以转子作为隔爆件，转子上装有活动雷管座，转子转正后，活动雷管座与簧片击针对正，以实现独立的机械惯性发火。转子平时由两个离心子直接锁定，其中一个离心子由后坐销保险。发射后，后坐销和离心子先后解除保险，转子在离心力矩驱动下，带动无返回力矩钟表机构缓慢转正，以实现延期解除保险。在转子转正时，原先挡住活动雷管座的扇形挡片因离心力矩的作用而释放活动雷管座，之后活动雷管座只依赖于卡簧保证弹道安全。转子转正后，由制动爪将转子扣死，安全系统处于待发状态。

有关 M739A1 引信、M732E1 引信、M724 引信安全与解除保险装置的基本情况见表 1。

20 世纪 80 年代初，美国提出了"综合灵巧火炮"（Integrated Smart Artillery Synthesis）的设计概念，据报道，ISAS 实际是一种机器人榴弹炮。新设计的 M773 引信即是为满足 ISAS 战技要求而研制的，但也适用于现役和发展中的 105、155、203 各种口径的火炮榴弹，该多用途引信具有定时炸、近炸、瞬发、侵彻炸等多种功能，可取代现役机械触发、机械时间瞬发、电子时间瞬发、无线电近炸 10 余种对地榴弹引信。

M773 引信的安全系统设计独具特色。利用曲折槽后坐机构作为第一保险，利用离心子作为第二保险，以电子保险（转速传感器 + 处理电路 + 做功火工品）代替无返回力矩钟表机构实现远解。安全系统外形尺寸为 $\phi 34.29 \times 16$，质量为 100 g，弹道适应性为：

后坐加速度　　　　　　　　$1\,500G \sim 30\,000G$；
输弹前冲加速度　　　　　　$6\,000G$；
弹壁横向冲击加速度　　　　$20\,000G$；

转速　　　　　　　　　　　　2 500～30 000 r/m；
角加速度　　　　　　　　　　$5×10^5$ rad/s²。

M773 引信 1992 年即具有初步作战能力。DMS 预测 1991—1998 年财年采购量由 2 000 发增至 48 万发。

从以上所引资料，可以得出以下几点结论：

（1）美国引信的安全性设计海军和陆军有明显区别。海军中大口径榴弹用现役引信全部满足 MIL-STD-1316B，并且政府对全部引信逐个作 X 光安全性检查。陆军引信就不是这样了，三种典型现役引信（无线电近炸、机械触发、机械时间瞬发）中只有一种军方认为满足 MIL-STD-1316B。这或许和海军中大口径榴弹曾发生过重大安全性事故有关。

表1　美国中大口径榴弹引信安全系统概况

引信或安全系统名称	适用火炮、弹药及引信	弹道参数	解保参数	安全系统外形尺寸 D（mm）× H（mm）	安全标准	使用军种及附注
Mk41Mod1 延期解除保险机构	127 火炮；黄磷弹、照明弹；Mk 93Mod0、Mk415Mod0 机械时间/弹头起爆引信及 Mk413Mod0 辅助起爆引信	转速 254 r/s 后坐 14 500G 速度 808 m/s	50～75 r/s 900G～1 385G $N=37～52$，95～117 m	与惯性销、导爆管构成一体时 38×30.4；光延解结构高 13 mm	MIL-STD-1316B；有防错装机构；对引信 X 光检查	海军；钟表机构两对过渡轮
Mk42Mod3 安全系统	76、127 火炮；杀爆榴弹 M417，M418 雷达引信，Mk404 红外近炸引信	转速 410 r/s 后坐 20 900G 速度 914 m/s	40～145 r/s 900G～1 385G，213～405 m	38×24	MIL-STD-1316；有防错装机构；无独立机械发火机构	海军近炸引信通用机构；钟表机构扇形轮与擒纵轮直接啮合，无过渡轮，且用直游丝调速器
Mk49Mod2 延期解除保险机构	76、105、4.2 in、127、155、203 火炮；薄壁榴弹、高破片榴弹、M407 Mod2 机械着发延期引信及其变型	转速 50～500 r/s 后坐 1 600G～30 000G 速度 100～1 000 m/s	16～42 r/s 900G～1 385G $N=25～38$，69 m 最小炮口保险距离	与惯性销、导爆管构成一体时 38×30.4；光延解结构高 13 mm	不执行 MIL-STD-1316B	海陆军通用；与 Mk41 及 M125 A1 机构相似；两对过渡轮
M732E1 无线电引信、M724 安全系统	4.2 in 迫炮，105、155、203 榴弹炮，175 加农炮；杀爆榴弹、毒气弹	转速 50～500 r/s 后坐 1 600G～30 000G 速度 100～1 000 m/s	17～28 r/s 800G～1 200G $N=20～22$，37～111 m	38×15 含惯性保险及导爆管	不执行 MIL-STD-1316	陆军及海军陆战队；安全系统与 M724 电子时间引信通用；一对过渡轮

辑四　引信安全系统

续表

引信或安全系统名称	适用火炮、弹药及引信	弹道参数	解保参数	安全系统外形尺寸 D（mm）× H（mm）	安全标准	使用军种及附注
M739A1 机械着发延期引信、F/M739 延期解除保险机构	4.2 in 迫炮，105、155、203 榴弹炮，175 加农炮；杀爆榴弹、毒气弹	转速 50～500 r/s 后坐 1 600G～30 000G 速度 100～1 000 m/s	18～28 r/s 30G～40G $N=24$，43～126 m	33.27×16.33 含惯性保险及导爆管	不符合 MIL-STD-1316B	陆军及海军陆战队；钟表机构一对过渡轮
M582A1 机械时间瞬发引信	4.2 in 迫炮，105、155、203 榴弹炮；杀爆榴弹、布雷弹、照明弹	转速 500 r/s 后坐 30 000G 速度 914 m/s	17～30 r/s 300G～600G $N=39$，61 m 最小炮口保险距离	38×11 不含惯性保险及导爆管	MIL-STD-1316B	陆军及海军陆战队；安全分离装置（SSD）与 577A1 同；装定瞬发时，整个 SSD 前冲，使雷管撞击击针；一对过渡轮

（2）安全系统均采用后坐力和离心力作为解除保险的环境力，利用水平转子作为隔爆件，转子靠离心力驱动无返回力矩钟表机构实现远解。我国的设计思路与之基本相同。

（3）其中 M582A1 在结构上有些特别，其安全系统的后坐保险的物理实体的一部分与定时起爆装置的保险机构共用。因此，作为独立装配部件的那部分安全系统不包括后坐保险，称之为安全分离装置（SSD），解除保险后，在碰目标前冲力的作用下，克服片簧抗力，可整体前冲，使雷管与击针相撞而发火，因质量较大，从而提高惯性发火灵敏度。

（4）除 M739A1 引信安全系统外，所有安全系统的轮廓直径为 $\phi38$，高度则因导爆管的高度及后坐保险机构的高度而变化。通常后坐保险机构安装在导爆管座内，不考虑后坐机构并能构成独立模块的安全系统总高度 13～15 mm。

一个具有冗余保险、延期解除保险等完整功能的安全系统，高度最小的是 M724 电子时间引信安全系统，才 15 mm。海军用机械时间/弹头起爆引信和机械触发延期引信的安全系统则高达 30.4 mm。陆军用 M582A1 机械时间瞬发引信以及 M577A1 机械时间引信则情况稍复杂些，如前所述，安全分离装置（SSD）加上与定时起爆装置共用的后坐保险机构才构成完整的安全系统，此时安全系统的"高度"不大好度量，如将定时起爆装置的高度计入，安全系统"总高"约 42 mm。

在同样的外径尺寸下，安全系统的钟表机构有的采用两对过渡轮，如 Mk41Mod1、Mk49Mod2 等，它们通常比采用一对过渡轮的安全系统，如 M739A1、M732E1 安全系统，具有更大的炮口保险距离。

可以认为，炮口保险距离的长短通常是根据需要，而与结构限制无直接关系，如 M732E1 引信所用 M724 安全系统要放两对过渡轮空间是足够的。在历史上，美国陆军地炮通用传爆管 M125A1 的钟表机构曾用两对过渡轮，实验所得的解除保险特征值 $N=41$，用

76 mm 加农炮射击时最小保险距离 67 m，而它的改进型 M125A1E3，只用了一对过渡轮，$N=34$，最小保险距离为 42 m。

（5）另外，由于钟表机构的走时长短不只是与轮系传速比大小有关，还与转子解保角度、驱动力矩及擒纵机构有关。因此有采用一对过渡轮的 M582A1 引信的 SSD，其 N 值为 39；而采用两对过渡轮的 Mk49Mod2 安全系统，其 N 值最大仅为 38。

（6）美国海军舰炮杀伤榴弹无线电、红外近炸引信通用安全系统的结构在表 1 所列几种安全系统中属于一个特例。该安全系统中隔爆转子由离心子及带钟表机构的扇形齿轮保险，在扇形齿轮转够保险角度前，转子不能运动，这种设计使安全系统的隔爆度在延期解除保险时间内始终保持最大值不变。解除保险过程是：发射过载先解除扇形齿轮的后坐保险；在离心力作用下，一个离心子解除对带直游丝的平衡摆的制约，另一个离心子解除对转子的保险；扇形齿轮在离心力作用下因钟表机构调速而缓慢转动，在 338 r/s 转速作用下经 0.28～0.44 s，扇形齿轮轴的缺口与转子边缘凸起对正，转子在离心力作用下"瞬时"转正到解除隔爆位置，同时解除电雷管的短路。Mk42Mod3 的这种设计，不仅外形尺寸很紧凑（$\phi 38 \times 24$），而且有较远的延期解除保险距离（213～405 m）。当然，由于采用了直游丝调谐钟表机构，工艺较复杂，成本也比较高。

3 研制中大口径榴弹引信基型安全系统的基本思路

3.1 研制基型安全系统的必要性

功能、结构类同，品种繁杂。我国中大口径榴弹现有机械触发引信、机械时间瞬发引信、电子时间瞬发引信、无线电近炸引信 4 个品种。它们的安全系统均由后坐、离心保险机构，水平转子隔爆件，无返回力矩钟表远解机构构成。但在结构细节上差别甚大。如后坐机构有设在转子内对转子进行保险的，有设在转子座内对离心子进行保险的，有设在导爆管座内的，更有与起爆机构共用的；如钟表机构有用一对过渡轮的，有用两对过渡轮的，平衡摆有卡瓦式的，也有销钉式的；对地时间引信（机械及电子）和近炸引信因需具有对地发火功能，有用活动雷管（座）前冲的，有用击针（座）前冲的，有用整个安全分离装置（SSD）前冲的，而有的电子时间引信则无独立的机械发火机构，对地发火靠触发开关和电子时间引信的发火电路共同完成。

功能、结构类同而品种繁杂，不具备通用性，不易组织集约化生产，难以降低成本和保证产品的质量。每研制一种新体制的引信，尽管口径、弹道条件等设计约束相同，也要重新设计一种与已有安全系统大同小异的安全系统，耗用大量的设计、试验等科研经费，而其性能未必得到提高。

另外，我国现装备中大口径榴弹用机械触发引信、无线电近炸引信、电子时间引信安全系统均不完全符合 GJB 373A《引信安全性设计准则》。1997 年，装有类似安全系统的美 M739（或 M739A1）引信曾先后在新西兰和我国台湾的炮兵训练中发生膛炸和炮口炸事故。台湾军方分析其原因认为 90% 可能是引信在发射前已解除保险，处于待发状态。因此，有必要在进行中大口径榴弹引信基型安全系统设计时，较好地解决这一问题，即能防止将引信装配成已解除保险状态，如果已解除保险，则可以观察到、触摸到，或引信无法完成与弹药的装配。

3.2 研制基型安全系统的可能性

（1）技术可能性。我国中大口径榴弹引信安全系统的基本构成是类同的（后坐保险，离心保险，水平转子带钟表机构）；所适应的弹道环境除 105 坦克炮以外，基本一样；在直径尺寸上，除榴-C 稍小为 M38（含螺套）外，其余均为 $\phi 40$ 左右，而这种差别并不是固有的、不可改动的；在高度尺寸上，无线电引信因需在安全系统中设计独立机械发火机构，故其高度要大于机械引信安全系统；两种无线电引信安全系统高度的明显差别，主要因为机械发火机构采用了不同的结构以与不同落地状态相匹配，而两种机械引信安全系统的高度差异纯系尺寸设计而造成的。

（2）需求迫切性。中大口径榴弹引信如前所述，在设计上存在安全性缺陷，有关部门已决定对安全性存在严重问题的引信进行改造；"九五"有一些俄制引进装备，其配用引信不符合我国《引信安全性设计准则》的有关要求，如舰炮用机械触发引信和无线电近炸引信，需重新设计安全系统；"十五"期间将有一些新的型号投入研制，也需设计相应的安全系统；鉴于现有的无线电引信干扰机对我国一些引信有较高干扰有效率这一事实，我国正在考虑以提高抗干扰性能为核心的无线电近炸引信的产品改造。这些需求都为实现无线电引信、电子时间引信、机械触发引信安全系统的"三化"提供了机会。

综上所述，开展以"三化"为核心的中大口径榴弹用基型安全系统的研制，既有技术上的可能性，也有需求上的迫切性。

3.3 中大口径榴弹引信基型安全系统的主要性能指标

3.3.1 全面满足 GJB 373A—1997 的有关要求

就机械安全系统而言，对其一般要求为：冗余保险、延期解除保险、非手工解除保险、不利用内贮能启动或解除保险、材料相容性、未解除保险状态的保证、引信用炸药应通过 GJB 2178 安全性鉴定等。

我国现有中大口径榴弹引信安全系统全部没有"未解除保险状态的保证"的特性设计；一部分所用的炸药未通过安全性鉴定。

3.3.2 满足各军兵种的不同需求

在满足炮兵中大口径榴弹需求的前提下同时满足装甲兵及海军需求。这意味着在口径系列上跨度很大，即从 76 到 155 mm；在弹道环境上跨度也很大，所设计的机构在下限值作用时应可靠解除保险，同时能承受上限值作用对动力失调、强度等问题的影响。另外应适当考虑安全系统在弹头引信和弹底引信中的通用问题。

3.3.3 基本结构形态

基本结构形态维持现状，即水平转子隔爆，后坐及离心两个独立保险，无返回力矩钟表机构远解。水平转子、离心保险、钟表机构、转子座及夹板构成一独立模块。后坐机构装在导爆管座内,构成另一独立模块。两个独立模块构成安全系统。

3.3.4 统一安全系统机芯

以机械触发引信安全系统作为基本型,然后按照电子时间引信、无线电近炸引信对安全系统的特殊要求,适当改动回转体等部件,衍生相应安全系统。如用于对地射击需增设独立机械发火机构,以提高作用可靠性。它们的共同问题是增加"未解除保险状态的保证"特性。各种引信安全系统的炮口保险距离均满足 >60 m 的军标要求。

3.3.5 关于钟表机构

钟表机构各构件以 M577A1 引信为基础,但建议采用渐开线齿形,摆对转子平面的径线对称。以保证低转速条件下钟表机构可靠启动,高转速条件下不发生动态失调及具有较高轮齿强度和较好工艺性。表 2 列出了 M739A1 和 M577A1 两种引信的钟表机构有关参数的对比。M739A1 钟表机构总速比为 32,M577A1 的总速比为 33;两者擒纵机构的啮合尺寸完全一样,而后者摆的转动惯量约为前者的 8 倍。综合优化组合的余地是存在的。

表 2　M739A1,M577A1 用钟表机构尺寸对比

	钟表机构外廓尺寸	转子总齿数×外径	过渡轮齿数×外径		擒纵轮齿数×外径		摆外廓尺寸
			齿轴	轮片	齿轴	轮片	
M739A1	$\phi 33.38 \times 11.20$	$64 \times \phi 21.08$	$9 \times \phi 4.00$	$36 \times \phi 9.93$	$8 \times \phi 2.93$	$22 \times \phi 8.53$	3.94×8.53
M577A1	$\phi 37.85 \times 10.92$	$41 \times \phi 25.18$	$6 \times \phi 4.36$	$29 \times \phi 12.58$	$6 \times \phi 3.03$	$22 \times \phi 8.56$	6.17×14.41

3.3.6 外形尺寸

机械触发引信安全系统轮廓尺寸以榴-C 为基础。

第一模块,含水平转子、离心保险、钟表机构、转子座及夹板等,外形尺寸为 $\phi 38 \times 11.20$;第二模块,含后坐保险机构、导爆管、导爆管座及压螺等。系统外形尺寸为 M40,总高 16.33。

电子时间触发引信及对地近炸引信安全系统轮廓尺寸如图 2 所示。

第一模块,含水平转子、活动雷管座、钟表机构、转子座及夹板等,外形尺寸为 $\phi 38 \times 12.85$;第二模块,含后坐保险机构、导爆管、导爆管座及压螺等,外形尺寸为 $M40 \times 9.10$。

在某些应用条件下,仅靠活动雷管座(质量约1.3 g)有可能出现惯性发火灵敏度不足的问题。为此,提出第三种能整体前冲的安全系统外廓尺寸,如图 3 所示。该安全系统的 $\phi 38 \times 10.92$ 尺寸以 M577A1 安全分离装置(SSD)为母型;高度 8.08 由榴-C 为母型得到,足以设置一个后坐保险机构。整个系统的轮廓尺寸为 $\phi 38 \times 19.00$,质量可达 75 g 左右。

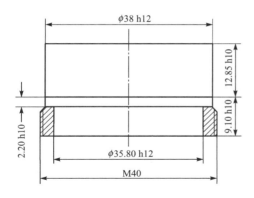

图 2 带独立机械发火机构（不含簧片击针）电子及近炸引信安全系统轮廓尺寸

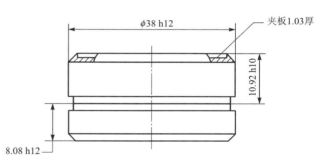

图 3 整体前冲式安全系统（不含簧片击针）轮廓尺寸

4 关于基型安全系统的弹道环境

我国中大口径火炮计有炮兵 122 榴，130 加，152 加榴，152 加，155 榴；装甲兵 105 自行加；海军 76、100、130 加等多种火炮。配用的弹丸有杀爆榴弹（普通、底凹、底排），子母弹，黄磷弹等。基型安全系统在安全可靠性和作用可靠性两个方面，均应与这些火炮弹道环境相适配。其适配性除了通过实弹射击外，在设计阶段，通过仿真解决这个问题有以下 3 种技术途径。

4.1 用膛压曲线得到所需弹道环境

假定可以得到某种火炮配用某种弹丸的计算或实测膛压曲线，则我们总是可以根据有关的系统参数，如炮种、缠度、弹径、弹重、发射装药量等，视弹丸为绝对刚体，算得弹丸的加速度曲线、线速度曲线、角速度曲线，以及炮口转速和最大初速。以上计算结果即可成为安全系统机构运动的环境条件。

实验和理论都证明，弹引系统实际上是一弹塑性系统，即引信安全系统的激励输入实际是一根含有丰富高频成份的经膛压"调制"的振荡曲线。因此，用一条"光滑"的过载曲线计算安全系统，特别是计算后坐机构和离心机构，有可能产生较大的误差，甚至给出错误的信息。

4.2 通过实验得到所需弹道环境

可以通过存储测试回收重放的技术，得到从发射到碰目标的全弹道环境特性。如将加速度计置于安全系统的安装部位，即可得到真实的机构所受的过载特性。从技术上讲，完成这种测试，包括全弹道转速测试、速度测试以及过载测试等，在国内概无问题，但这种测试费用昂贵，而且每一次测试只是一根特定的弹道曲线。如果我们要研究某一种火炮配用不同弹种、在不同发射装药、不同温度下的弹道特性时，利用实验的方法就成为实际上不可行的一种方法。

目前，利用弹道炮得到一根实测的典型膛压曲线以作为引信设计的依据，能做到这一点已经很不错了。更多的情况是出了某些质量事故，一查尚知从未实际测试过膛压曲线，为了分析事故原因而不得不重新组织测试。

4.3 通过数学方法得到与实测相似的过载曲线

对分析设计安全系统而言，可假定在炮口保险距离内弹丸线速度和角速度不变。此时，需要知道的弹道环境有：平时坠落过载、膛内发射过载、膛内转速变化规律、最大弹速及转速、最大爬行过载。

平时坠落过载很容易进行测试，国内并已有大量测试记录可供查询；膛内转速变化及最大转速可通过内弹道 v-t 曲线简单推导得到；最大弹速或者可通过测试得到，或者由后效期计算公式得到。因此，比较麻烦的是发射过程中，作为输入激励的安全系统部位过载曲线的获取问题。

从概念上讲，我们可以假定弹引系统为一个 n 阶的线性系统，用锤击方法求得弹底到安全系统部位之间的传递函数 $F(s)$。设弹底压力是 $P(t)$，它的拉氏变换为 $P(s)$。则可以通过下式

$$a(t) = L^{-1}\{P(s)F(s)\}$$

得安全系统部位的加速度响应 $a(t)$，以此作为安全系统的输入激励，对安全系统进行分析计算。事实上由于 $P(s)$ 和 $F(s)$ 均为非解析函数而使问题变得十分复杂，不宜于在工程设计中推广。

4.4 安全系统弹道适应性设计指标

中大口径榴弹引信基型安全系统应适应以下弹道环境并可靠解除保险：

后坐　　　　　　1 500G ~ 30 000G；
转速　　　　　　50 ~ 500 r/s；
初速　　　　　　100 ~ 1 000 m/s。

建议解除后坐保险的设计过载，可恢复式控制在 100G ~ 500G 范围，不可恢复式控制在 750G ~ 1 250G 范围。解除离心保险的设计转速控制在 18 ~ 28 r/s。在实际最不利弹径、缠度条件下（$D = 76$ mm，$\eta = 25$），为满足炮口保险距离不小于 60 m 的要求，无返回力矩钟表机构的特征值 N 应保证不小于 35。

5　安全系统防错装设计

前已述及，我国及美国的一部分中大口径榴弹引信安全系统在安全性设计中存在的主要问题是没有"未解除保险状态的保证"这一设计特性。

根据最新颁布的 GJB 373A—1997《引信安全性设计准则》的规定，引信应具备下列一项或多项特征：

（1）防止引信装配成已解除保险状态的特性。

（2）提供一种可靠的方法，能确定引信在装配过程中和装配完成后，以及在向弹药上安装过程中未解除保险的特性。若引信安装在弹药上后，可观察到或可触及到时，也应能用所采用的方法进行可靠的确定。

（3）防止将已解除保险的全备引信安装到弹药上的特性。

若全备引信在试验过程中解除保险和恢复保险是其在制造、检验或安装到弹药上以前任何时候的正常程序,则只满足要求(1)是不够的,还必须满足要求(2)或(3)。

就我国的中大口径榴弹引信而言,不存在在制造、检验及装弹以前任何时候以全备引信解除保险和恢复保险试验为正常程序的问题,因此不需要同时满足(1)、(2)或(1)、(3)两项要求,只要满足以上3项要求中任何一项即可。

从物理实现上,可归纳为3种形式:一是安全状态观察窗,二是外露式防错装设计,三是内置式防错装设计。

安全状态观察窗在美国的航弹引信、子弹引信、火箭弹引信以及导弹引信中得到较普遍的使用,但在榴弹引信中尚未见到有过应用。分析其未得到应用的主要原因是不容易在设计上有效实现:榴弹引信安全系统中的转子隔爆件通常位于引信体的弹口螺纹部位,开窗不容易,开窗后也不容易对位于转子座中的转子进行状态观察。

外露式防错装设计在个别美国中大口径榴弹引信中得到应用,如 Mk407 系列舰炮引信,具体结构不详。国内曾有人提出过一种外露式防错装销的设计,基本的设计思想是:当转子呈解除隔离状态的安全系统先行装入引信体后,后装的位于弹口螺纹部位的防错装机构将有一短销凸起于弹口螺纹间,既能观察,也能触及,并且无法完成引信与弹药的装配。这种设计的主要缺点是很难解决密封问题。

内置式防错装设计的一种是,在一个离心子的外侧设计一个凸起,当转子处于非隔爆位置时,该凸起将突出于转子座圆柱面,可以观察与触及,从而将之剔除,使处于这种状态的安全系统不流入下道工序与引信合装;这种设计在引信体或安全系统相关零件的相应位置需预留离心子的外撤空间,以保证正常情况下离心子可靠解除保险。

内置式防错装的另一种结构是,设计一个端部带一细腰的安全销,可从导爆管座旋入。如与引信合装后的安全系统转子处于隔爆位置,则安全销能完全进入导爆管座,其端部细腰部即为转子解除保险时凸缘的回转通道;如与引信合装后的安全系统转子已处于解除隔离位置,则当拧入防错装销时,由于其端部平面受转子凸缘的阻挡,致使防错装安全销不能完全进入导爆管座,露出危险标志,从而可将该安全系统剔除。

6 安全系统仿真

根据国内现有软硬件条件,完全可以在 PC 机上实现对安全系统虚拟样机进行各种弹道环境下动态特性仿真。整个仿真过程可作以下描述。

有了设计构思后,可在 PC 机上利用建模软件(如 MDT)进行引信零件的三维实体造型,并进行参数化设计。根据给定的尺寸、材料密度、转轴坐标等,可自动生成质量、质心位置、惯性主轴位置及转动惯量等物理特性。在所作零件的基础上,可完成组件、部件以及整个引信的组装。

在完成结构设计的基础上,可将机构或引信的三维实体造型及物理特性直接调入仿真软件(如 Working Model),给出用来连接并定义零件之间相对运动的铰链形式、接触方式以及零件之间发生碰撞时的恢复系数,构成虚拟样机;以作用力(力矩)或反作用力(力矩)、冲击力、阻尼力、弹簧力等形式产生运动的物理环境。从而完成仿真模型的建立。建模工作完成后,根据设置的仿真类型(如静态仿真,即运动干涉检查,或动态仿真)、步长、精度、仿真结束时间及画面帧数等,即可进行仿真求解。仿真结果可以是数据、曲线或动态画面等不同形式的输出。上述工作均可通过选项菜单命令执行。

如对仿真结果不满意,可返回到建模软件修改设计(结构及尺寸),重复上述过程,直至满意为止。如果对仿真的结果满意,即可让所作三维实体造型进入相应的软件按国家标准进行工程图设计。

6.1 关于模型简化的问题

由于现用 Working Model 软件进行的仿真是对物理模型完全逼真的仿真,物理模型构成环节越多,仿真解算时间越长。如安全系统钟表机构齿轮啮合过程中轮齿间的碰撞,从而引起转子速度的瞬时突变,将完全逼真地得到反映,原设定的步长如不合适,PC 机将自动调整步长以及计算精度。因此,实际完成一次解除保险过程(钟表机构带 2 个中间过渡轮)的仿真,约需 7 天时间。如果考虑到要用虚拟样机进行计算机打靶,以考核不同弹道环境、不同尺寸散布等条件下的动态性能,如炮口保险距离分布特性,上述仿真运算速度显然不可接受。

现将物理模型简化,将钟表机构的调速作用看做是对转子构成的惯性阻尼、速度阻尼及摩擦阻尼的合成。此时,对转子可给出以下被 Working Model 软件认同的运动方程:

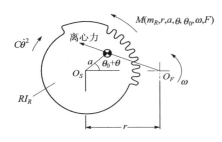

图 4 以转子为仿真对象的物理模型

$$RI_R \ddot{\theta} + C \dot{\theta}^2 = m_R r a \omega^2(t) \sin(\theta_0 + \theta) F(\theta \cdot t) \quad (1)$$

式中,R 为转子折合惯量系数;C 为调速器产生的转子速度阻尼系数;$F(\theta \cdot t)$ 为摩擦、传递效率引起的力矩衰减系数,均与钟表机构固有参数有关,可事先作为自定义函数输入计算机待用。此时进入 Working Model 软件物理模型如图 4 所示。

式(1)中各导出系数的表达式为

$$R = 1 + N_1^2 \frac{I_1}{I_R} + (N_1 N_2)^2 \frac{I_2}{I_R} + (N_1 N_2 N_3)^2 \frac{I_E}{I_R} \quad (1a)$$

$$C = \frac{2(N_1 N_2 N_3)^3}{\eta^3} \cdot \frac{N_E^2 I_P (I_e + P N_E^2 I_P)^2}{\psi I_e (I_e + N_E^2 I_P)} \quad (1b)$$

$$I_e = I_E + \frac{I_2}{N_3^2} + \frac{I_1}{(N_3 N_2)^2} + \frac{I_R}{(N_3 N_2 N_1)^2} \quad (1b-1)$$

$$N_E = N_T - \frac{(N_T - N_R)}{2} P \quad (1b-2)$$

$$F(\theta \cdot t) = \left[\eta^4 - \frac{\mu f_0}{\sin(\theta + \theta_0)} - \eta^4 \frac{\sin \theta_0}{\sin(\theta + \theta_0)} + \frac{\omega_0^2 \mu f_0}{\omega^2 \sin(\theta + \theta_0)} \right] \quad (1c)$$

$$f_0 = \frac{r_{PR}}{a} + \frac{m_1 r_1 r_{P1} N_1}{m_r a r \eta} + \frac{m_2 r_2 r_{P2} N_1 N_2}{m_R a r \eta^2} +$$

$$\frac{m_E r_E r_{PE} N_1 N_2 N_3}{m_R a r \eta^3} + \frac{m_P r_P r_{PP} N_1 N_2 N_3 P N_E}{m_R a r \eta^4} \quad (1c-1)$$

以上各式中的符号意义见表 3。

辑四　引信安全系统

表3　符号和缩略词说明

$a(t)$	引信所受环境加速度	P	擒纵运动啮合百分比
C	转子角速度阻尼系数	a	转子质心到转轴距离
f_0	摩擦力矩中的机构参数影响因子	r	转子转轴到弹丸转轴距离
R	转子折合惯量系数	r_1	第一过渡轮轴心到弹丸转轴距离
I_r	转子有效转动惯量	r_2	第二过渡轮轴心到弹丸转轴距离
I_R	转子转动惯量	r_E	擒纵轮轴心到弹丸转轴距离
I_1	第一过渡轮转动惯量	r_P	摆轴心到弹丸转轴距离
I_2	第二过渡轮转动惯量	r_{RP}	转子轴头摩擦半径
I_E	擒纵轮转动惯量	r_{P1}	第一过渡轮轴头摩擦半径
I_P	摆轮转动惯量	r_{P2}	第二过渡轮轴头摩擦半径
I_e	擒纵轮有效转动惯量	r_{PE}	擒纵轮轴头摩擦半径
m_R	转子质量	r_{PP}	摆轮轴头摩擦半径
m_1	第一过渡轮质量	t_a	远解时间
m_2	第二过渡轮质量	θ	转子角位移
m_E	擒纵轮质量	θ_0	转子转角起始值
m_P	摆的质量	θ_1	转子脱离啮合时的角度
N	钟表机构特征值	θ_2	转子解除保险时的角度
N_1	第一过渡轮对转子的速比	ω	弹丸角速度；炮弹发射装药量
N_2	第二过渡轮对第一过渡轮的速比	ω_0	钟表机构启动时对应的弹丸角速度
N_3	擒纵轮对第二过渡轮的速比	μ	轴头滚动摩擦系数
N_E	摆对擒纵轮的平均速比	η	轮系间传递效率
N_R	摆对擒纵轮在齿根处速比	ψ	一个擒纵轮齿对应的中心半角
N_T	摆对擒纵轮在齿顶处速比		

从道理上讲，安全系统的后坐保险机构、离心保险机构、钟表远解机构以及独立惯性发火机构，都可以建立在一个统一的物理模型中，进行从发射开始到碰目标发火为止的全弹道连续仿真。实际操作时，这样做既无必要也无实现可能性。如钟表机构和惯性发火机构，实际运动都要发生在后坐和离心机构解除保险后，但在统一模型中，因零件间有间隙，在后坐机构及离心机构解除保险前，钟表机构和惯性发火机构照样会在环境激励下产生碰撞运动，从而占用机时，以至于仿真运算的持续时间长到不能接受的程度。因此，实际仿真运算时是对各种机构分别进行的，此时建模工作十分简单，这里不再赘述。

6.2　关于钟表机构的启动转速

在进行仿真运算时，需要用到一个重要的参数，即式（1c）中的 ω_0——钟表机构的启动转速。

启动转速可通过实验室离心实验得到；也可通过理论分析得到，北京理工大学访问学者、641厂高级工程师李作华曾做过这个方面的专门研究。由于理论分析结果与实验结果的一致性不是很好，故这里不予引用。

Overman在对M125A1传爆管进行分析时，取$\omega_0 = 26$ r/s；M739钟表机构的启动转速$\omega_0 = 18$ r/s；榴-B钟表机构的启动转速$\omega_0 = 28$ r/s。在未取得实际数据时，以上数据可供参考。

6.3 关于擒纵机构的啮合百分比 P

擒纵机构的啮合百分比 P，从物理意义上讲，是指擒纵机构实际啮合长度与理论啮合长度的比，与钟表机构的结构及驱动力矩的大小有关。对于轻摆、小力矩的情况，啮合百分比可降到0.4以下；对于重摆、大力矩的情况可高到0.7。Overman在对M125A1传爆管进行分析时，取$P = 0.55$（6 300帧/秒高速摄影测得）。

对于某一特定机构，啮合百分比可通过实验得到。简单的实验方法是在擒纵轮齿表面涂以染色剂，然后在转子上施加力矩，根据涂层上留下的痕迹即可很精确地确定 P 值；也可用高速摄影进行测定，此时需对夹板进行改装。

比较方便的方法是通过仿真得到啮合百分比 P。物理模型为擒纵轮及摆，擒纵轮转动惯量应为折合转动惯量，即考虑转子及轮系对擒纵轮转动惯量的影响，并将作用在转子上的力矩转换到擒纵轮轴上。

6.4 关于仿真验模

安全系统仿真模型是否与实际相符，仿真结果是否具有足够的精度，是仿真工作能否指导工程实践的关键所在。由于建模过程中或多或少总是作了一些假定，特别是动态特性仿真，总会涉及某些实验参数的选用，如碰撞恢复系数、摩擦系数、啮合效率、啮合百分比等，必须通过验模来考核所建模型与实际的符合程度，以及验证所选实验参数的合理性。

中大口径榴弹引信安全系统的验模问题主要是指钟表机构的验模，因涉及的零部件及参数较多，验模过程较复杂。

验模过程可作如下描述。将带离心保险机构的钟表机构装在一夹具内，并安装到离心机上。使离心机转速达到稳定值 ω_j，此转速能保证钟表机构可靠作用。瞬时释放离心保险机构并记录钟表机构走完解除保险角度所需的时间 t_j。以 ω_j 代入仿真模型仿真运算解除保险时间 t_f。如 t_j 和 t_f 两者相差在预计误差范围内，说明仿真模型及选择参数均无问题；如两者虽差异较大但通过合理调整实验参数得以解决，说明仿真模型无大问题，中大口径榴弹引信安全系统所作的仿真即属此类；如果 t_j 和 t_f 的差异大到无法通过合理调整实验参数得到解决，则应怀疑所建立的物理模型是否合理。

致　　谢

本研究报告的完成得到相关工厂的领导及工程技术人员的大力支持和帮助；李作华高级

工程师、李国罡硕士、卢向红讲师为本报告的算例、插图等,付出了辛勤的劳动,在此一并表示深切的谢意。

参 考 文 献

[1] MIL–HDBK–145A. Active Fuze Catalog. 1 January 1987.

[2] MIL–HDBK–757（AR）. FUZES. Department of Defense USA. 15 April 1994.

[3] David L. Overman. Analysis of M125 Booster Mechanism（AD 782108）；译文见《国外科技资料（弹箭类）》,1974（64）.

带万向支架的空空导弹安全系统消减横向过载影响动态特性研究

牛兰杰　谭惠民

摘　要：利用 Working Model 仿真软件对一种在载机高机动飞行条件下使用的远距离解除保险机构进行了计算机仿真，全面分析了横向过载对安全系统惯性构件运动和远距离解除保险时间的影响，得出该安全系统采用万向支架结构可以有效消减横向过载和超大横向过载下远解时间散布较大的结论。研究成果对合理设计空空导弹安全系统具有重要参考意义。

关键词：安全系统；抗横向过载；计算机仿真

1　引　言

由于目标的机动性能显著提高，第四代先进近距格斗空空导弹，如美国的 AIM-9X、法国的 MICA（红外型）、英国的 ASRAAM、德国的 IRIS-T、以色列"怪蛇4"以及俄罗斯 R-73、南非 A-Darter 等，都具有良好的大离轴角发射和抗大横向过载能力，可攻击区域明显扩大。在这种情况下，导弹飞行的转弯方向是不确定的，导致横向过载在导弹赤道平面360°范围内都可能出现，转弯半径非常小，横向过载幅值可高达35～100。因此，研究空空导弹轴向过载变化和横向过载有无及其大小不同对安全系统惯性构件运动特性和远距离解除保险时间的影响，是合理设计安全系统并将横向过载负效应减至最小的前提。

2　带万向支架的安全系统实体运动模型

2.1　实体构造及运动模型建立

用于导弹的机械安全系统或机电安全系统，基本上都采用轴向过载驱动的无返回力矩钟表机构，以实现即使轴向过载因高低温发生变化，导弹最小安全距离仍保持基本不变这一特性。在消除大横向过载的措施上，可以将钟表机构的驱动件设计成偏心单转子结构，并将整个远距离解除保险机构放在"万向支架"中，转子转轴与"万向支架"连接，与弹轴正交。

---

① 原文刊登于《弹箭与制导学报》，2001（1）。

当有横向过载出现时,"万向支架"作阻尼振荡转动,使作用于偏心转子的横向过载变成主动力。安全系统实体模型如图1所示。在用Working Model软件仿真过程中,由于软件的限制,不作简化的完全的虚拟样机仿真需要很高的解算精度、很长的解算时间和很大的磁盘空间。引信重点实验室北京分部提出一种"计算机综合仿真方法"。在这种方法中,以偏心转子或擒纵机构作为虚拟实体。本文将抗横向过载的评价尺度最终反映到对远解距离和远解时间的评价上,而远解时间的开始和结束是以偏心转子的启动和转正到位作为标志,直接以偏心转子作为虚拟实体,以省略不必要的多次转换。而将传动轮系、擒纵机构对转子的阻尼用数学模型表达,并加载到转子上。根据约定,给出零部件之间相对运动的铰链形式、接触方式以及发生碰撞时的恢复系数等,并以作用力、阻尼力、弹簧力等形式创造运动的物理环境,利用Working Model软件进行动力学仿真,得到转子的运动规律。按照文献[1]、[2]的方法,分别建立有横向过载作用时带"万向支架"的远解机构实体和偏心转子的运动模型:

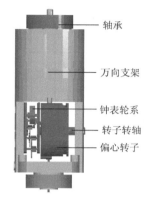

图1 安全系统实体模型

$$I_{R1}\ddot{\beta} = m_R a_H r_1 \sin(\alpha - \beta) \cdot F(\beta, t) \tag{1}$$

$$I_r\ddot{\theta} + C\dot{\theta}^2 = m a_t r_2 \cos(\theta_0 - \theta) \cdot F(\theta, t) \tag{2}$$

式中,I_{R1} 为包括"万向支架"在内的远解机构实体的转动惯量;I_r 为偏心转子的有效转动惯量;m_R 为包括"万向支架"在内的远解机构实体的总质量;m 为偏心转子的质量;r_1 为远解机构实体质心到弹轴距离;r_2 为转子质心到转子转轴的距离;α 为远解机构实体质心-弹轴连线与横向过载初始夹角;β 为"万向支架"转角;θ 为偏心转子转角;θ_0 为偏心转子启动时质心-转轴连线与导弹赤道平面夹角;$F(\beta, t)$ 为包括"万向支架"在内的远解机构实体运动过程中的修正函数;$F(\theta, t)$ 为转子运动过程中修正函数。

2.2 参数提取

参数的合理提取是保证计算机仿真得出精确有效结论的前提。仿真参数包括机构物理参数、实验参数及环境参数三部分。

三维造型后自动生成的零部件物理参数见表1。

表1 零部件物理参数

名 称	符号	单位	名 称	符号	单位	名 称	符号	单位
远解机构实体总质量	m_R	g	远解机构实体转动惯量	I_{R1}	g·mm²	远解机构实体质心到弹轴距离	r_1	mm
偏心转子质量	m	g	偏心转子转动惯量	I_{R2}	g·mm²	偏心转子质心到转子转轴距离	r_2	mm

轴承
万向支架
钟表轮系
转子转轴
偏心转子

续表

名　称	符号	单位	名　称	符号	单位	名　称	符号	单位
第一过渡轮系质量	m_1	g	第一过渡轮系转动惯量	I_1	$g \cdot mm^2$	偏心转子轴颈半径	r_{PR}	mm
第二过渡轮系质量	m_2	g	第二过渡轮系转动惯量	I_2	$g \cdot mm^2$	第一过渡轮轴颈半径	r_{P1}	mm
擒纵轮系质量	m_E	g	擒纵轮系转动惯量	I_E	$g \cdot mm^2$	第二过渡轮轴颈半径	r_{P2}	mm
平衡摆质量	m_P	g	平衡摆转动惯量	I_P	$g \cdot mm^2$	擒纵轮轴颈半径	r_{PE}	mm
偏心转子启动角	θ_0	(°)	擒纵轮齿对应中心半角	ψ	(°)	平衡摆轴颈半径	r_1	mm
第一过渡轮对转子速比	N_1		第二过渡轮对第一轮速比	N_2		擒纵轮对第二过渡轮速比	N_3	

设定的实验参数为：权值摩擦系数 μ；轮系间啮合效率 η；擒纵轮与摆啮合百分比 P；零件碰撞恢复系数 f。

运动物理环境参数为：导弹发射轴向过载 a_t（$\times 9.8 \ m/s^2$）；钟表机构启动所需最小轴向过载 a_0（$\times 9.8 \ m/s^2$）；导弹转弯产生的横向过载 a_H（$\times 9.8 \ m/s^2$）。

3　仿真结果及分析

3.1　远解机构实体质心-弹轴连线与横向过载初始夹角 0°～90°情况

在这种情况下，对"万向支架"而言，由于远解机构实体的质心-导弹转弯中心的连线与弹轴不在同一平面内，当有横向过载作用时，"万向支架"将绕弹轴旋转。"万向支架"的转动过程是一动平衡过程，经过阻尼振荡，最终"万向支架"在远解机构实体的质心、导弹转弯中心与弹轴处于同一平面的平衡位置，停止运动。在动平衡过程中"万向支架"先于偏心转子转正。偏心转子在轴向过载作用下，绕转子转轴向远距离保险解脱位置转正。因假定远解机构实体质心-弹轴连线与横向过载作用方向的初始夹角 α 在 0°～90°，横向过载在偏心转子平面产生的横向力在偏心转子第一象限转正过程中，增加偏心转子转正的主动力，转子转速比无横向过载作用情况下要大；在偏心转子第四象限转正过程中，横向力阻碍偏心转子转正，转子转速比无横向过载作用情况下要小。最终转子转过 20°转正到位。"万向支架"和偏心转子的具体运动如图 2（$a_t = 12$，$a_H = 12$，$a_0 = 2$，$\alpha = 30°$）所示。

取轴向过载 $a_t = 12$ 不变，横向过载 $a_H = 0 \sim 100$，$\alpha = 0° \sim 90°$，$\theta_0 = 9.1°$，$\theta = 20°$，对安全系统惯性构件进行仿真，算例参数取自一实际系统，得到如图 3 的结果。

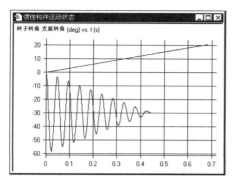

图 2 远解机构实体质心-弹轴与横向
过载初始夹角 30°仿真结果

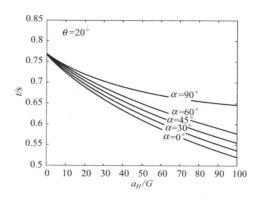

图 3 远解机构实体质心-弹轴与横向
过载初始夹角 0°～90°仿真结果

从图 3 可以看出：

（1） $\alpha=0°$，即远解机构实体的质心、导弹转弯中心与弹轴处于同一平面，"万向支架"静止，偏心转子受到的横向过载全部为作用于转子平面的主动力，转子的驱动力矩随着横向过载的增加而增大，转子转速增大，远距离解除保险时间缩短。在相同横向过载的作用下，$\alpha=0°$时远距离保险时间最小。

（2） 远解机构实体质心-弹轴连线与横向过载初始夹角 α 确定，随着横向过载 a_H 逐渐增大，远距离解除保险时间逐渐减小。这主要由于横向过载越大，转子驱动力矩增加越大，转子角速度越大，在转过相同角度情况下，所用时间相应减少。

（3） 横向过载 a_H 值确定，随着远解机构实体质心-弹轴连线与横向过载初始夹角 α 的增加，远距离解除保险时间逐渐增大；α 越大，不同横向过载 a_H 值作用下的远距离解除保险时间差别越小。主要因为远解机构实体质心-弹轴连线与横向过载初始夹角 α 越大，则"万向支架"转动的角度越大，横向过载在偏心转子平面内产生的横向力就越小，使得主动力矩增加较小。

3.2 远解机构实体质心-弹轴连线与横向过载初始夹角 90°～180°情况

当 α 处于（90°～180°）范围时，"万向支架"仍然做阻尼振荡运动，随着夹角的增大，阻尼振荡的振幅逐渐增大，"万向支架"达到动态平衡的时间也变长，甚至当偏心转子已经转正到位时，"万向支架"仍然在运动，充分说明"万向支架"转正时间与偏心转子转正时间既相互影响又保持独立。随着"万向支架"的转动，横向过载对偏心转子的作用分为四种情况：当远解机构实体质心-弹轴连线与横向过载夹角 $|\alpha-\beta|<90°$ 时，若偏心转子转角在第一象限，横向过载在偏心转子平面产生的横向力增加偏心转子转正的主动力，转子转速比无横向过载作用情况下要大；若偏心转子转角在第四象限，横向力为阻碍偏心转子转正的阻尼力，转子转动角速度比无横向过载作用情况下要小；当远解机构实体质心-弹轴连线与横向过载夹角 $90°<|\alpha-\beta|<180°$ 范围，横向过载在偏心转子平面产生的横向力的矢量方向将发生改变，因此，若偏心转子转角在第一象限，横向力为阻碍偏心转子转正的阻尼力；若偏心转子转角在第四象限，横向力为加速偏心转子转正的主动力。"万向支架"和偏心转子的具体运动曲线如图 4（$a_t=12$，$a_H=60$，$a_0=2$，$\alpha=120°$）所示。

取轴向过载 $a_t = 12$ 不变，横向过载 $a_H = 0 \sim 100$，$\alpha = 90° \sim 180°$，$\theta_0 = 9.1°$，$\theta = 20°$，算例参数取自一实际系统，对安全系统惯性构件进行仿真，得到如图5的结果。

对图5仿真结果可以作以下分析。

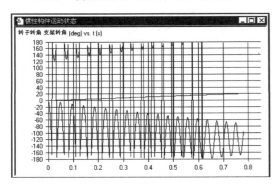

图4 远解机构实体质心-弹轴与横向
过载初始夹角120°仿真结果

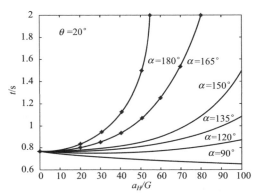

图5 远解机构实体质心-弹轴与横向
过载初始夹角90°~180°仿真结果

（1）当远解机构实体质心-弹轴连线与横向过载初始夹角 α 确定时，随着横向过载 a_H 的增大，机构解除保险时间逐渐增加。在 $\alpha = 90° \sim 180°$ 情况下，横向过载引起的偏心转子平面的惯性力开始时为阻尼力，在"万向支架"转到 $|\alpha - \beta| < 90°$ 后，才变成使偏心转子转正的主动力。在"万向支架"达到动平衡的过程中，横向过载引起的惯性力作为阻尼力作用于偏心转子上的时间要多于作为主动力的时间，因此，转子的转正时间要增加。其结果必然是横向过载愈大，转子的转正时间愈长。

（2）在相同的横向过载作用下，远解机构实体质心-弹轴连线与横向过载初始夹 α 角愈大，"万向支架"的阻尼运动过程就愈久，致使转子的转正时间增大，即机构解除保险时间增加。即当 α 角在 $90° \sim 180°$ 范围时，α 角越大，不同横向过载作用下的机构解除保险时间差别越大，虽然最终能够解除保险，但解除保险时间有可能难以满足安全系统设计指标要求。

（3）当 $\alpha > 165°$，$a_H > 85$，且转子转角属于第一象限的情况下，"万向支架"振荡转动的过程中，当 $|\alpha - \beta| < 90°$ 时，横向过载为增加转子转速的主动力，转子将会加速转动；而当 $90° < |\alpha - \beta| < 180°$ 时，横向过载则成为阻碍转子转动的阻尼力，产生的阻尼力矩大于轴向过载产生的主动力矩，且能够克服钟表机构阻尼力矩和转轴的摩擦力矩，偏心转子发生反转现象。转子转角在第四象限内发生类似情况。因此，在"万向支架"振荡转正过程中，偏心转子正反转交替进行，其转角-时间曲线在前端呈锯齿状上升，如图6所示。最终，万向支架转正即 $\alpha - \beta = 0$ 时，转子转到第四象限，横向过载全部变成阻尼力矩，抵消轴向过载产生的主动力矩，转子在没有转正到位情况下达到受力平衡，机构不能解除保险，图6曲线后端逼真地模拟了这种情况。

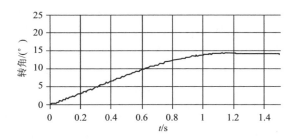

图6 "万向支架"振荡转正转角-时间曲线图

因此，在偏心转子的设计中，第一必须采取有效的防回转措施；第二必须合理调整偏心转子质量及质心位置，保证转子转角在第四象限时，横向过载产生的阻力矩不足以抵消轴向过载产生的主动力矩，以使偏心转子能够可靠转正到位；第三由于机构解除保险时间受横向过载影响很大，必须合理设计 θ_0 角，使得偏心转子在第一象限做加速转动，在第四象限做减速转动，最终转正时间应该与无横向过载作用条件下基本保持一致，即尽量减小因横向过载引起的远解时间散布，保证远解距离不超出安全系统设计指标要求。

(4) 存在"死区"问题。如图 5 所示，当角 α 较大且 a_H 值较大时，远解时间将变得很长，严重时有可能导致安全系统失效。如在本算例条件下，当 $\alpha = 180°$，$a_H > 55$；$\alpha = 165°$，$a_H > 80$ 时，远解时间将"无限"延长。

4 总　　结

通过对在导弹赤道平面 360°范围内横向过载从 0 到 100 的系统仿真，可以得出带"万向支架"的安全系统能够满足大离轴角发射、大横向过载条件下可靠运动要求的结论。这种安全系统通过"万向支架"转动而将横向过载在偏心转子上的作用变成主动力，使得偏心转子可靠转动到位。但是，这种安全系统也存在缺陷：一是存在"死区"问题，尽管这种情况实际出现的几率是很小的，和正常作用的情况相比，可以忽略不计；二是在极高横向过载和远解机构实体质心-弹轴连线与横向过载大初始夹角的情况下，机构解除保险时间的散布较大，可能超出设计指标的要求。因此，在安全系统的设计中，如何降低远解时间的散布是一个值得进一步探讨的问题。

参 考 文 献

[1] Overman D L. Analysis of M125 Booster Mechanism（AD782108）；译文见《国外科技资料（弹箭类）》，1974（64）.
[2] 牛兰杰，谭惠民. 带万向支架的空空导弹远解机构的运动模型 [J]. 探测与控制学报，2001（1）.

中大口径加榴炮引信安全系统通用性研究

宋荣昌 谭惠民 刘明杰

摘 要：在现代引信设计中，通用性设计是一项重要原则；而安全系统的通用性设计又是一项重要研究内容。文中就中大口径加榴炮引信安全系统的通用性问题进行了仿真研究。

关键词：安全系统；通用性；仿真

0 引 言

我国中大口径加榴炮引信中，安全系统多采用后坐/离心双环境保险机构加钟表远解机构的结构，功能完全一样，但外形尺寸、轮系、性能指标多有差异，给生产和使用带来诸多问题。为此，提出了"中大口径加榴炮引信系列安全性改造"的研究课题，以对现有的安全系统进行通用化改进。本文以仿真的方法先在某加农炮弹道环境下试验安全系统各机构工作时序的协调性，然后再检验其对另外几种弹道环境的适应性。

1 中大口径加榴炮引信通用安全系统介绍

总体设计上，该安全系统仍采用后坐力和离心力作为解除保险的环境力，利用水平转子作为隔爆件，转子靠离心力驱动无返回力矩钟表机构实现远解。

平时，回转体上的雷管与导爆药错开一个角度；铆有中心轮片的回转体组件被两个离心爪卡住，离心爪被弹簧顶在保险位置上；装在回转体内的后坐销在弹簧作用下，将其头部插入第一夹板。

中心轮片通过两对过渡齿轮与擒纵轮啮合。发射后，在后坐力作用下，后坐销克服弹簧抗力退回到回转体中；在离心力作用下，离心爪克服弹簧抗力飞开，回转体开始朝着雷管与导爆药可对正的方向转动，并通过传动轮系驱动擒纵轮转动。由于受擒纵机构调速，回转体只能缓慢的转动。当回转体转到位时，回转体内的锁销甩出，将回转体锁定在待发位置，此时，雷管与导爆药完全对正，安全系统完成安全状态向待发状态的转换。

---

① 原文刊登于《探测与控制学报》，2004（3）。

2 建立仿真模型

2.1 在 Mechanical Desktop 中建立三维实体模型

Mechanical Desktop（以下简称 MDT）是一种融合二维制图与三维设计并带有装配功能的机械设计平台，具有易学易用并能进行二次开发的特点。图 1 为利用 MDT 建立的中大口径加榴炮通用安全系统的三维实体模型。

图 1 通用安全系统实体模型

2.2 在 MSC. Working model 中建立虚拟样机动力学模型

通过 MDT 与 MSC. Working model（以下简称 Working model）的内在集成数据通道，将实体模型传到 Working model 中，实现 CAD 与 CAE 的结合。构建通用安全系统虚拟样机动力学模型的主要工作顺序及内容为：① 根据各个零部件之间的连接关系进行运动铰链定义，限制各个零部件的自由度；② 定义碰撞，主要是定义离心爪与垫板，后坐销与上夹板及各传动部件之间的约束关系，同时根据各部件的材料特性设置碰撞系数；③ 进行初始条件定义，即设置各零部件的物理参数，如密度、摩擦系数等，以得到质量、质心位置、惯量、惯性主轴位置等机构运动参量；④ 将膛内过载及转速曲线通过拟合方程施加到虚拟样机上；⑤ 设置离心爪、后坐销及其他运动件的弹性阻尼、速度阻尼系数。

3 弹 道 环 境

通用安全系统配用于 76~155 mm 口径加农炮、榴弹炮、加榴炮发射的弹药系统，对其一项重要性能要求为延期解除保险时间，反映到距离上为距炮口 60 m 以内一定不解除保险，200 m 以外一定解除保险。这一性能要求在小口径、低缠度的火炮上较难达到，故先以 76 mm 加农炮弹道环境作为算例进行仿真试验，其发射过载及转速如下：

$0 \leqslant t \leqslant 2.29$ ms $\qquad a(t) = [3\ 160 + 7\ 410(1 - \cos 1.371t)]G$

$\qquad\qquad\qquad\qquad \omega(t) = 755(1 - \cos 0.685\ 6t)$ rad/s

2.29 ms $\leqslant t \leqslant 7.13$ ms $\qquad a(t) = [10\ 825 + 7\ 155\cos 0.648\ 8(t - 2.29)]G$

$\qquad\qquad\qquad\qquad \omega(t) = 755 + 1\ 487\sin 0.324\ 4(t - 2.29)$ rad/s

7.13 ms $\leqslant t \leqslant 11.63$ ms $\qquad a(t) = 3\ 670[1 - (t - 7.13)/4.5]G$

$\qquad\qquad\qquad\qquad \omega(t) = 2\ 242$ rad/s

$t \geqslant 11.63$ ms $\qquad a_0 = -7G$

$\qquad\qquad\qquad\qquad \omega_0 = 2\ 242$ rad/s

$\qquad\qquad\qquad\qquad v_0 = 680$ m/s

其中弹径 $D = 76$ mm，导程 $\eta = 25D$。可用以检查在该环境下当钟表机构特征值为 $N = \omega_g t_a$ 时，相应远解距离 $L = N\eta$。如满足要求，则再用其他环境条件检查其通用性。在仿真过程中，步长 $h = 0.000\ 5$ ms。

4 仿真结果及分析

4.1 后坐销运动时间历程

当弹丸在发射时，在后坐力的作用下，后坐销压缩弹簧向下移动，解除对转子的保险。其运动时间历程如图2所示。

由图3所示曲线可以看出，后坐销在0.56 ms时下降到位，位移约5 mm，解除对转子的约束。之后，由于受离心力作用，后坐销在回转体中的姿态为径向外倾。出炮口后，后坐销不会向上运动并抵达第一夹板，而是以倾斜状态处于回转体内部。

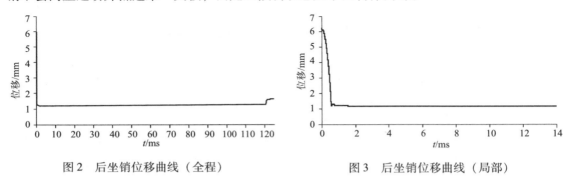

图2　后坐销位移曲线（全程）　　　图3　后坐销位移曲线（局部）

此外，从图2还可以看出，在中心轮片转动到位并与垫板发生碰撞期间，后坐销向上位移约0.5 mm，但此时对安全系统的正常解除保险已不产生影响。

4.2 离心爪运动时间历程

平时，离心爪在离心爪簧的作用下卡入转子组件，使之不能转动。发射时，因弹丸转动产生的离心力驱使离心爪克服离心爪簧的阻力矩飞开，并解除对转子的约束。离心爪的转角时间曲线如图4所示。其中离心爪"1"为图1下方的离心爪，离心爪"2"为图1上方的离心爪。

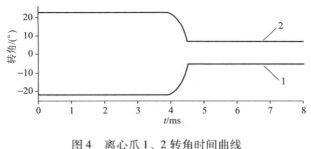

图4　离心爪1、2转角时间曲线

图4表示，在离心力的作用下，离心爪1、2在约3.8 ms时开始转动，到约4.5 ms时运动到位。此时，回转体的后坐保险和离心保险完全解除。

此外，仿真结果还表明，离心爪与转子或垫板并未发生因碰撞而弹回的问题，这是由于在后坐力的作用下，离心爪与垫板之间产生的摩擦力与反弹力相比较大。

4.3 转子运动时间历程

在离心爪及后坐销解除对转子组件的保险后，转子在离心力矩的作用下，顺时针转动，直到回转体中的雷管对正导爆药。

在弹丸转速未到钟表机构启动角速度之前,转子和垫板以同样的角速度转动。在 3.5 ms 时,转子迅速沿着解除保险方向转动;尽管此时离心爪 1 还未开始转动,尚未解除对转子的约束,但由于离心爪和转子之间的间隙,转子还是可以完成 1.12° 的角位移(参见图 6),此时弹丸转速约 1 316 rad/s;到 4.1 ms 时,中心轮片的齿与第一过渡轮齿轴的齿接触;直到约 5 ms,弹丸转速约为 1 920 rad/s 时转子开始调速转动。当转子转动 36.62° 后,也即在 118.6 ms 时,中心轮片与齿轴脱离啮合。此后转子迅速转动,到 120.2 ms 时,转子转动到位,并由锁销锁定。因弹丸膛内运动时间为 7.13 ms,由此得弹丸出炮口后机构调速运动经历的时间 t_a 为 118.6 − 7.13 = 111.47(ms),所以弹丸转过的转数 $N = \omega_0 t_a = (2.242 \times 111.47)/(2\pi) = 39.78$ 转。转子的转角时间曲线如图 5、图 6 所示。

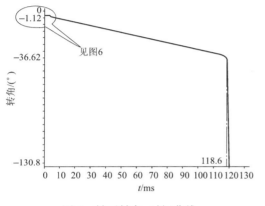

图 5　转子转角-时间曲线

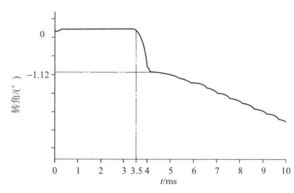

图 6　转子转角-时间曲线(局部)

关于转子是否发生倒转的问题。在本次仿真中,装配时离心爪 1 与中心轮片在图 1 中左方有一较小的间隙;发射时,转子发生了倒转(参见图 6)。如果装配时,离心爪与中心轮片间隙较大,这个倒转将更为明显。这种倒转现象是由于转子受切向惯性力的影响而产生的。

4.4　雷管挡片运动时间历程

在膛内发射时,由于切向惯性力的影响,雷管挡片都将保持在图 1 所示的初始装配位置;在弹丸出炮膛后,雷管挡片阻挡雷管前冲;当转子转动到位时,雷管挡片转过一个角度,解除对雷管的阻挡。

由图 7 可以看出,雷管挡片的运动曲线与转子的运动曲线大致相同,表明在转子做调速运动时雷管挡片仍是与转子一起转动的;在转子轮片与齿轴脱离啮合后,雷管挡片仍与转子一起转动;当转子转动到位后,雷管挡片继续顺时针转动,直至转动到位,将图 7 与图 5 相比,雷管挡片较转子多转约 86°。

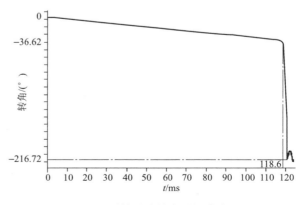

图 7　雷管挡片转角时间曲线

4.5 在时间轴上安全系统各机构时间历程的相互关系

根据仿真试验结果，将有关机构运动时间历程以同样的时间坐标比例尺归纳在一起，以便对比研究，如图8所示。在其他弹道环境中，机构的具体工作情况与76弹道环境中大致相同，不再一一解释。

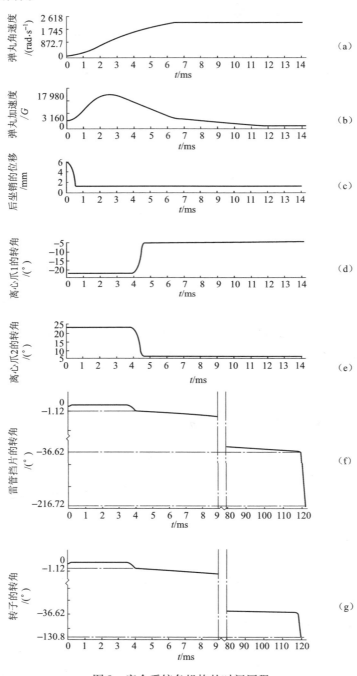

图8 安全系统各机构的时间历程

5 结 论

通过仿真发现,机构的工作情况正常、协调,仿真所得 N 值 39.78 与实验结果 N 均值 41.5 比较接近。仿真试验还发现:后坐销及离心爪的反跳问题实际不存在;转子启动时有瞬间反转现象。

以上提供的是安全系统在 76 加农炮弹道环境下的仿真结果。在某舰炮弹道环境和高过载高转速极限弹道环境及低过载低转速极限弹道环境条件下安全系统均能正常解除保险,N 值分别为 36.7,39.3,44.2。对应 76 加农炮炮口保险距离为 75.6 m,对应某舰炮炮口保险距离为 119.3 m。上述结果表明,该安全系统的通用性是比较好的。

本次虚拟样机仿真试验并未考虑有关零件尺寸公差及弹道环境散布等因素的影响。这一目前仿真领域的难点,也是引信动态特性国防科技重点实验室正在开展的研究课题。

参 考 文 献

[1] 马宝华,谭惠民. 中大口径榴弹引信基型安全系统设计思想[R]. 北京理工大学,1998.
[2]《引信设计手册》编写组. 引信设计手册[M]. 北京:国防工业出版社,1978.
[3] 窦忠强. MDT3.0(中文版)应用与开发教程[M]. 北京:北京理工大学出版社,1999.

关于远程榴弹引信安全系统试验问题的几点意见[①]

1　问题的性质

根据对10天前射击试验2发未爆回收产品分解检查，引信系未解除保险而导致瞎火，另2发"半爆""盲炸"实际也可作此判断。

去年年底试验出现的故障现象曾作"瞬发转延期、盲炸"的分析，现在看来，更可能是引信未解除保险所导致的瞎火，弹丸侵彻冻土时产生半爆。

因此，目前安全系统的问题是引信配用于远程杀伤爆破榴弹时解除保险不可靠，而导致瞎火率较高。

2　可能的原因

远程杀伤爆破榴弹，其发射环境对引信而言很严酷，对回收产品的分解检查证明了该事实。

前一段时间主要解决因安全系统强度不够而引起的60 m不安全问题。为此，有关零部件采用了更换材料、增加厚度、加粗直径等提高强度的措施。其后的射击试验表明所采取的措施有效解决了引信失去延期解除保险功能和提前解除保险的问题。在安全性问题解决后，"系统上"的零部件结合和配合尺寸不十分匹配等作用可靠性问题就突显出来，造成最近两次试验都出现7%~10%的解除保险不可靠的问题。

3　对下一步工作的建议

在与远程杀伤爆破榴弹适配性研制试验过程中，引信的发火可靠性曾经达到过指标要求，只要将工作做细、做到位，这个问题是可以解决的。首先需要深入一步进行瞎火机理分析和故障定位，在此基础上再提出解决措施。

对下一步工作的具体建议：

（1）保留为解决强度问题而已经采取的各项措施（如更换夹板材料及增加厚度、加强摆及加套管、加厚擒纵轮片等）。

（2）建立第三类等效模拟循环试验，在第二类等效模拟循环试验基础上适当加大轴向冲击过载，按现技术状态进行试验，测量零件变形量，通过作图考查回转体被卡滞的故障点。

[①] 本文系与马宝华教授于2005年2月共同拟定。

（3）按现在的技术状态，经第三类等效模拟循环试验，用小转速做离心试验，考察回转体被卡滞的可能性。

（4）追溯到配用远程杀伤爆破榴弹曾经有过的发火性好时的技术状态，将与强度无关的但已发生变化的参数调整到原技术状态，特别是缓冲簧片预压量、各零部件间的轴向窜动量及最小间隙等参数，详细列表加以对比分析。

（5）中心轮片最后一个齿严格按产品图加工。

（6）在故障定位明确并提出改进措施之后，整理一份完整的最后确定的图纸，做相关的尺寸链复核，复核时应考虑相关零部件可能产生的发射冲击变形，通过作图考查防止回转体被卡滞的有效性。

（7）改进措施是否有效，可将安全系统先进行等效模拟循环试验，然后用130或122火炮底排弹进行射击试验，以模拟远程榴弹的发射条件。

（8）以上工作做好后，再分两步上炮试验，先进行足够数量的摸底试验，证明改进措施有效，再进行规定数量的补充鉴定试验。

辑 五

机电安全与引爆控制

引信机电安全系统研究工作最终报告[①]

1 任务来源、完成单位及起止时间

引信机电安全系统系"八五"引信技术预研项目《新一代引信安全系统》课题所属的一个研究专题。

本专题由北京理工大学和机电信息研究所联合承担。

专题实际研究起止时间为1991年5月至1996年4月。1996年4月11日至15日有关专家建议以错位式机电安全与引爆装置作为末敏子弹安全系统及爆炸序列的首选方案，标志着本专题研究取得了预期研究成果，并圆满结束。

2 研究目的、要求及主要技术指标

2.1 研究目的及要求

本专题研究的主要目的是，为诸如末敏子弹、精确制导弹药及新一代常规弹药所需的安全性更好、可靠性更高、功能更完善的安全系统，提供共性关键技术。

传统的机械安全系统在弹道环境比较单一（如载体非旋或微旋）或过载水平较低时，很难满足《引信安全性设计准则》中有关双环境保险及故障保险等要求。另外，由于保险机构既是环境信息的感受者，又是利用环境能量完成解除保险动作的执行者，无法对环境信息进行复杂的处理。由于以上两个原因，国外一些新型弹药，多采用机电一体的安全系统。

"机电一体化"这一技术概念最早是日本人提出来的，日文为"メカロニクス"，日文汉字名为"机电一体化"，日造英文为"Mechatronic"。

国内引信行业已经认同将这种机电一体的安全系统称为机电安全系统，引信机电安全系统的主要技术特征是：

利用各种传感器感受安全系统可资利用的载体在发射和飞行过程中的环境信息；

对传感器原始信号进行标准化或数字化处理；

以隔爆件为对象，以微电子信息处理模块为核心，综合机械保险和电子保险信息，对隔爆件解除保险过程进行逻辑程序加时间窗控制；

安全系统的最后一级保险的解除，由诸如微电机、电磁铁、电做功火工品等执行元件在信息处理模块的控制下完成；

以安全系统正常启动作为前提，可完成诸如续航发动机点火、舵机闭锁、目标基解除保险等功能，以提高全弹道安全性。

[①] 本文系一项预先研究的最终报告，与施坤林共同撰写，1996.5。

2.2 主要技术指标

由以上技术特征出发,根据实际军事需求,对本专题所涉及的安全系统的基本要求是:

解除保险的环境信息至少有一个是通过环境传感器得到的,并通过执行元件最终完成解除保险动作;

所研究的安全系统至少有两个独立的发射周期开始后解除保险的保险机构,并满足故障保险的设计原则;

在结构设计上,应与大口径榴弹用末敏子弹、中大口径榴弹多选择引信以及空空导弹安全系统的结构尺寸及相应弹道条件匹配;

在控制器设计上,外形尺寸应与所设计的安全系统相匹配,无论采用专用集成电路还是单片微机方案,均应尽可能考虑其通用性;

末敏子弹安全系统及多选择引信安全系统对弹道环境的适应性应满足相应的模拟试验条件;

末敏子弹安全系统爆炸序列输出波形对中性应满足爆炸成形战斗部的需要;

安全系统动力学仿真软件应有良好的人机界面,符合模块化要求,尽可能向商用软件靠拢;

安全系统设计安全失效率 $<10^{-6}$,作用可靠度 >0.95。

3 主要研究内容、技术方案原理及完成情况

3.1 主要研究内容

3.1.1 机电安全系统的总体设计技术

根据不同的应用对象,如末敏子弹、中大口径榴弹、精确制导弹药,研究安全系统的控制逻辑,保险机构的结构,控制器原理,各零部件、器件之间的机电连接方式等,以保证隔离位置可靠隔离,解除保险位置传爆通道可靠通畅,电路可靠转换,出现非正常状态时可靠实现故障保险。

3.1.2 机电安全系统的结构设计

分机械结构及控制电路两部分内容,按具体应用对象及可资利用的解除保险环境进行设计。在功能上应满足不同使用要求,如对末敏子弹爆炸序列的输出波形,应有高对中性;对多选择引信,安全系统远解距离应以弹丸转数计量;对空空导弹,安全系统解除保险程序应根据一次发射时随机出现的中程拦截或近距格斗的实际需要而自动进行调整。机构设计应具有针对性,电路设计应尽可能考虑通用性。无论机构还是电路,均需满足相关物理约束条件,如体积、耐冲击振动等。

3.1.3 机电安全系统的高可靠性设计技术

含机电安全系统的综合可靠性、控制器硬件可靠性和软件可靠性三方面的内容。通过故

障保险、冗余保险、远距离保险以提高机电安全系统的安全可靠性；控制器软硬件的高可靠性设计主要是消化、移植微电子技术的现有成果。

3.1.4　试验技术研究

含单个机构的实验室摸底试验，机电安全系统的动态模拟试验，以及与所属系统（如末敏子弹爆炸成形战斗部、末敏子弹系统）适配试验。

机构单项性能的摸底试验利用重点实验室现有设备进行；与系统的适配试验通过"搭车"完成。因此，这一部分的研究重点是机电安全系统自身的综合性能动态模拟试验的设计及相应装置的加工调试。多选择引信安全系统动态模拟试验在重点实验室研制的 85 mm 口径空气炮上完成；末敏子弹安全系统的动态模拟试验则在专门制作的子弹抛撒模拟试验装置上进行。

3.1.5　安全系统动力学仿真软件研究

仿真软件采用模块化结构进行编制，在个人微机上运行。软件界面按汉化菜单设计，运行操作选取人机对话形式，具有良好的人机界面。软件系统的各功能模块，如环境数据模块、机构参数输入模块、数值计算模块、显示模块、打印模块、动画模块等，相互完全独立。数据传递采用具有标准格式的文件方式进行，参数的修改完全在文件中进行，同源程序无关，参数调整简单易行。

3.2　技术方案

3.2.1　关于末敏子弹安全系统

末敏子弹安全系统选择母弹对子弹的牵连转速、子弹抛撒时的前冲加速度以及子弹离舱速度作为解除保险的环境信息。相应设计有离心保险机构、前冲保险机构以及通过离舱速度传感器—控制器—做功火工品组成的机电保险机构，实现对转子平时及开舱前的可靠保险，以及子弹离舱并充分分离后的可靠解除保险。

由于安全系统在子弹抛撒时所受过载约低于母弹发射过载一个量级，为避免低应力水平的前冲保险机构在发射过载的冲击作用下失效，离心保险机构在对转子保险的同时，卡住前冲销使之不能轴向窜动。因子弹抛撒过载值较小且跳动较大，为解除保险可靠，前冲销通过一杠杆实现对转子的保险，同时在杠杆上设计一故障保险机构，即如果离心保险机构和机电保险机构工作时序颠倒，则安全系统锁死，处于瞎火保险状态。机电保险机构中的离舱速度传感器采用无源磁电式原理，以保证子弹离舱而电池尚未激活时，传感器照样有速度信号输出，控制电路的设计兼顾了中大口径多选择引信的需要。

3.2.2　关于中大口径榴弹多选择引信安全系统

中大口径榴弹多选择引信安全系统选择后坐力、离心力以及弹丸转数作为解除保险的环境信息。后坐保险和离心保险直接锁住转子；远距离保险由压阻传感器、转换电路、计数电路、执行电路、做功火工品、滑块及保险销等零部件组成。后坐保险最初的方案是曲折槽机构，这也是 M773 所采用的机构，两者的差别是 M773 将曲折槽开在导柱上，我们根据我国诸多曲折槽机构的具体经验,将曲折槽开在惯性筒上。空气炮模拟试验表明,这种机构对过载上升速度十分敏感,至少就我们的技术水平而言,要使一种曲折槽机构适应于各种口径火炮的不同内弹道条件而可靠解除保险,困难是很大的。因此,在改进方案中,设计了一种两个自由度的后坐保险机构。无论是曲折槽机构还是双自由度机构,其目的除了保证在低应力水平条件下(提高通用性)仍具有足够的安全落高外,主要是为了减缓解除保险的惯性件的恢复运动,以防重新锁死转子。改进的双自由度后坐机构很好地满足了上述要求。

远距离保险是通过计量弹丸的转数来完成的,在功能上它与用离心原动机驱动的无返回力矩钟表机构完全一样,即保证弹丸转速与解除保险时间的乘积是个常数,它的优点是可以根据弹丸威力(口径)大小,自动调节保险距离的远近。远解机构中的滑块/保险销与转子异形槽同时构成安全系统的故障保险机构,即如果机电保险机构提前动作,则安全系统实现瞎火保险。

控制电路已完成厚膜集成,空气炮模拟试验表明,电路工作稳定,性能满足要求。

3.2.3 关于精确制导弹药安全系统

精确制导弹药安全系统是以兼具中程拦截和近距格斗功能的新一代空空导弹为背景进行研究的。为使研究成果具有实际工程开发前景,结构设计是在现有导弹安全系统的基础上作了局部改进,使之满足冗余保险及故障保险的设计要求。研究工作的重点是围绕高可靠性安全系统控制器的设计和调试进行的,主要的技术关键做如下表述。

(1) 安全系统解除保险环境选择。

所选择的解除保险环境信息有起飞发动机及巡航发动机的过载及其持续时间、末制导截获目标信号。作中程拦截时,安全系统在两级发动机均正常工作,并导弹截获目标后,才完成解除保险动作;如第一级发动机正常工作,而第二级发动机尚未点火或已点火但尚未产生正常过载前,末制导已截获目标,安全系统仍能可靠解除保险。只要任何一级发动机工作不正常,安全系统实现故障保险。

(2) 安全系统的控制时序及逻辑设计。

根据所选择的解除保险环境,设计了相应的控制时序及控制逻辑。控制逻辑采用了双环境顺序加时间窗的结构[1],并以目标为解除保险的基准,使安全系统在满足性能要求的前提下具有很高的平时安全性、发射安全性和弹道安全性。

(3) 安全系统控制器高可靠性设计。

精确制导弹药由于价格昂贵,威力较大,并且通常被攻击的目标价值较高。因此对可靠性的要求更高于一般弹药。

就引信机电安全系统的可靠性而言,出现的新问题是控制器的高可靠性设计问题。对此,我们进行了专题研究,所形成的报告见参考文献[2]、[3]。所设计的空空导弹机电安全系统控制器,以 87C552 单片机为核心,采用光电耦合、看门狗、发火电压监控等手段,提高硬件工作可靠性;采用多次重复采样、数字滤波、软件陷阱、指令冗余等方法,提高软件工作可靠性。

(4) 安全系统的结构设计。

为满足空空导弹中程拦截兼近距格斗的需要,在现有导弹安全系统的基础上,主要做了如下改进设计:

电磁锁定器在第一级发动机过载值达到定值后一固定时刻上电工作，解除对惯性块的约束，以保证保险销Ⅱ解除对转子Ⅱ保险的时刻发生在第一级发动机正常工作结束后，如在此前发动机熄火或爆炸，则安全系统实现故障保险；

以电子定时器代替钟表机构；

以第一级发动机正常工作、截获目标信号作为安全系统解除保险的必要条件，隔爆件解除保险的能源来自贮能扭簧以保证作近距格斗弹使用时，仍能可靠解除保险；

通过微动开关，使电雷管在隔爆件解除隔离时才接入起爆回路。

上述三种安全系统的技术方案经计算机仿真、实验室调试（空空导弹安全系统）、动态模拟试验（末敏子弹安全系统和榴弹多选择引信安全系统）、炮射试验（末敏子弹安全系统）考核验证，说明结构设计合理，控制电路能有效工作，技术关键明确，技术措施对路。

4 主要成果及指标完成情况

4.1 末敏子弹安全系统

完成了原型样机的研制。经实验室例行试验、与 EFP 战斗部匹配试验、模拟炮动态抛撒试验、152 炮发射试验考核，说明系统设计合理，工作可靠。样机已达到的技术指标：

（1）满足 GJB 373—1987 和 MIL-STD-1316D 的有关要求，具有双环境冗余保险、延期保险、故障保险等特性，设计平时安全失效率 0.3×10^{-6}，安全分离前早炸率 1.19×10^{-7}；

（2）外形尺寸 $\phi 33 \times 30$，总体积约 25 cm^3；

（3）爆炸序列输出爆轰波偏心量 $\leqslant \pm 0.05$ mm；

（4）抗冲击过载能力 $\geqslant 12\,000G$；

（5）适用相应的弹道环境；

（6）设计正常作用可靠度 0.962，置信度 0.9。

4.2 榴弹多选择引信安全系统

完成了原理样机的研制，经实验室例行试验及空气炮模拟试验，说明结构设计合理，工作基本可靠。原理样机已达到的指标：

（1）满足 GJB 373—1987 的有关要求，具有双环境冗余保险、计量弹丸转数的延期保险及故障保险功能；

（2）外形尺寸 $\phi 33 \times 22$；

（3）抗冲击过载能力 $\geqslant 9\,000G$；

（4）适用弹道环境为现有中大口径榴弹；

（5）延期解除保险特征数 $N = 31.5$。

4.3 空空导弹机电安全系统

完成了原理样机的方案草图设计，经计算机仿真及控制器调试，说明结构参数设计合理，控制逻辑能满足空空导弹中程拦截兼近距格斗的需要。原理样机的设计指标为：

（1）满足 GJB 373—1987 和 MIL‐STD‐1316D 的有关要求，具有双环境冗余保险、延期保险、故障保险及安全系统对发动机进行监控等功能；

（2）对安全系统解除保险过程实现顺序加时间窗控制，中程拦截时必须在规定时间窗内顺序出现并达到设定幅值的起飞发动机过载、巡航发动机过载、目标出现3个信号，近距格斗时必须在时间窗内顺序出现并达到设定幅值的起飞发动机过载、目标出现两个信号，安全系统才能完全解除保险；

（3）对安全系统控制器进行高可靠性设计；

（4）安全系统外形尺寸 $\phi 39 \times 180$；

（5）适用弹道环境为起飞发动机及巡航发动机的过载历程。

4.4 安全系统动力学仿真

进行安全系统动力学仿真的目的是便于在计算机上进行方案优选，确定设计参数的合理性，以及根据系统总体的需要对设计进行修改。

仿真系统的输入为环境参数、结构参数和零部件图形尺寸及材料、动力学模型；输出为运动学参数的表格、曲线及三维动画，可进行蒙特卡洛模拟。

仿真系统达到的技术状态：

（1）运行环境为 PC 兼容机（486 及 486 以上机型），有 DOS 6.0 及 Windows 95 两个版本；

（2）源程序用 Turbo C 语言编成，总长 3 500 行，源文件及执行文件约占内存 300 K 字节，源盘为 3 张高密盘；

（3）软件构成采用模块化结构，数据采用文件方式传递，参数修改在文件中进行，与源程序无关；

（4）操作界面全部采用立体菜单和弹出式窗口，菜单显示全部汉化；

（5）可进行末敏子弹、中大口径榴弹及空空导弹用3种安全系统的机构动力学数字仿真。

5 技术进步点

为我国大口径榴弹系统设计制作了能满足末敏子弹小型化、耐冲击、高可靠性、高爆轰输出对中性要求的机电安全系统；

为我国新一代中大口径榴弹多选择引信机电安全系统提供了通用范围广的低应力水平解除保险、缓慢复位的后坐保险机构，具有故障保险功能的做功火工品/滑块保险销/带异形缺口的转子型隔爆机构等关键技术；

设计制作了可通用于末敏子弹安全系统和多选择引信安全系统的小型厚膜集成控制器，能对环境传感器信号进行处理与识别，对解除保险过程进行严格时序控制，可自动调节解除保险时间，并对发火电路进行进一步的安全控制；

为新一代空空导弹引信设计制作了以单片机为核心的控制器，能对解除保险过程实行严格的顺序加时间窗控制，自动完成中程拦截和近距格斗两种情况下安全系统解除保险程序的转换，具有对两级发动机状态进行监控的功能；

按商用软件的要求，设计编制了机构动力学仿真软件，可在 PC 兼容机上运行，可输出机构运动学参数（表格和曲线），可进行三维动画演示，可进行蒙特卡罗打靶模拟；

提出了一套比较完整、实用的引信机电安全系统的设计理论、设计方法和仿真、模拟试验技术。

6 国内外同类技术发展情况及本项研究的水平

本项研究是"八五"新列专题，国内尚未见开展同类研究的报道。

情报跟踪表明，国外有过末敏子弹用机械安全系统的报道（GB 2195007A，1988.4.26），及采用机电安全系统的报道（Anthony DiNardo. SADARM Status Report）。前者有结构原理图，后者有简要文字介绍：155 mm 薄壁弹携 2 枚子弹，MLRS 携 6 枚子弹；前者的 FSA 采用 rotate 机构，后者采用 slide 机构，靠电启动方式移去最后一道保险（The FSA is electronically activated to remove its last safety）。

有关多选择引信机电安全系统的报道见 210 所张卫同志根据 1987 年以后公布的资料编写的《美国中大口径榴弹通用 XM773 多选择引信》（1990.8），以及美国专利 USP 4869172（1989.9.26）。这两份材料都比较详细地给出了机械结构图。前者采用曲折槽后坐机构，压阻传感器检测弹丸转数；后者的后坐机构靠轴向惯性力、切线惯性力和离心力依次作用才能解除保险。但有关控制器内容透露甚少，只是以"Arming Command"及"Logic Circuit"方框代替。

有关精确制导弹药用机电安全系统的公开资料有两份：一份是美国专利 USP 4739705（1988.4.26）；一份是"国际引信发展预测"（根据 DMS 公司 1984 年版本翻译）。前者给出了利用 2 个做功火工品实现对滑块型隔离机构的保险与解除保险，以及利用速度传感器和定时器对助推发动机、主发动机点火进行安全控制的原理性说明；后者透露 1984 年开始大规模生产的 AIM-54C "不死鸟"（Phoenix）空空导弹将发动机点火装置和战斗部安全系统结合成一整体机构。有消息表明"百舌鸟"（Shrike）空地导弹及"毒刺"（Stinger）地空导弹也都采用了类似的设计。

除上述材料，联机查询未获得更新的信息。

上述简要介绍表明，国外（主要是美国）约于 20 世纪 70 年代开始研制机电安全系统；80 年代在导弹中得到相当广泛的应用，并陆续有专利文献发表；直至 90 年代初，如末敏子弹机电安全系统、榴弹多选择引信机电安全系统尚在研制。

因此可以认为，本项研究在总体上与当今国际水平保持同步，在末敏子弹安全系统设计、机电安全系统的控制器设计，以及机构动力学仿真软件设计方面未见国外同类工作的报道。

有关实物照片略。

7 存在的问题及展望

就技术成熟程度而言，末敏子弹安全系统提供的是一原型样机，已经过炮射试验考核；榴弹多选择引信安全系统提供的是一个 1∶1 原理样机，机械机构及控制器只经模拟试验考核；空空导弹安全系统提供的是一技术方案，只经数字仿真（机构）及实验室调试（控制器）证明其合理性。

即使是末敏子弹安全系统，在机电结构上尚需与末敏子弹有关分系统乃至总体进行协调性设计，实际可靠性还有待通过大量试验及必要的改进设计加以提高。此外，诸如安全系统的状态显示、防错装结构设计等问题，尚需要在工程研制中加以具体解决。

参 考 文 献

［1］施坤林，谭惠民．引信安全系统逻辑结构的安全性分析［J］．兵工学报，1993（4）．
［2］张宏宝，谭惠民．专用集成电路及其在引信中的应用［J］．现代引信，1992（4）．
［3］张宏宝，谭惠民．引信安全系统控制器可靠性设计［J］．现代引信，1993（4）．

末敏子弹机电安全与起爆系统技术方案[①]

1 主要技术指标

(1) 满足 GJB 373—1987《引信安全性设计准则》和美国军标 MIL‑STD‑1316D 中的有关要求，特别是双环境冗余保险、延期解除保险、故障保险等要求，系统的安全失效率 $< 1 \times 10^{-6}$；

(2) 系统的设计正常作用可靠度 $\geqslant 0.95$（0.9 置信度）；

(3) 外形尺寸暂定为 $\phi 32 \times 38$ mm；

(4) 在经受例行的运输振动试验后能可靠工作；

(5) 抗冲击过载能力 $\geqslant 12\,000\,G$；

(6) 使用温度 $-40 \sim +50\,℃$；

(7) 爆炸序列输出爆轰波对中性误差满足末敏子弹战斗部的使用要求。

2 系统构成

末敏子弹机电安全与起爆系统的结构及控制框图如图 1 所示。

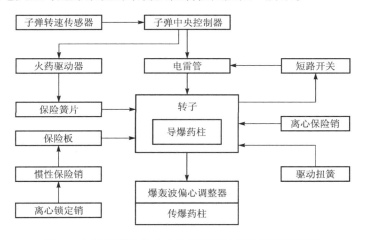

图 1 末敏子弹机电安全与起爆系统结构及控制框图

末敏子弹机电安全与起爆系统由子弹转速传感器、子弹中央控制器、上座体部件、下

---

① 本文与施坤林共同撰写，供安全性评审用，1996.4。

座体部件和带爆轰波偏心调整器的高对中性爆炸序列构成。上座体部件包括与子弹中央控制器实现电连接的接电环、电雷管和短路开关等；下座体部件包括含导爆药柱的转子、离心-惯性保险机构、离心保险机构和受子弹转速传感器、子弹中央控制器控制的电启动保险装置等；爆轰波偏心调整器及传爆药柱则固定在子弹战斗部的底板上。在上述组成部分中，子弹中央控制器是子弹系统已有的硬件资源。经与子弹中央控制器进行协调之后，安全与起爆系统的部分控制功能由中控器来实现，可以省去安全系统专用控制电路。这样，更有利于子弹系统的一体化设计，提高系统可靠性和降低系统成本。

末敏子弹机电安全与起爆系统采用传统的错位式爆炸序列。在保险状态，转子将导爆药柱与电雷管错开110°角，可靠隔离电雷管与传爆药柱。采用离心保险机构、离心-惯性保险机构和由子弹转速传感器控制的电启动保险机构对转子构成两道以上独立的冗余保险，确保平时勤务处理、发射时膛内和弹道上的安全性。采用爆轰波偏心调整器以尽可能减小输出爆轰波的偏心，满足EFP战斗部对起爆的高对中性要求。

末敏子弹机电安全与起爆系统解除保险的第一环境条件为母弹转速；第二环境条件为开舱时的抛撒过载；第三个环境条件为子弹进入稳态扫描状态后，绕铅垂轴持续稳定的转速。

3 系统工作原理

平时勤务处理中，转子被离心保险机构、离心-惯性保险机构和受子弹转速传感器控制的电启动保险机构锁定在安全隔离位置，导爆药柱与电雷管错开110°角，将爆炸序列可靠隔断，确保平时安全性。

在母弹发射时，子弹在母弹的转速带动下高速旋转，离心保险机构解除对转子的保险，同时离心锁定销也解除对惯性保险销约束。此时，转子仍被惯性保险销和电启动保险簧片两道保险锁定在隔离位置，不能运动，确保发射时膛内和弹道上的安全性。

当母弹运动到目标区上空开舱时，惯性保险装置在抛撒过载作用下运动到位，释放保险板，保险板转过一个角度后解除对转子的保险，并保持在解除保险位置。在抛撒过程中，子弹电源被激活，弹上中央控制器接电，控制器复位，开始计时。同时，电源开始给火药驱动器的发火电容器和电雷管的起爆电容器充电。子弹中央控制器在完成一系列控制程序之后，开始检测子弹转速传感器的信号，当确认子弹在规定时间窗内进入稳定扫描状态后，输出发火能量脉冲，启动火药驱动器。在火药驱动器推力作用下保险簧片解除对转子的最后一道保险，转子在驱动扭簧的作用下运动到位，爆炸序列对正，同时断开电雷管的短路保险开关，系统处于待发状态。在中控器作出发火决策后，起爆电雷管，经爆轰波偏心调整器对起爆波形进行调整之后，起爆EFP战斗部。

4 系统的安全性分析

在安全状态时，转子将导爆药柱与电雷管错开110°角，最小隔爆距离为8.8 mm。隔爆试验表明，临界爆炸距离 $L_{cr}=5.2$ mm，因此在安全状态时转子能够可靠地将电雷管与导爆药柱隔开。转子采用硬铝材料,厚度为 7 mm,试验表明其足以隔断电雷管起爆的爆轰波向传爆药柱传递。

根据 GJB 373—1987《引信安全性设计准则》和美军标 MIL-STD-1316D 中的有关要求,对隔爆件必须采用两种以上独立的保险进行锁定,其中每一种都能防止引信意外解除保险,启动这两种以上保险的最小激励应当从不同的环境中获取。引信设计应避免利用在发射周期开始之前可能会遭受到的环境和环境激励水平。

在末敏子弹机电安全与起爆系统中,隔爆件为转子。在安全状态时,转子被互相独立的离心保险机构、离心-惯性保险机构和由子弹转速传感器控制的电启动保险机构锁定。启动上述独立保险机构的环境激励是母弹转速、母弹开舱时子弹所受的抛撒过载和子弹进入稳态扫描后绕铅垂轴的稳定转速。这些环境激励是母弹发射、开舱和子弹稳态扫描时所特有的、在平时勤务处理中很难遇到的环境激励,满足引信安全性设计准则中的冗余保险要求。

按照设计的工作程序,末敏子弹机电安全与起爆系统是在子弹脱离母弹并进入稳态扫描状态后才解除最后一道保险的,这时子弹已在目标区上空,并且子弹之间的分离距离已足够远,满足引信安全性设计准则中的延期解除保险要求。

末敏子弹机电安全与起爆系统的上述独立保险机构在产品装配完成后都不能用手工解除保险,满足全备引信应当能防止徒手操作使其解除保险的要求。

另外在安全与起爆系统的下座体上开有观察窗口,根据观察到的转子位置和颜色标志明确判断系统是处于安全状态还是解除保险状态,满足引信安全性设计准则中关于安全与解除保险状态的目视标志要求。

根据可靠性分析计算结果,发射周期前系统的安全失效率为 3.00×10^{-7},满足安全失效率不大于 1×10^{-6} 的要求;在发射周期的膛内和开舱之前的弹道上,转子仍被惯性保险销和电启动保险机构两道独立保险锁定,其安全失效率为 3.88×10^{-7},远小于解除保险失效率不大于 1×10^{-4}(膛内)和 1×10^{-3}(弹道安全距离内)的要求;系统在膛内发生早炸的概率为 2.33×10^{-10},满足不大于 1×10^{-6} 的要求。

此外,末敏子弹机电安全与起爆系统还具有故障保险功能,按照设定的工作程序,系统必须按照离心、惯性、电启动的正常工作顺序才能完成解除保险过程。如果电启动保险先于惯性保险提前作用,则转子转过一个很小角度后将被保险板锁死。此后,即使出现离心和抛撒环境激励,系统也不能再解除保险,具有故障瞎火安全功能。

5 爆轰波偏心波形调整

对于末敏子弹爆炸成形战斗部,保证装药结构的对称性是一项十分必要的技术措施。当采用错位式爆炸序列时,不可避免地会存在始发雷管-导爆药柱-传爆药柱轴线间的几何偏差,从而出现引信对主装药的起爆偏心问题。因此,提出在爆炸序列中设计一个能调整起爆偏心的装置,称为"起爆偏心调整器"。

国外曾研制过一种用于锥孔装药战斗部的偏心调整器,在这种调整器中,传爆药柱由高爆速炸药和低爆速炸药复合而成。这种偏心调整器具有良好的偏心调整效果,缺点是结构比较复杂,加工困难,体积偏大。为此我们采用一种结构简单,加工容易,体积较小的小孔型偏心调整器,其结构如图 2 所示。

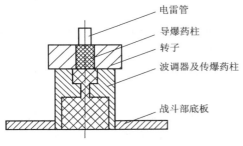

图 2 爆轰波偏心调整器结构示意图

当雷管起爆时,由导爆药柱产生的偏心爆轰波在传爆药柱中经中心小孔装药向下传递,而在惰性壳体中传播的冲击波则迅速衰减,即使其强度足以起爆下面的传爆药,在时间上也将落在中心起爆的后面。因此下面的传爆药总是由中心小孔传爆药起爆,保证主装药的中心起爆。该波形调整器可将爆炸序列爆轰波输出偏心控制在 0.05 mm 以内,足以满足 EFP 战斗部的起爆要求。

6 系统动力学仿真计算结果

仿真的弹道环境输入条件为:152 mm 加榴炮减装药内弹道曲线,如图 3、图 4 所示;抛撒过载如图 5 所示;抛撒后子弹转速变化如图 6 所示。

在 PC 机上利用 EMAS V2.0 程序计算的离心保险销、惯性保险销、保险板、转子的运动过程如图 7 所示。

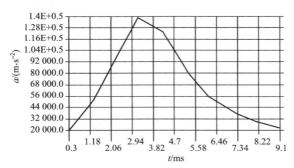

图 3 末敏子弹在发射段的惯性过载曲线

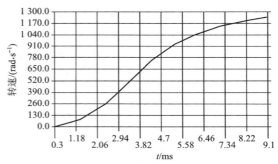

图 4 末敏子弹在发射段的转速曲线

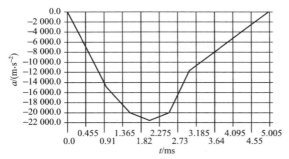

图 5 末敏子弹在抛撒段的惯性过载曲线

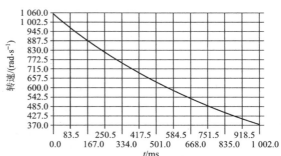

图 6 末敏子弹在抛撒段的转速曲线

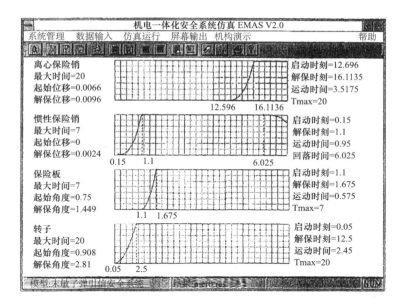

图7 结果文件曲线形式输出

空空导弹用安全系统设计构思

1 安全系统设计构思

1.1 安全系统解除保险环境信息

所设计的安全系统，应遵循 GJB 373A—1997《引信安全性设计准则》，满足冗余保险、故障保险、延期解除保险、安全状态识别等一般要求和部分详细要求；采用至少两个独立保险件实现冗余保险，其中一个保险件提供与发射过程相关的延期解除保险；满足空空导弹所提出的安全与引爆控制要求。

为利于工程研制，拟采用成熟技术及预研成果形成方案，材料和元器件满足国产化、标准化要求。

借鉴国外已有的成功设计，安全系统采用的解除保险环境信息有：
- 导弹与载机分离信号；
- 发动机产生的导弹发射过载历程；
- 制导系统给出的目标截获信号。

1.2 安全系统与导弹系统的关系

图 1 为安全系统与导弹系统的关系示意。
安全系统的作用过程可作如下描述。

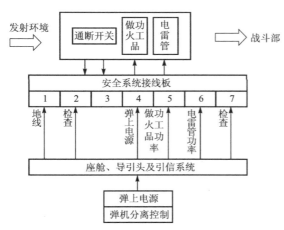

图 1 安全系统与全弹的关系

安全系统装入导弹规定舱段前，可通过观察窗目视隔爆件是否置于安全位置，并通过电缆插头检查电源电路是否可靠分离，火工品是否可靠短路，发火电路与引信是否可靠断路。

发射前，机上射手可通过电检确定安全系统电路是否处于安全状态。

导弹发射并与载机正常分离后，弹上电源开始供电，此时为弹上计算机时钟计时零点。弹机分离为安全系统解除保险的第一环境信息。

弹体在发动机推力作用下产生过载。在过载作用下，惯性开关解除对电做功火

---

① 本文为一次技术研讨会发言提纲，1998.5。

工品的短路,并使之接入发火电路;安全系统惯性积分装置则在发射过载驱动下走完保险行程,以得到弹机最小安全分离距离,此为解除保险的第二环境信息。

在弹目正常交会条件下,在弹道终端导弹失控时或失控前某一时刻,导弹直接或通过引信给出电保险器内的电做功火工品工作信号,此为目标基解除保险;或者在最短攻击距离对应的时间点,弹上计算机直接或通过引信给出电做功火工品工作信号。无论哪一种电子解除保险方式,必须给出电做功火工品工作、隔离件运动到位以及电路时间常数等提前量,以确保引信给出发火信号或导弹自毁前安全系统确实解除保险。在实际工程设计时概无问题。此种设计使安全系统的最终解除保险距离不是一个常量:或者是在导弹失控时;或者是在自毁发生前。前者保证各种攻击方式下近炸及触发正常作用发生前,安全系统确实解除保险;后者保证即使丢失目标,引信自毁前安全系统确实处于待爆状态。

在机械保险和电子保险先后解除保险后,隔离件运动到位,电雷管接入发火电路,爆炸序列对正,安全系统即处于待爆状态。

如弹目在引信工作距离内交会,当引信目标探测器觉察目标或触发引信与目标相碰,通过引信给出发火信号,电雷管爆炸,经由导爆药、传爆药最后引爆战斗部。

如导弹脱靶,则当自毁时间到,引信输出自炸信号,导弹自毁。

1.3 安全与引爆控制原理框图

图2为安全与引爆控制过程的逻辑关系。图中虚线内为安全系统物理实体。

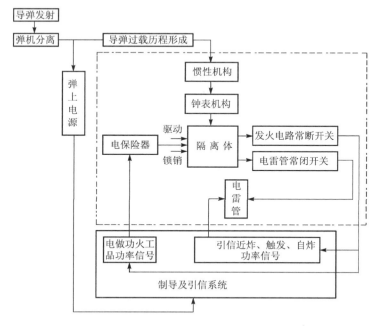

图2 安全与起爆控制原理框图

1.4 安全系统机电联系

安全系统为机电类安全系统。系统中包括惯性体、钟表机构、隔离体、电保险器、电雷管等,以及相应的控制电路。

安全系统安装前及机舱内射前均有相应触点可供检查。

1.5 安全与引爆控制时序

图 3 为安全系统的安全与引爆控制时序。图中"Env"代表解保环境,逻辑符号表示作用过程的逻辑关系,并不代表特定的物理逻辑元件。FD 表示电做功火工品,LD 表示电雷管,t_{TF} 表示导引头截获目标的时刻,t_{TL} 表示最短攻击距离到达时刻。

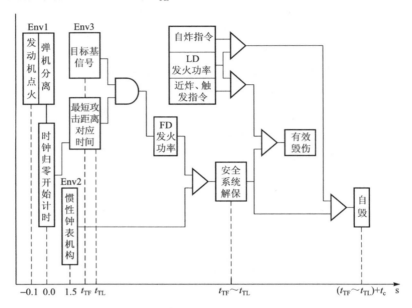

图 3 安全系统的安全与引爆控制时序

1.6 故障模式及故障保险

在 GJB 373—1987《引信安全性设计准则》中,"故障保险特性"是作为设计特性而非设计要求提出的;在 GJB 373A—1997 中则是作为详细要求而非一般要求提出的。考虑空空导弹对安全性的较高要求,根据"不超出目前引信研制技术水平、而且在研制范围内又是可行的",以及"引信根据其对系统要求的适应性,应考虑含有故障保险设计特性"这一原则,本方案考虑 3 种故障模式并设计相应的故障保险功能:

- 发射过载异常过大,钟表机构无作用时间或作用时间过短;
- 发射过载异常过小或持续时间过短,钟表机构在设定时间内未运动到位;
- 安全系统作用过程时序错乱。

1.7 关于抗横向过载问题

凡做平移运动的惯性机构,横向过载产生的影响是以摩擦力的形式出现的,摩擦力对解除保险不可靠的影响可以通过设计平面滚珠轴承的途径加以消除;凡做回转运动的惯性机构,可设计双转子对横向过载产生的反力矩加以抵消;也可以将整个安全装置设计在一个

"万向支架"内,变横向过载的反力矩为主动力矩。

2 方案设计中可能会遇到的困难

2.1 安全系统自身的问题

高可靠性的机电一体化设计及抗横向过载设计可能成为技术关键。

2.2 与总体的协调问题

现方案中的电做功火工品 FD、电雷管 LD 的发火功率分别来自导引头及引信,是一个"引信-制导一体化设计方案",有可能在协调上出现技术和非技术两方面的困难。

辑 六

机构设计及虚拟试验

子弹引信万向着发机构动力学分析

谭惠民　王玉杰　李芝绒

摘　要：建立了惯性锤式万向着发机构的动力学模型，计算了以输入过载为参量的机构解除保险角度与时间的关系。算例表明，在输入过载较小时，采用高密度材料的惯性锤能显著提高机构的着发灵敏度。

关键词：万向着发引信；动力学分析

万向着发机构是指引信或载体以任何方向碰目标时均能工作的发火机构。所分析的子弹引信万向着发机构由击针、击针簧、钢珠、惯性锤及装于滑块上的两个雷管等组成。万向着发机构中，处于压缩状态的击针簧使击针顶住钢珠，惯性锤的半球端支撑在一个锥形窝内，另一平头端将钢珠挡住，使之不能运动；惯性锤平时受滑块的保险而不能运动，当滑块在子弹抛撒后从安全状态移到待发状态时，惯性锤同时被解除保险；碰目标时，惯性力使惯性锤绕支点运动，惯性锤转动一定角度后，钢珠飞开，击针簧推动击针戳击雷管，引信发火。

1　机构受力分析

对机构取分离体，其受力如图1和图2所示。

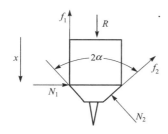 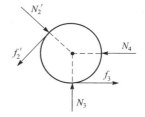

图1　弹簧击针受力分析　　　图2　钢珠受力分析

1.1　弹簧击针的受力分析

弹簧击针的受力如图1所示，其中 N_1 为驻室壁对击针的侧向压力；f_1 为由 N_1 产生的摩擦力；N_2 为钢珠对击针的压力；f_2 为由 N_2 产生的摩擦力；R 为击针簧对击针的作用力。

设击针倾斜面与垂线的夹角为 α，击针质量为 m_z，有 $N_1 = N_2\cos\alpha - f_2\sin\alpha$，则击针运

---

① 原文刊登于《北京理工大学学报》，1994（4）。

动方程

$$m_z \frac{d^2 x}{dt^2} = R - f_1 - f_2 \cos\alpha - N_2 \sin\alpha$$

设击针簧刚度为 R'，预压变形量为 λ_0，击针的运动行程为 x，摩擦系数为 μ，击针、钢珠为钢材料，惯性锤为铜材料，引信体为铝材料，分别以 S，C，A 下标表示。整理以上两式得

$$\begin{aligned}m_z \frac{d^2 x}{dt^2} &= R'(\lambda_0 - x) - \mu_{SA} N_1 - \mu_{SS} N_2 \cos\alpha - N_2 \sin\alpha \\ &= R'(\lambda_0 - x) - N_2(\mu_{SA}\cos\alpha + \mu_{SS}\cos\alpha - \mu_{SS}\mu_{SA}\sin\alpha + \sin\alpha)\end{aligned} \quad (1)$$

1.2 钢珠的受力分析

钢珠的受力如图 2 所示。其中 N_4 为惯性锤对钢珠的压力；N_3 为驻室壁对钢珠的侧向压力；f_3 为由 N_3 产生的摩擦力；N_2' 为弹簧击针对钢珠的压力；f_2' 为由 N_2' 产生的摩擦力。假设钢珠在解脱过程中加速度为零，忽略 N_4 产生的摩擦力。由受力平衡知

$$N_4 = N_2'\cos\alpha - f_2'\sin\alpha - f_3 ; \quad N_3 = N_2'\sin\alpha + f_2'\cos\alpha$$

由于 $N_2' = N_2$，$f_2' = f_2$，所以

$$\begin{aligned}N_4 &= N_2\cos\alpha - N_2\mu_{SS}\sin\alpha - N_3\mu_{SA} \\ &= N_2(\cos\alpha - \mu_{SS}\sin\alpha - \mu_{SA}\sin\alpha - \mu_{SA}\mu_{SS}\cos\alpha)\end{aligned} \quad (2)$$

1.3 惯性锤的受力分析

惯性锤的受力如图 3 所示。其中 m 为惯性锤质量；a 为碰目标时子弹产生的加速度；N_4' 为钢珠对惯性锤的压力；f_4' 为由 N_4' 产生的摩擦力；N_5 为惯性锤右支点产生的压力；f_5 为由 N_5 产生的摩擦力；l 为惯性锤质心到右支点的距离；L 为惯性锤的长度。

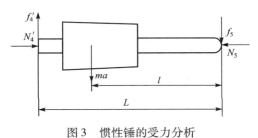

图 3　惯性锤的受力分析

设惯性锤转动惯量为 J，惯性锤转动的角度为 θ，其运动方程为

$$J \frac{d^2\theta}{dt^2} = mal - f_4' L$$

由于 $N_4' = N_4$，有 $f_4' = N_4'\mu_{SC}$，所以

$$J \frac{d^2\theta}{dt^2} = mal - N_4 \mu_{SC} L$$

$$N_4 = \frac{mal - J\dfrac{d^2\theta}{dt^2}}{\mu_{SC} L} \quad (3)$$

把式（3）代入式（2），并解出 N_2 得

$$N_2 = \frac{mal - J\dfrac{d^2\theta}{dt^2}}{\mu_{SC} L (\cos\alpha - \mu_{SS}\sin\alpha - \mu_{SA}\sin\alpha - \mu_{SA}\mu_{SS}\cos\alpha)} \quad (4)$$

把式（4）代入式（1），并忽略 f' 二次项得

$$m_z \frac{d^2 x}{dx^2} = R'(\lambda_0 - x) - \left(mal - J\frac{d^2\theta}{dt^2}\right)\frac{\mu_{SA} + \mu_{SS} + \tan\alpha}{\mu_{SC} L} \quad (5)$$

2 机构的几何关系

钢珠、击针、惯性锤的几何关系如图4所示。

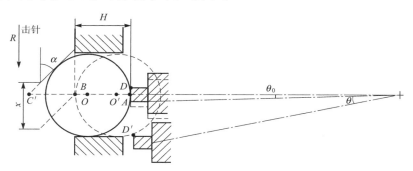

图4 钢珠、击针、惯性锤的几何关系

由于惯性锤与钢珠接触处为一小平面,所以,钢珠、击针、惯性锤的运动过程可分为两段。

第一段:钢珠不参加运动。惯性锤纵切面中点为 A,端平面上边缘顶点为 D,如图4所示。假定惯性锤纵切面中点 A 正好与钢珠接触,在接触点从 A 点移到 D 点的过程中,钢珠和击针不动,惯性锤转过的这个小角度为 θ_0。

假设惯性锤上 A 点走过的弧线为直线,根据几何关系有 $\theta_0 = d_2/(2L)$,其中 d_2 为惯性锤端平面直径。

第二段:钢珠参加运动。惯性锤的接触点移动到 D 点后,钢珠开始运动,随着惯性锤转动,接触点 D 在钢珠表面滑动,其运动过程如图4所示。

设钢珠直径为 d,初始位置钢珠的球心在 O 点,运动过程某时刻球心在 O' 点,钢珠解脱时惯性锤上的 D 点所在位置为 D'。

由图4可知
$$\overline{C'B} = x\tan\alpha = d/(2\cos\alpha) - \overline{OB}; \quad \overline{OB} = d/2 - \overline{OO'}$$

所以
$$\overline{OO'} = x\tan\alpha + d(1 - 1/\cos\alpha)/2 \tag{6}$$

由于 d 很小,惯性锤解除保险时转动角度很小,可假设 $\triangle AO'D'$ 为一直角三角形,$\angle O'AD' = 90°$。所以
$$\overline{AD'}^2 = (d/2)^2 - (\overline{O'A})^2$$

又由假设知 $\overline{AD'} = L\theta$,所以
$$L^2\theta^2 = d\,\overline{OO'} - (\overline{OO'})^2 \tag{7}$$

把式(6)代入式(7)并解一元二次方程得
$$x = \frac{d(1 + 1/\cos\alpha)/2 \pm \sqrt{5d^2/4 + d^2/(2\cos\alpha) - 3d^2/(4\cos^2\alpha) - 4L^2\theta^2}}{2\tan\alpha}$$

令

$$\sqrt{W - G\theta^2} = \sqrt{\frac{5d^2}{4} + \frac{d^2}{2\cos\alpha} - \frac{3d^2}{4\cos^2\alpha} - 4L^2\theta^2}$$

有

$$x = \frac{d(1 + 1/\cos\alpha)/2 \pm \sqrt{W - G\theta^2}}{2\tan\alpha} \tag{8}$$

要使式（8）成立，必须满足下列条件：

当取负号时，$\begin{cases} W - G\theta^2 \geq 0 \\ d(1 + 1/\cos\alpha)/2 > \sqrt{W - G\theta^2} \end{cases}$

当取正号时，$W - G\theta^2 \geq 0$

由前已知 $\overline{AD'}^2 = (d/2)^2 - (\overline{O'A})^2$，当钢珠刚好不阻碍击针运动时，$H = d/2 + \overline{O'A}$，所以 $\overline{AD'} = \sqrt{Hd - H^2}$，由假设知 $\overline{AD'} = L\theta_{\min}$，得惯性锤解除保险时转过的最小角

$$\theta_{\min} = \frac{\sqrt{Hd - H^2}}{L}$$

3　机构的运动方程

下面分别建立惯性锤第一、第二阶段运动方程。

3.1　钢珠不产生位移的运动方程

由图2、图3可知，惯性锤运动方程为

$$J\frac{d^2\theta}{dt^2} = mal\cos\theta - f_4 L$$

因 θ 很小，可以认为 $\cos\theta = 1$，所以

$$\frac{d^2\theta}{dt^2} = \frac{mal - \mu_{SC} N_4 L}{J} \tag{9}$$

由初始角位移为0，初始角速度为0，可得 t 时刻

$$\theta = \frac{3(mal - \mu_{SC} N_4 L)t^2}{2J} \tag{10}$$

由式（1）知

$$m_z \frac{d^2 x}{dt^2} = R'(\lambda_0 - x) - N_2(\mu_{SA}\cos\alpha + \mu_{SS}\cos\alpha - \mu_{SS}\mu_{SA}\sin\alpha + \sin\alpha)$$

因为此时击针、钢珠不运动，所以 $x = 0$，$d^2x/dt^2 = 0$，所以

$$N_2 = \frac{R'\lambda_0}{\mu_{SA}\cos\alpha + \mu_{SS}\cos\alpha - \mu_{SS}\mu_{SA}\sin\alpha + \sin\alpha}$$

把式（10）代入式（2）并忽略 μ 的二次项得

$$N_4 = \frac{R'\lambda_0}{\mu_{SS} + \mu_{SA} + \tan\alpha} \tag{11}$$

把式（11）代入式（10），得

$$\theta = \frac{3[mal - R'\lambda_0\mu_{SC}L/(\mu_{SS}+\mu_{SA}+\tan\alpha)]t^2}{2J} \tag{12}$$

当钢珠开始运动时

$$\theta = \theta_0 = d_2/(2L) \tag{13}$$

所以由式（12）得

$$t^2 = \frac{d_2}{3L} \cdot \frac{J}{mal - R'\lambda_0\mu_{SC}L/(\mu_{SS}+\mu_{SA}+\tan\alpha)}$$

$$\dot{\theta}_0 = \sqrt{d_2\frac{mal - R'\lambda_0\mu_{SC}L/(\mu_{SS}+\mu_{SA}+\tan\alpha)}{3LJ}} \tag{14}$$

这时的 θ_0，$\dot{\theta}_0$ 作为下一段钢珠和惯性锤运动的初始条件。

3.2 钢珠产生位移的运动方程

由式（8）知

$$x = \frac{d(1+1/\cos\alpha)/2 \pm \sqrt{W-G\theta^2}}{2\tan\alpha}$$

先取正号，两边对 t 求二阶导数并整理得

$$\frac{d^2x}{dt^2} = \frac{-G}{2\tan\alpha}\left\{\frac{\theta}{\sqrt{W-G\theta^2}}\frac{d^2\theta}{dt^2} + \left[\frac{1}{\sqrt{W-G\theta^2}} + \frac{G\theta^2}{(\sqrt{W-G\theta^2})^3}\right]\left(\frac{d\theta}{dt}\right)^2\right\} \tag{15}$$

把式（8）和（15）代入式（5）并整理得

$$\frac{d^2\theta}{dt^2} = \left\{\frac{mal(\mu_{SS}+\mu_{SA}+\tan\alpha)}{\mu_{SC}L} - R'\left(\lambda_0 - \frac{d(1+1/\cos\alpha)/2 + \sqrt{W-G\theta^2}}{2\tan\alpha}\right)\right.$$

$$\left. - \frac{m_zG}{2\tan\alpha}\left[\frac{1}{\sqrt{W-G\theta^2}} + \frac{G\theta^2}{(\sqrt{W-G\theta^2})^3}\right]\left(\frac{d\theta}{dt}\right)^2\right\} \bigg/$$

$$\left[\frac{J(\mu_{SS}+\mu_{SA}+\tan\alpha)}{\mu_{SC}L} + \frac{m_zG\theta}{2\tan\alpha\sqrt{W-G\theta^2}}\right]$$

令

$A = mal(\mu_{SS}+\mu_{SA}+\tan\alpha)/(\mu_{SC}L) - R'\lambda_0 + R'd(1+1/\cos\alpha)/(4\tan\alpha)$

$B = R'/(2\tan\alpha)$

$C = Gm_z/(2\tan\alpha)$

$D = G^2m_z/(2\tan\alpha)$

$E = J(\mu_{SS}+\mu_{SA}+\tan\alpha)/(\mu_{SC}L)$

得

$$\ddot{\theta} = \frac{A + B\sqrt{W-G\theta^2} - \dfrac{C\dot{\theta}^2}{\sqrt{W-G\theta^2}} - \dfrac{D\theta^2\dot{\theta}^2}{(\sqrt{W-G\theta^2})^3}}{E + \dfrac{C\theta}{\sqrt{W-G\theta^2}}} \tag{16}$$

假设 a 是一阶跃函数，把时间 t 分为无数小段，在每一小段，由式（16）可将惯性锤的角加速度写为

$$\ddot{\theta}_{i+1} = \frac{A + B\sqrt{W - G\dot{\theta}_i^2} - \dfrac{C\dot{\theta}_i^2}{\sqrt{W - G\dot{\theta}_i^2}} - \dfrac{D\dot{\theta}_i^2 \dot{\theta}_i^2}{(\sqrt{W - G\dot{\theta}_i^2})^3}}{E + \dfrac{C\theta_i}{\sqrt{W - G\dot{\theta}_i^2}}} \tag{17}$$

由运动方程可知

$$\dot{\theta}_{i+1} = \dot{\theta}_i + \ddot{\theta}_{i+1}\Delta t \tag{18}$$

$$\theta_{i+1} = \theta_i + \dot{\theta}_i \Delta t + \ddot{\theta}_{i+1}\Delta t^2/2 \tag{19}$$

其中 Δt 为步长。

以上求得的 θ、$\dot{\theta}$、$\ddot{\theta}$ 是以钢珠开始运动时，惯性锤所在位置为起始点，此时 θ、$\dot{\theta}$ 有初始值

$$\theta = \theta_0 = \frac{d_2}{2L}$$

$$\dot{\theta} = \dot{\theta}_0 = \sqrt{d_2 \frac{mal - R'\lambda_0\mu_{SC}L/(\mu_{SS} + \mu_{SA} + \tan\alpha)}{3LJ}}$$

综上所述，以惯性锤开始运动点为起点，机构的运动方程为

$$\begin{cases} \ddot{\theta}_{i+1} = \dfrac{A + B\sqrt{W - G(\theta_i - \theta_0)^2} - \dfrac{C\dot{\theta}_i^2}{\sqrt{W - G(\theta_i - \theta_0)^2}} - \dfrac{D\dot{\theta}_i^2(\theta_i - \theta_0)^2}{(\sqrt{W - G(\theta_i - \theta_0)^2})^3}}{E + \dfrac{C(\theta_i - \theta_0)}{\sqrt{W - G(\theta_i - \theta_0)^2}}} \\ \dot{\theta}_{i+1} = \dot{\theta}_i + \ddot{\theta}_{i+1}\Delta t \\ \theta_{i+1} = \theta_i + \dot{\theta}_i\Delta t + \ddot{\theta}_{i+1}\Delta t^2/2 \end{cases} \tag{20}$$

4 计算结果分析

图 5、图 6 分别表示了不同冲击过载 a 值下惯性锤材料为铜和钨时，惯性锤转过的角度 θ 与惯性锤转动所经历的时间 t 的关系曲线。有关机构参数取自产品图。

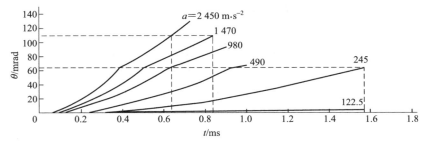

图 5 惯性锤材料为铜，不同 a 下的 $\theta - t$ 曲线

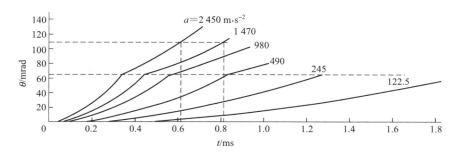

图 6 惯性锤材料为钨，不同 a 下的 θ-t 曲线

65 mrad 表示钢珠刚开始运动时惯性锤已转过的角度；108 mrad 表示惯性锤刚解除对钢珠约束时转过的角度，在这一角度下，每条曲线对应的时间即为相应冲击过载下，惯性锤解除对钢珠约束的时间。

由图可知，在某一冲击过载下，惯性锤转动的角度 θ 与其转动所经历的时间 t 的关系曲线可分为两段。第一段从开始到 65 mrad，表示钢珠开始运动前惯性锤的 θ-t 关系；第二段从 65 mrad 到 108 mrad，表示从钢珠开始运动到钢珠脱离惯性锤束缚时的 θ-t 曲线。

从图中还可看出，无论惯性锤的材料如何，随着 a 值的增大，惯性锤转动速度变快，解除对钢珠束缚的时间变短，所以，在引信结构已定时，由 a 可以确定解除约束需要的最短时间。

比较图 5 与图 6 可发现，在同样结构下，由于钨质惯性锤的质量为铜质惯性锤质量的 2 倍，因此两者 θ-t 曲线也不同。相同 a 作用下，经历相同时间钨质惯性锤转动的角度大于铜质惯性锤转动的角度，这种差别随着冲击过载的增大而变小。在相同 a 下，钨惯性锤将先于铜惯性锤启动，并早于铜惯性锤解脱对钢珠的保险，这种差别随 a 的增大而减少。因此，要提高引信瞬发度和发火性，可以考虑选择密度较大的金属材料做惯性锤。这种效果在 a 值较小时尤为显著。

参 考 文 献

［1］ Ruedenarer Werner. Pyrotechnischer zuender fuer geschosse, raketen, bombets und minen. DE 3740966. 1987.
［2］ Ruedenarer Werner. Pyrotechnischer zuender fuer geschosse. DE 3740967. 1987.
［3］ 铁摩辛柯·S. 高等动力学［M］. 陈风初译. 北京：科学出版社，1969.

引信过载随机过程计算机模拟

王亚斌　刘明杰　谭惠民

摘　要：在对引信发射过载随机过程进行详细研究的基础上，根据模糊理论中信息扩散的原理提出了一种模拟任意温度下引信发射过载的算法。为了使算得的理论过载更接近于实际发射过载，采用了白噪声加噪的方法，考虑了弹体引信部位对发射过载的响应，从而实现了对引信所受实际发射过载的模拟，并基于这种思想设计了引信过载随机过程计算机模拟程序。

关键词：引信；膛压；过载

0　前　言

引信在勤务处理和发射过程中受到的环境载荷是复杂多样的，且这些载荷大多具有明显的随机过程性质，必须用随机过程的有关理论进行分析研究。由于绝大多数的环境载荷属于非平稳随机过程，目前对非平稳随机过程尚无完善的分析方法，从而给这方面的研究工作造成很大的困难。本文从实际应用的角度出发，主要针对引信发射过载处理这一问题给出了满足工程要求的计算机模拟方法。

引信发射过载是引信部位在弹丸发射时所受的过载，不等同于弹丸过载。它不是一个连续过程，有很强的干扰存在，甚至在有些时候出现反向过载。由于引信发射过载的这种特性，将可能导致某些部件（如离心子和后坐销等）的运动特性与利用理想连续过载作为设计依据时有差异。如可能引起某些机构不能以正常的时序运动，引起引信膛炸和瞎火等现象。因而如果能够对引信的理论发射过载进行处理，使得处理后的过载特性能够更加真实地逼近实际发射过载，进而将其作为引信机构计算机仿真的过载环境，无疑对引信机构动态特性的计算机仿真具有重要的意义。针对以上问题提出了建立引信过载随机过程的理论方法和计算机实现的流程。

1　弹丸膛压的加噪处理

通常，引信设计者可获得高温、常温和低温3条膛压曲线。实际发射时环境温度可能不是标准温度。对此，可通过模糊处理方法，由高温、常温和低温3条膛压曲线得到在任意温度下的膛压值。

温度的论域表示为 $t = (-\infty, +\infty)$，在论域 t 上划分出3个模糊集，分别为高温集 t_h、

---

① 原文刊登于《机械工程学报》，2004（5）。

常温集 t_m 和低温集 t_l。对于论域 t 中的任一元素可以定义其隶属度构成隶属函数。根据模糊理论，此时，温度隶属函数的自变量为温度，值域为 [0,1]。针对高温、常温和低温 3 个模糊集，相应的隶属函数分别表示为 $u_h(t)$，$u_m(t)$ 和 $u_l(t)$。

目前尚未形成一套客观的评定隶属函数的方法。一般是靠经验，从实践效果中反馈，不断改善隶属函数，直到符合要求为止。在尚未知晓温度对膛压影响的先验知识的情况下，不妨先设定一个隶属函数进行研究，随后逐步完善该隶属函数。

由于可以获得高温、常温和低温 3 个温度下的膛压曲线，按信息扩散的观点，可将这 3 个样本作为信息扩散的基点，即认为 $-40\ ℃$ 对于低温模糊集 t_l 的隶属度为 1，$15\ ℃$ 对于常温模糊集 t_m 的隶属度为 1，$50\ ℃$ 对于高温模糊集 t_h 的隶属度为 1。采用线性隶属函数，3 个温度模糊集的隶属函数如下所示。

高温隶属函数为

$$u_h(t) = \begin{cases} 1 & t \geqslant 50\ ℃ \\ \dfrac{1}{35}(t-15) & 15\ ℃ \leqslant t \leqslant 50\ ℃ \\ 0 & 其他 \end{cases} \tag{1}$$

常温隶属函数为

$$u_m(t) = \begin{cases} -\dfrac{1}{35}(t-50) & 15\ ℃ < t \leqslant 50\ ℃ \\ \dfrac{1}{55}(t+40) & -40\ ℃ \leqslant t \leqslant 15\ ℃ \\ 0 & 其他 \end{cases} \tag{2}$$

低温隶属函数为

$$u_l(t) = \begin{cases} -\dfrac{1}{55}(t-15) & -40\ ℃ < t \leqslant 15\ ℃ \\ 1 & t \leqslant -40\ ℃ \\ 0 & 其他 \end{cases} \tag{3}$$

将高温、常温和低温的膛压理论值分别表述为 p_h，p_m 和 p_l。采用模糊理论中的重心法推理规则来描述温度 t 时的膛压曲线，此时 p 可表示为 3 个样本的加权和，其权值分别为 t 对 3 个模糊集的隶属程度。从而有

$$p = \frac{u_l(t)p_l + u_m(t)p_m + u_h(t)p_h}{u_l(t) + u_m(t) + u_h(t)} \tag{4}$$

此式便为求任意温度时膛压的基本公式。按照上式求出的膛压曲线是一条光滑的理论曲线，它和实际的膛压曲线有很大的差别。为了使理论膛压曲线与实际曲线更加逼近，采取对理论的膛压曲线加高斯白噪声的方法进行处理。高斯白噪声是随机性最强的平稳过程，在工程上常采用它作为计算机仿真的加噪工具。

利用高斯白噪声的算法，可以产生一个方差为 σ^2 的高斯白噪声 $\zeta(t)$，则加噪后的膛压曲线可以用下式进行计算

$$\bar{p} = p + \zeta(t) \tag{5}$$

2 弹丸过载的计算

将式（5）求得的 $\bar{p}$ 带入下列公式就可以求得弹丸过载。

$$a(t) = \bar{p}\frac{\pi D^2}{4W_1 \varphi} \tag{6}$$

式中，W_1 为弹丸的质量；D 为弹丸的口径；$\bar{p}$ 为弹后膛内火药气体平均压力，即膛压；φ 为虚拟系数，$\varphi > 1$。

φ 值由火炮和内弹道设计提供，也可由下式计算：

$$\varphi = \varphi_0 + \frac{W_2}{3W_1} \tag{7}$$

式中，φ_0 为由火炮决定的常数，可由设计手册查得；W_2 为发射药质量。

3 弹体响应的影响

在刚体力学的假设前提条件下，上述模拟计算结果便可应用于引信动态特性计算机仿真。但是大量的实验研究表明，在研究弹体内引信零部件所受载荷时，应考虑弹体响应的影响。因此必须确定弹体内引信部位对膛压 $\bar{p}$ 的加速度响应 $a(t)$。

弹体可认为是一个线性时不变系统，根据 Duhamel 原理，若一个线性系统的脉冲响应函数为 $h(t)$，那么该系统在任一激励函数 $x(t)$ 作用下的响应为

$$a(t) = \int_{-\infty}^{\infty} x(\tau) h(t-\tau) \mathrm{d}\tau \tag{8}$$

上式在数学上称为卷积积分，简称卷积。其简化表示形式为

$$a(t) = x(t) * h(t) \tag{9}$$

式中，$x(t)$ 为系统所受的激励；$h(t)$ 为当系统的激励是脉冲函数时，系统产生的响应，即脉冲响应；$a(t)$ 为系统对激励 $x(t)$ 的加速度响应。

由此可知，只要知道弹体的脉冲响应 $h(t)$，将 $\bar{p}$ 形成的弹底压力 $\bar{F} = \bar{p}\pi D^2/4\varphi$ 和 $h(t)$ 做卷积就可以求得弹体在引信部位的加速度响应 $a(t)$，即

$$a(t) = \bar{F}(t) * h(t) \tag{10}$$

由于在工程应用中很难在时域内用解析方法求出 $h(t)$，所以一般用傅里叶变换通过系统频域传递函数 $H(f)$ 求弹体的脉冲响应。脉冲响应和系统频域传递函数是一对傅里叶变换对，即 $h(t) \leftrightarrow H(f)$。显然通过对系统频域传递函数 $H(f)$ 进行傅里叶反变换，即可得到 $h(t)$。

更一般的过程是根据时域卷积定理，若 $f_1(t) \leftrightarrow F_1(f), f_2(t) \leftrightarrow F_2(f)$，则

$$f_1(t) * f_2(t) \leftrightarrow F_1(f) \cdot F_2(f)$$

在复频域中求得

$$A(f) = H(f) \bar{F}(f) \tag{11}$$

则弹体内引信部位对弹底压力的加速度响应 $a(t)$ 即是 $A(f)$ 的傅里叶反变换。

解决 $H(f)$ 的求解问题,可以采用两种方法:一种是采用试验研究与理论计算相结合的方法;另外一种是采用目前流行的大型有限元分析软件 ANSYS 在计算机上求解。对于第二种方法一般的求解步骤是:① 建模,② 加载并求解,③ 观察结果。详细的计算步骤可参阅相关的用户手册。本文重点介绍第一种方法的求解过程,即弹体动态测试方法。这是一种经由测量输入激励和输出响应以获得频域传递函数的方法,它通过搭建弹体动态测试系统来完成。

4 弹体动态测试系统

一个完整的弹体动态测试系统由 3 部分组成:激振部分、信号测量与采集部分、信号分析与频响函数估计部分。

在激振部分,可采用简单实用的激励锤作为激振器。它利用锤敲击激励点产生的脉冲信号来激振被测系统。锤头的质量、硬度和敲击的速度决定了脉冲的特性。一般来说锤头的硬度决定脉冲信号的有效频率范围,敲击速度和锤的质量决定力幅值的大小。

从信号分析的角度看,希望锤击脉冲的频域宽且持续时间较长。为了增加脉冲频谱的频带宽度,必须缩短脉冲的持续时间,而脉冲的持续时间则是与接触面的硬度以及锤头的质量有关;锤头顶帽越硬,锤头质量越轻,则冲击的时间就越短,其能量谱所覆盖的频率便越宽。然而,在分析时总希望冲击能量足够地大,这与上述要求本身就是一种矛盾。应用时一般应先考虑频宽的要求,然后确定所需的冲击时间,据此再确定锤的配置。通常冲击时间能满足 4~5 个采样点即可。一般采用多次敲击的方法来消除误差。在这种情况下频率传递函数按下式进行计算

$$H(f) = \frac{G_{fx}(f)}{G_{ff}(f)} \tag{12}$$

式中,$G_{fx}(f)$ 是输入与输出的互功率谱估计;$G_{ff}(f)$ 是输入的自功率谱估计。

完成上述工作后,对弹体内引信部位所受的弹底压力 $\overline{F}$ 进行傅里叶变换得到 $\overline{F}(f)$,则弹体内引信部位的加速度频率响应 $A(f) = H(f)\overline{F}(f)$。对 $A(f)$ 进行傅里叶反变换就可以得到弹体内引信部位所受的过载 $a(t)$。

5 引信过载随机过程计算机模拟程序流程图及模拟结果

基于图 1 所述流程对某榴弹炮在发射时引信部位所受的过载进行了模拟计算,图 2 为模拟的高斯白噪声,图 3 为加噪后的膛内引信所受过载的模拟结果。

经过与实测引信过载曲线比较分析,加噪后的引信过载基本反映了发射时引信受到的实际过载,满足工程计算的要求,可以作为下一步引信虚拟样机动力学仿真的环境输入。

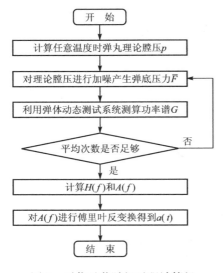

图 1　引信过载随机过程计算机
模拟程序流程图

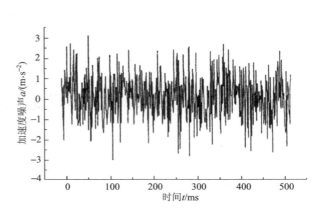

图 2　模拟的高斯白噪声

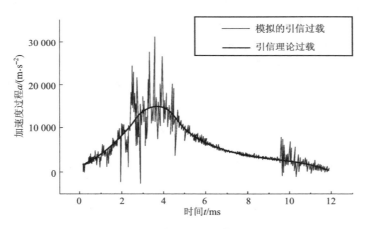

图 3　加噪后的引信过载

6　结　　论

本文从理论上对任一温度下弹丸膛压获取及其加噪处理和弹体内引信部位过载的计算进行了详细的阐述，并从计算机编程的角度设计了引信过载随机过程计算机模拟程序，最后通过一个算例验证了算法和程序的有效性。进一步的工作是利用 ANSYS 软件对某一弹体引信部位的过载进行计算，将计算结果与实测的过载曲线进行比较，分析两种求解方法的计算精度，提出改进的算法。

参 考 文 献

[1] 刘卫东,陈庆生. 膛压随机过程最大值的概率分布规律研究 [J]. 南京理工大学学报, 1999 (2).
[2] 李国罡. 模糊随机技术在引信安全系统仿真中的应用研究 [D]. 北京:北京理工大学, 1999.
[3] 马宝华. 引信构造与作用 [M]. 北京:国防工业出版社, 1984.
[4] 李德葆. 振动模态分析及其应用 [M]. 北京:宇航出版社, 1989.
[5] 姜常珍. 信号分析与处理 [M]. 天津:天津大学出版社, 2000.
[6] 陈安宁,董卫平. 振动模态分析技术 [M]. 北京:国防工业出版社, 1993.

引信解除保险距离的虚拟试验技术[①]

谭惠民　牛兰杰　刘明杰　房　伟

摘　要：利用蒙特卡洛模拟实现空空导弹引信解除保险距离的计算机虚拟试验，以减少或部分替代高价值弹药的靶场射击试验。所介绍的数学方法，如运动环境条件的加噪模型、引信零部件及尺寸动力学参数散布模型，对于引信其他机构的虚拟试验同样适用；所提出的能形成随机几何模型的嵌入式软件，是结合重点实验室现用工程软件进行设计的。100 次虚拟试验结果的分布特征与同类机构射击试验吻合。

关键词：计算机应用；导弹安全系统；蒙特卡洛模拟；虚拟打靶

空空导弹引信解除保险距离用以保证导弹发射出去后在可确保载机安全时，使引信解除保险并进入战斗状态。解除保险距离评估可通过实验室模拟试验或导弹飞行遥测试验进行。模拟试验在物理上完全逼真飞行环境比较困难；飞行试验则由于成本极高，试验发数有限。采用蒙特卡洛（Monte Carlo）方法实现空空导弹引信解除保险距离和时间虚拟试验，是一条可行的重要技术途径。

1　虚拟试验数学模型的建立方法

Monte Carlo 虚拟试验的关键是正确建立数学模型，主要包括以下两个方面的内容：

（1）建立一组能够准确描述空空导弹安全系统在大横向过载、小轴向过载条件下惯性构件的动力学和运动学模型；

（2）充分利用所积累和收集的引起解除保险时间或距离散布的各种干扰量统计数据，建立这些干扰量的概率模型。

机构运动模型详见参考文献。本文主要分析机构运动过程中的各种干扰量，在此基础上，给出建立干扰量概率模型的方法。

1.1　影响远解距离的干扰量

空空导弹解除保险时间和距离误差源主要来自三方面：安全系统零部件物理参量误差、零部件内部运动环境参量（如摩擦系数、传动效率、碰撞系数等）误差、空空导弹飞行环境参量（如过载）误差。上述干扰量都具有一定的随机性，在数值上虽然是不确定的，但都服从一定的统计规律，或可假定具有某种分布特性。

安全系统零部件物理参量、安全系统零部件内部运动环境参量形成的干扰与时间无关，

[①] 原文刊登于《兵工学报》，2005（3）。

可视为参量取值的随机离散化;导弹飞行轴向过载、导弹所受横向过载等飞行环境参数随时间变化,其散布可视为在时间轴上的加噪过程。

1.2 安全系统零部件物理参量及内部运动环境参量随机离散化

一般可将参量看做是正态分布的随机变量 $\zeta \sim N(\lambda, \sigma^2)$,参量误差范围为 $\pm\delta$,则 ζ 落在区间 $(\lambda-\delta, \lambda+\delta)$ 内的概率为

$$P(\lambda-\delta<\zeta<\lambda+\delta)=\frac{1}{\sqrt{2\pi}\sigma}\int_{\lambda-\delta}^{\lambda+\delta}e^{-\frac{(x-\lambda)^2}{2\sigma^2}}dx \tag{1}$$

对本文研究的问题而言,可以取置信概率为 95.44%。此时,当随机变量超出置信区间 $(\lambda-\delta, \lambda+\delta)$ 时,直接剔除该值,或令该值等于置信边界值,即有

$$\zeta_i = \begin{cases} \lambda+\dfrac{\delta}{2}g_i & \zeta_i \in (\lambda-\delta, \lambda+\delta) \\ \lambda\pm\delta & \zeta_i \notin (\lambda-\delta, \lambda+\delta) \end{cases} \tag{2}$$

式中,g_i 为独立标准正态分布随机数。

图 1 为偏心转子等效转动惯量 I_r 以不同置信概率进行随机离散处理后所得结果。

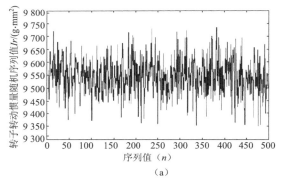
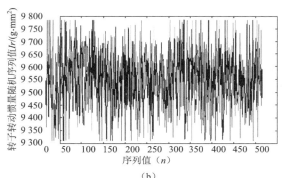

图 1 偏心转子等效转动惯量随机离散处理
(a) 置信概率 99.73%;(b) 置信概率 95.44%

1.3 导弹飞行轴向过载加噪处理

为表征导弹发射后噪声的强弱程度,引入导弹飞行轴向过载噪声的模糊表征函数,以表征噪声变化的趋势。假定过载噪声的模糊表征函数为 $\overline{\zeta}(t)$,规定 $\overline{\zeta}(t)$ 的值域为 $[0,1]$。关于 $\overline{\zeta}(t)$ 的获取,以实验数据为依据,在实验量小时,可通过专家对实测导弹轴向过载数据的分析来确定。采用模糊理论中的重心法推理规则求出某一温度条件下的轴向过载表达式 $\tilde{a}_t(t)$,设导弹脱离载机后高斯白噪声的最大方差值为 σ^2,则产生一个方差为 σ^2 的高斯白噪声 $\zeta(t)$,将 $\zeta(t)$ 与轴向过载噪声的模糊表征函数 $\overline{\zeta}(t)$ 相乘,得到发动机工作段的噪声。导弹飞行轴向过载 $a_t(t)$ 加噪后记作 $\hat{a}_t$,则有

$$\hat{a}_t = \tilde{a}_t(t) + \zeta(t)\overline{\zeta}(t) \tag{3}$$

图 2 为某发动机理论过载曲线和经加噪处理后的过载曲线对比。曲线两端轴向过载变化较大,取其模糊函数表征值为 1,中间段轴向过载变化较小,取其模糊表征函数值为 0.2,设任一时刻过载所加噪声方差为 $[a_t(t)]^2/9$。

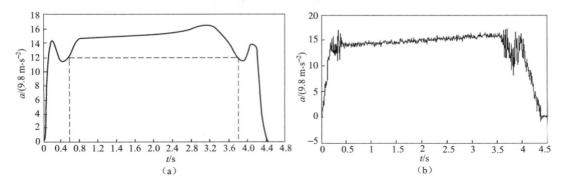

图 2 发动机过载-时间理论曲线及加噪曲线
(a) 理论曲线;(b) 加噪曲线

1.4 导弹所受横向过载加噪处理

设导弹横向过载为 $a_H(t)$,置信区间为 $[a_H(t), a_H(t)+\varepsilon]$,$\gamma_i$ 为区间独立均匀分布随机数,导弹横向过载加噪后记为 $\hat{a}_H(t)$,则有

$$\hat{a}_H(t) = a_H(t) + \varepsilon\gamma_i \qquad (4)$$

图 3 为某空空导弹飞行理论横向过载经加噪处理后的结果。横向过载的变化误差带为横向过载的 20%。

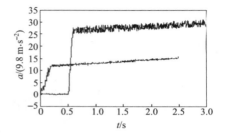

图 3 空空导弹横向过载理论加噪曲线

在获得试验数据后,通过对实测曲线的时频域分析,可以对过载加噪曲线进行修正。

2 三维随机几何模型的自动生成

现有几何建模软件 MDT(或 Inventor)并不具备在给定尺寸偏差条件下自动生成三维随机几何模型的功能。如要进行 100 次虚拟试验,则需人工建立 100 个几何模型,由 MDT(或 Inventor)进入 Working Model(或 Visual Nastran)进行动力学仿真,十分费时、极易出错,以至于使虚拟试验技术的实际应用成为不可能。

一套能生成三维随机几何模型的嵌入式软件正在开发,该软件可在原有用公称尺寸建立的三维几何模型基础上,根据用户给定信息,生成在尺寸公差范围内随机组成的三维几何模型。带偏差的模型族中的模型可以被动力学仿真软件直接调用进行仿真计算,实现虚拟试验的目的。

3 虚拟打靶试验设计

在建立了空空导弹安全系统运动模型和影响解除保险时间、距离的各种干扰量的随机概率数学模型后,就可以运用动态仿真软件模拟安全系统的实际运动,进行虚拟打靶,以直接判断空空导弹安全系统是否已经解除保险,并由解除保险时间、导弹飞行轴向过载推得解除保险距离,经多次仿真获得统计特性。

4 解除保险距离评估

空空导弹解除保险距离试验主要是测定具有一定置信度和可靠度的安全系统不解除保险对应的最大距离、解除保险对应的最小距离以及50%解除保险对应的距离值,可通过对蒙特卡洛模拟试验结果的分析处理求得。

4.1 蒙特卡洛模拟试验次数确定

对于空空导弹解除保险时间和距离评估的蒙特卡洛模拟试验,必须解决在满足所需精度要求下,如何确定最少的模拟试验次数 N_A 的问题。

将置信区间的半长度定义为置信区间的绝对精度,即

$$\gamma_A = t_{\alpha/2}(N-1)\sqrt{s^2/N} \tag{5}$$

设已经进行了 N 次模拟试验,若其置信区间绝对精度低于给定值 γ_A,则所需试验总数可近似写为

$$N_A = \min\left\{j \geqslant N: t_{\alpha/2}(j-1)\sqrt{\frac{s^2}{j}} \leqslant \gamma_A\right\} \tag{6}$$

上式含义为,在 N 次试验后再逐渐增加试验次数,并相应计算其置信区间绝对精度,直到 $t_{\alpha/2}(j-1)\sqrt{s^2/j} \leqslant \gamma_A$ 时为止,此时 $N_A = j$ 值即为所求试验总数。显然,为满足给定置信区间绝对精度,须增加 $N_A - N$ 次试验。实际计算时,为简化计算工作量,可取 $t_{\alpha/2}(j-1)$ 为常数,$t_{\alpha/2}(N)$ 和 s^2 也取 N 次试验时估值。

4.2 评估算例

假设给定显著水平 $\alpha = 0.1$,置信水平 $\beta = 0.9$,置信区间的绝对精度 $\gamma_A \leqslant 6$ m,总共要进行 96 次模拟试验。

取仿真试验次数为 100 次,进行蒙特卡洛模拟试验,根据模拟试验结果,画出直方图,利用最小二乘法对之进行拟合得概率密度曲线如图 4 所示,类似于伽玛分布或对数正态分布,这与一般带钟表机构的引信安全系统的射击试验结果相吻合。也即虚拟试验表明,所设计的导弹安全系统满足 100 m 安全距离,300 m 解除保险距离的性能要求;大部分安全系统在 150 m 左右解除保险,而不是上述两个距离的算术平均值 200 m。

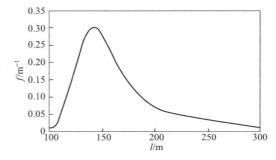

图 4 概率直方图拟合密度分布函数图

参 考 文 献

[1] 李鹏波. 战术导弹蒙特卡洛模拟及其可信性分析 [J]. 战术导弹技术, 1999 (2): 45-51.

[2] 牛兰杰, 谭惠民. 带万向支架的空空导弹远解机构的运动模型 [J]. 探测与控制学报, 2001 (1): 33-37.

[3] 牛兰杰, 谭惠民. 带万向支架的空空导弹安全系统消减横向过载影响动态特性研究 [J]. 弹箭与制导学报, 2001 (1): 54-58.

[4] 方再根. 计算机模拟和蒙特卡洛方法 [M]. 北京: 北京工业学院出版社, 1988: 260-261, 397-398.

[5] 江裕钊, 辛培清. 数学模型与计算机模拟 [M]. 成都: 电子科技大学出版社, 1989: 167, 252-254.

辑 七
钟表机构

带销钉式调速器钟表机构作用时间的计算

谭惠民

摘　要：本文在 Кульков，Overman，Lowen 三位作者研究工作的基础上，给出了一种计算方法，可以用来计算带销钉式调速器的简易钟表机构的作用时间。由于建立了碰撞后可能出现的各种情况的判别条件，因此同一计算程序可以用于具有不同结构参数的多种机构。

这里提供一种计算模型，用它计算带销钉式调速器钟表机构的作用时间，可以得到较高的计算精度。这一计算模型的物理概念比较简明，计算方法比较直观，很便于具有微型计算机的实际工作者掌握使用。

1　考虑啮合效率时，主轴向摆的力矩传递

假设 M_W 为作用在擒纵轮上的主动力矩，$\dot{\varphi}$ 为擒纵轮的角速度，M'_P 为不考虑摩擦时，擒纵轮传递给摆的力矩，$\dot{\beta}$ 为摆的角速度。根据输入功率与输出功率相等，应有

$$M_W \dot{\varphi} = M'_P \dot{\beta}$$

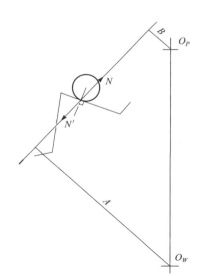

图 1　考虑摩擦时擒纵轮齿与摆销之间力的传递

令 $N_{PW} = \dot{\beta}/\dot{\varphi}$，定义为摆对擒纵轮的角速度比。在数值上，$N_{PW}$ 也等于无摩擦时擒纵轮对摆的力矩比。因此有

$$M'_P = \frac{M_W}{N_{PW}}$$

事实上，擒纵轮向摆传递力矩时，是存在摩擦损失的。当擒纵轮齿与销钉啮合处存在摩擦时，由图 1 可得

$$M_P = N \cdot B = N' \cdot B = \frac{M_W}{A} \cdot B = \frac{M_W}{N^*_{PW}} \tag{1a}$$

令 $N^*_{PW} = A/B$，定义为有摩擦时擒纵轮对摆的力矩比。显然，N^*_{PW} 要大于 N_{PW}。因为擒纵轮的输出力矩 M_W 不变，但有摩擦时摆得到的力矩 M_P 要小于无摩擦时摆得到的力矩 M'_P。

这里引入传递效率这个概念，以 η_{PW} 表示

$$\eta_{PW} = \frac{M_P}{M'_P} = \frac{M_W}{N^*_{PW}} \cdot \frac{N_{PW}}{M_W} = \frac{N_{PW}}{N^*_{PW}}$$

---

① 原文刊登于《爆炸与引爆技术》，1984（1）。

或者说

$$N_{PW}^* = \frac{N_{PW}}{\eta_{PW}} \tag{1b}$$

由式（1a）、式（1b）可得考虑啮合摩擦时，作用在摆上的力矩 M_P 与擒纵轮的输出力矩有如下关系

$$M_P = \frac{\eta_{PW}}{N_{PW}} M_W \tag{1}$$

式中，η_{PW} 为啮合效率，一般可取 $0.95 \sim 0.98$；N_{PW} 为摆的角速度与擒纵轮的角速度之比。

如果认为 M_W 是擒纵轮从上一级传动轮得到的输入力矩，则 M_W 中必须减去擒纵轮轴上的摩擦力矩 M_{WF}。另设摆轴上的摩擦力矩 M_{PF}。这样，摆的实际驱动力矩

$$\begin{aligned} M_P &= \frac{\eta_{PW}}{N_{PW}}(M_W - M_{WF}) - M_{PF} \\ &= \frac{\eta_{PW}}{N_{PW}} M_W - \left(\frac{\eta_{PW}}{N_{PW}} M_{WF} + M_{PF}\right) \end{aligned} \tag{2}$$

下面求折合转动惯量。由摆和擒纵轮的运动方程

$$NB - M_{PF} = I_P \ddot{\beta}$$

$$M_W - N'A - M_{WF} = I_W \ddot{\varphi}$$

解联立方程，并利用 $N = N'$，$N_{PW}^* = A/B = N_{PW}/\eta_{PW}$ 这些关系，可以得到

$$\left(I_P + I_W \frac{1}{N_{PW}^*} \cdot \frac{\ddot{\varphi}}{\ddot{\beta}}\right)\ddot{\beta} = \frac{\eta_{PW}}{N_{PW}} M_W - \left(\frac{\eta_{PW}}{N_{PW}} M_{WF} + M_{PF}\right)$$

假定加速度比即等于速度比，即

$$\frac{\ddot{\varphi}}{\ddot{\beta}} = \frac{\dot{\varphi}}{\dot{\beta}} = \frac{1}{N_{PW}}$$

则最终可得摆的运动方程

$$\left(I_P + \frac{\eta_{PW}}{N_{PW}^2} I_W\right)\ddot{\beta} = \frac{\eta_{PW}}{N_{PW}} M_W - \left(\frac{\eta_{PW}}{N_{PW}} M_{WF} + M_{PF}\right) \tag{3}$$

等式的右边，就是作用在摆上的驱动力矩，如式（2）。等式左边括号内即所谓摆的折合转动惯量。

假定擒纵轮合件输入端与齿轮1啮合，输出端与摆啮合，即系统包括齿轮1、擒纵轮以及摆。显然，对于方程（3）有

$$I_W = I_W + \frac{\eta_{W1}}{N_{PW}^2} I_1$$

$$M_W = \frac{\eta_{W1}}{N_{W1}} M_1$$

$$M_{WF} = \frac{\eta_{W1}}{N_{W1}} M_{1F} + M_{WF}$$

将之代入方程（3），整理后得

$$\left(I_P + \frac{\eta_{PW}}{N_{PW}^2} I_W + \frac{\eta_{PW}\eta_{W1}}{N_{PW}^2 N_{PW}^2} I_1\right)\ddot{\beta}$$

$$= \frac{\eta_{PW}\eta_{W1}}{N_{PW}N_{W1}}M_1 - \left(\frac{\eta_{PW}\eta_{W1}}{N_{PW}N_{W1}}M_{1F} + \frac{\eta_{PW}}{N_{PW}}M_{WF} + M_{PF}\right) \tag{4}$$

由此推论，如第一传动轮（主动轮）与擒纵轮之间尚有中间传动轮 2，3，…，n，摆的运动方程可写成

$$\left(I_P + \frac{\eta_{PW}}{N_{PW}^2}I_W + \frac{\eta_{PW}\eta_{Wn}}{N_{PW}^2 N_{Wn}^2}I_n + \cdots + \frac{\eta_{PW}\eta_{Wn}\eta_{n,n-1}\cdots\eta_{21}}{N_{PW}^2 N_{Wn}^2 N_{n,n-1}^2 \cdots N_{21}^2}\right)\ddot{\beta}$$

$$= \frac{\eta_{PW}\eta_{Wn}\eta_{n,n-1}\cdots\eta_{21}}{N_{PW}N_{Wn}N_{n,n-1}\cdots N_{21}}M_1 - \left(M_{PF} + M_{WF}\frac{\eta_{PW}}{N_{PW}} + M_{nF}\frac{\eta_{PW}\eta_{Wn}}{N_{PW}N_{Wn}} + \cdots + M_{1F}\frac{\eta_{PW}\eta_{Wn}\eta_{n,n-1}\cdots\eta_{21}}{N_{PW}N_{Wn}N_{n,n-1}\cdots N_{21}}\right) \tag{5}$$

令

$$\eta_{P1} = \eta_{PW}\eta_{Wn}\eta_{n,n-1}\cdots\eta_{21}$$
$$\eta_{P2} = \eta_{P1}/\eta_{21}$$
$$\cdots$$
$$\eta_{PW} = \eta_{P1}/\eta_{W1}$$
$$\cdots$$
$$N_{P1} = N_{PW}N_{Wn}N_{n,n-1}\cdots N_{21}$$
$$N_{P2} = N_{P1}/N_{21}$$
$$\cdots$$

则摆的运动方程（5）可以写成

$$\left(I_P + \frac{\eta_{PW}}{N_{PW}^2}I_W + \sum_{i=1}^{n}\frac{\eta_{Pi}}{N_{Pi}^2}I_i\right)\ddot{\beta} = \frac{\eta_{P1}}{N_{P1}}M_1 - \left(M_{PF} + \frac{\eta_{PW}}{N_{PW}}M_{WF} + \sum_{i=1}^{n}\frac{\eta_{Pi}}{N_{Pi}}M_{iF}\right) \tag{6}$$

式中，I_i 为第 i 个传动轮的转动惯量；M_{iF} 为第 i 个传动轮轴的摩擦力矩；N_{Pi} 为摆对第 i 个传动轮的速比，等于各级速比的乘积；η_{Pi} 第 i 个传动轮与摆之间的传递效率，等于各级传递效率的乘积。

方程（6）尚可用更简洁的形式来表达。令

$$I'_W = I_W + \sum_{i=1}^{n}\frac{\eta_{Wi}}{N_{Wi}^2}I_i \tag{7}$$

为轮系（含擒纵轮）折合到擒纵轮轴的有效转动惯量；令

$$M'_{WF} = M_{WF} + \sum_{i=1}^{n}\frac{\eta_{Wi}}{N_{Wi}}M_{iF} \tag{8}$$

为折合到擒纵轮轴的轮系的轴承摩擦力矩。则有

$$\left(I_P + \frac{\eta_{PW}}{N_{PW}^2}I'_W\right)\ddot{\beta} = \frac{\eta_{P1}}{N_{P1}}M_1 - M_{PF} - \frac{\eta_{PW}}{N_{PW}}M'_{WF} \tag{9}$$

严格说来，齿轮间的速比 $N_{n,n-1}$ 是个变量，但在实际应用中，可以足够精确地认为等于齿数比。传递效率 η_{PW} 及 $\eta_{n,n-1}$ 可参照一般的机械原理教科书给定。N_{PW} 可用作图法得出或解析法计算。

2 传递冲量的时间 t_1 及自由转角时间 t_2

设冲击开始时摆的角速度为 ψ_0,冲击终了时摆的角速度为 ψ_u,冲击过程中摆的转角为 β,积分式(9),可得冲击终了时摆的角速度

$$\psi_u = \sqrt{\frac{2\left(M_1\dfrac{\eta_{P1}}{N_{P1}} - M_{PF} - M'_{WF}\dfrac{\eta_{PW}}{N_{PW}}\right)}{\left(I_P + I'_W\dfrac{\eta_{PW}}{N_{PW}^2}\right)}\beta + \psi_0^2} \tag{10}$$

由式(9)也可得冲击时间 t_1 与角速度 ψ_0 及 ψ_u 的关系为

$$t_1 = \frac{\left(I_P + I'_W\dfrac{\eta_{PW}}{N_{PW}^2}\right)(\psi_u - \psi_0)}{M_1\dfrac{\eta_{P1}}{N_{P1}} - M_{PF} - M'_{WF}\dfrac{\eta_{PW}}{N_{PW}}}$$

将式(10)代入,得冲击时间 t_1 与冲击角 β 及初始冲击角速度 ψ_0 的关系为

$$t_1 = \sqrt{\frac{2\left(I_P + I'_W\dfrac{\eta_{PW}}{N_{PW}^2}\right)\beta}{M_1\dfrac{\eta_{P1}}{N_{P1}} - M_{PF} - M'_{WF}\dfrac{\eta_{PW}}{N_{PW}}} + \left[\frac{\left(I_P + I'_W\dfrac{\eta_{PW}}{N_{PW}^2}\right)\psi_0}{M_1\dfrac{\eta_{P1}}{N_{P1}} - M_{PF} - M'_{WF}\dfrac{\eta_{PW}}{N_{PW}}}\right]^2} - \frac{\left(I_P + I'_W\dfrac{\eta_{PW}}{N_{PW}^2}\right)\psi_0}{M_1\dfrac{\eta_{P1}}{N_{P1}} - M_{PF} - M'_{WF}\dfrac{\eta_{PW}}{N_{PW}}} \tag{11}$$

在第一次冲击时,可认为 $\psi_0 = 0$,β 则可用作图法得到或解析法计算。

冲击终了时擒纵轮的角速度

$$\xi_u = \frac{\psi_u}{N_{PW}} \tag{12}$$

下面求自由转角时间 t_2。在自由转角时,摆的运动方程为

$$I_P\ddot{\beta} = -M_{PF}$$

即

$$\ddot{\beta} = -\frac{M_{PF}}{I_P} \tag{13}$$

设摆的自由转角为 $\beta_{c\delta}$,自由转角开始时摆的角速度为 ψ_u,自由转角经历的时间为 t_2,则有

$$\frac{1}{2}\ddot{\beta}t_2^2 + \psi_u t_2 - \beta_{c\delta} = 0$$

将式(13)代入,解得

$$t_2 = \frac{\psi_u \pm \sqrt{\psi_u^2 - 2\dfrac{M_{PF}}{I_P}\beta_{c\delta}}}{\dfrac{M_{PF}}{I_P}}$$

按逻辑,当 $\beta_{c\delta} = 0$ 时,应有 $t_2 = 0$。故上式根号前的符号应为负,即

$$t_2 = \frac{I_P}{M_{PF}}\left(\psi_u - \sqrt{\psi_u^2 - 2\frac{M_{PF}}{I_P}\beta_{c\delta}}\right) \qquad (14)$$

在自由转角的终了，摆的角速度

$$\psi_y = \psi_u + \ddot{\beta}t_2$$

将 $\ddot{\beta}$ 及 t_2 代入，得

$$\psi_y = \sqrt{\psi_u^2 - \frac{2M_{PF}}{I_P}\beta_{c\delta}} \qquad (15)$$

参照式（9），可写出自由转角期间擒纵轮的运动方程

$$I'_W \ddot{\alpha} = \frac{\eta_{W1}}{N_{W1}}M_1 - M'_{WF}$$

设自由转角期间擒纵轮转过的角度为 $\alpha_{c\delta}$，自由转角终了时擒纵轮的角速度为 ξ_y。根据初始条件 $0 \to \alpha_{c\delta}$，$\xi_u \to \xi_y$ 积分上式，可得自由转角终了时擒纵轮角速度

$$\xi_y = \sqrt{2\left(\frac{\frac{\eta_{W1}}{N_{W1}}M_1 - M'_{WF}}{I'_W}\right)\alpha_{c\delta} + \xi_u^2} \qquad (16)$$

以上各式中，摆的自由转角 $\beta_{c\delta}$ 以及擒纵轮的自由转角 $\alpha_{c\delta}$ 都可以用作图法求得。此时擒纵轮的自由转角

$$\alpha_{c\delta} = \frac{\beta_c - \beta_{c\delta}}{D}$$

式中，β_c 为自由转动开始时销钉表面与擒纵轮齿面间的夹角；D 为自由转动时摆与擒纵轮的速比，均可用解析法计算。

3 摆与擒纵轮的互撞

摆和擒纵轮经自由转角后，各以 ψ_y，ξ_y 的角速度互撞。碰撞后摆及擒纵轮可能有三种运动状态：摆和擒纵轮都回跳；摆回跳，轮沿原速度方向运动；摆沿原速度方向运动，轮回跳。

如图 2 所示，碰撞后摆及擒纵轮的角速度分别以 ψ_b 及 ξ_b 表示。设顺时针方向为负，逆时针方向为正。Кулъков 给出碰撞后摆的角速度

$$\psi_b = \frac{N_{PW}I'_W(K+1)\xi_y + (KI'_W - N_{PW}^2 I_P)\psi_y}{N_{PW}^2 I_P + I'_W} \qquad (17)$$

及碰撞后擒纵轮的角速度

$$\xi_b = N_{PW}\frac{I_P}{I'_W}(\psi_y + \psi_b) - \xi_y \qquad (18)$$

其中

$$K = \frac{A_W \xi_b + A_P \psi_b}{A_W \xi_y + A_P \psi_y}$$

参数 A_W 与 A_W 之比则等于摆对擒纵轮的速比，即

$$N_{PW} = \frac{A_W}{A_P}$$

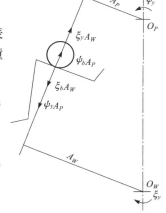

图 2 摆与擒纵轮的互撞

4 碰撞后摆或擒纵轮的运动状态及摆与擒纵轮重新接触所需的时间 t_3

4.1 摆及擒纵轮均回跳

如果由式（17）、式（18）算得的 ψ_b，ξ_b 均为正值，说明碰撞后运动状态与原假定一致，即摆与轮均回跳。假定摆在回跳过程中角速度不变，这个角速度也即成为下半个周期冲击开始时摆的起始角速度

$$\psi_0 = \psi_b \tag{19}$$

擒纵轮回跳时，输入的主动力矩成为阻力矩，轮的角加速度可写成

$$\frac{d\xi}{dt} = -\frac{\frac{\eta_{W1}}{N_{W1}}M_1 + M'_{WF}}{I'_W}$$

在回跳时间 t_{OT} 内，轮的速度下降到零。据此积分上式，得

$$t_{OT} = \frac{I'_W}{\frac{\eta_{W1}}{N_{W1}}M_1 + M'_{WF}} \xi_b \tag{20}$$

设擒纵轮的回跳角度为 α_{OT}。回跳开始时轮所具有的动能将等于回跳过程中动力矩及摩擦力矩所做的功。由方程

$$\left(\frac{\eta_{W1}}{N_{W1}}M_1 + M'_{WF}\right)\alpha_{OT} = \frac{1}{2}I'_W\xi_b^2$$

可得擒纵轮的回跳角度

$$\alpha_{OT} = \frac{I'_W}{2\left(\frac{\eta_{W1}}{N_{W1}}M_1 + M'_{WF}\right)}\xi_b^2 \tag{21}$$

如上所述，擒纵轮回跳 α_{OT} 角度后，速度下降到零。然后，在主动力矩作用下反向追赶摆。假定经 t'_{OT} 这段时间赶上摆。显然，摆的回跳角

$$\beta_{OT} = \psi_b(t_{OT} + t'_{OT}) \tag{22}$$

而轮要赶上摆，则必须在 t'_{OT} 这段时间内转过 $(\alpha_{OT} + \beta_{OT}/D)$ 这一角度。由此可列方程

$$\alpha_{OT} + \frac{\beta_{OT}}{D} = \frac{\frac{\eta_{W1}}{N_{W1}}M_1 - M'_{WF}}{2I'_W}(t'_{OT})^2$$

将式（20）、式（22）代入上式，可得 t'_{OT} 的二次代数方程，解得

$$t'_{OT} = \frac{\psi_b I'_W}{D(M_1\eta_{W1}/N_{W1} - M'_{WF})} \pm \sqrt{\left[\frac{\psi_b I'_W}{D(M_1\eta_{W1}/N_{W1} - M'_{WF})}\right]^2 + \frac{\xi_b I'_W}{M_1\eta_{W1}/N_{W1} - M'_{WF}}}$$

t'_{OT} 不可能是负值，因此根号前只能取正。经整理后

$$t'_{OT} = \frac{I'_W}{\frac{\eta_{W1}}{N_{W1}}M_1 - M'_{WF}} \left(\frac{2\psi_b}{D} + \xi_b \right) \tag{23}$$

将式(20)、式(23)代入式(22),得摆及轮从碰撞点回跳到轮重新赶上摆时,摆所转过的总的角度

$$\beta_{OT} = \frac{2\psi_b I'_W}{\left(\frac{\eta_{W1}}{N_{W1}}M_1\right)^2 - (M'_{WF})^2} \left[\xi_b \frac{\eta_{W1}}{N_{W1}}M_1 + \frac{\psi_b}{D}\left(\frac{\eta_{W1}}{N_{W1}}M_1 + M'_{WF}\right) \right] \tag{24}$$

由于摆后退了角度 β_{OT},在随后的下半个周期中,摆的冲击角就小了,即

$$\beta_{n+1} = \beta_n - \beta_{OT} \tag{25}$$

β_n 是第 n 个半周期内的冲击角;β_{n+1} 则是紧接着的下半个周期内的冲击角。

轮重新赶上摆时,轮的角速度

$$\xi_0 = \left(\frac{\frac{\eta_{W1}}{N_{W1}}M_1 - M'_{WF}}{I'_W} \right) t'_{OT} = \frac{2\psi_b}{D} + \xi_b \tag{26}$$

从摆和擒纵轮互撞回跳到再一次接触所经历的时间 $t_{OT} + t'_{OT}$ 就是 t_3,即有

$$t_3 = \frac{2I'_W}{\left(\frac{\eta_{W1}}{N_{W1}}M_1\right)^2 - (M'_{WF})^2} \left[\xi_b \frac{\eta_{W1}}{N_{W1}}M_1 + \frac{\psi_b}{D}\left(\frac{\eta_{W1}}{N_{W1}}M_1 + M'_{WF}\right) \right] \tag{27}$$

4.2 摆回跳,擒纵轮沿原方向运动

如果由式(17)算得的 $\psi_b \geq 0$,由式(18)算得的 $\xi_b < 0$,说明碰撞后摆回跳,擒纵轮沿原速度方向继续运动。此时,按角速度绝对值的大小,可分成两种情况来讨论。

(1) $\psi_b \geq 0, \xi_b < 0; |\psi_b| \leq |\xi_b|$

如擒纵轮继续运动的角速度绝对值大于摆回跳时的角速度绝对值,说明碰撞后两者没有分离,随即开始下半个周期的冲击。此时

$$t_3 = 0 \tag{28}$$

作为下半个周期的初始条件,有

$$\psi_0 = \psi_b \tag{29}$$
$$\beta_{n+1} = \beta_n \tag{30}$$

(2) $\psi_b \geq 0, \xi_b < 0; |\psi_b| > |\xi_b|$

如擒纵轮碰撞后的角速度绝对值小于摆回跳时的角速度绝对值,说明轮将在主动力矩的作用下经一段时间的加速运动,才能赶上摆,这段加速时间即为 t_3。摆的角速度 ψ_b 即为下半个周期摆的起始角速度,在 t_3 这段时间内摆所转过的角度即为下半个周期冲击角的减小量。经简单计算,有

$$t_3 = 2\left(\frac{\psi_b}{D} + \xi_b\right)\frac{I'_W}{\frac{\eta_{W1}}{N_{W1}}M_1 - M'_{WF}} \tag{31}$$

作为计算下半个周期的初始条件,有

$$\psi_0 = \psi_b \tag{32}$$

$$\beta_{n+1} = \beta_n - \psi_b t_3 \tag{33}$$

4.3 摆沿原方向运动，擒纵轮回跳

如果由式（17）、式（18）算得的 $\psi_b<0$，$\xi_b>0$，也可分为两种情况来讨论。

(1) $\psi_b<0, \xi_b>0; |\psi_b|/D < |\xi_b|/2$

此时，轮后退得比较快，以至于直到轮的速度减至零，摆尚未赶上擒纵轮。然后，轮在主动力矩的作用下反向加速运动去迎接摆。再一次接触时，即开始下半个周期的冲击。

由于擒纵轮的运动方向与主动力矩的作用方向相反，擒纵轮的后退角 α_{OT} 与后退开始时的角速度 ξ_b 的关系如式（21），即

$$\alpha_{OT} = \frac{I'_W}{2\left(\dfrac{\eta_{W1}}{N_{W1}}M_1 + M'_{WF}\right)} \xi_b^2$$

对应的时间则如式（20），即

$$t_{OT} = \frac{I'_W}{\dfrac{\eta_{W1}}{N_{W1}}M_1 + M'_{WF}} \xi_b$$

满足条件 $|\psi_b|/D < |\xi_b|/2$，说明在 t_{OT} 这段时间内，摆的转角要小于擒纵轮的转角。擒纵轮速度 ξ_b 降至零后，将反向转动去迎接摆。设擒纵轮迎上摆的时间为 t'_{OT}，则在此时间内擒纵轮转过的角度

$$\alpha'_{OT} = \frac{\dfrac{\eta_{W1}}{N_{W1}}M_1 - M'_{WF}}{I'_W} \cdot \frac{(t'_{OT})^2}{2}$$

在总的 $(t_{OT} + t'_{OT})$ 时间内，摆的转角为 $(t_{OT} + t'_{OT})\psi_b$，折合到轮的方向上应为 $(t_{OT} + t'_{OT})\psi_b/D$。显然

$$\alpha_{OT} - \alpha'_{OT} = -(t_{OT} + t'_{OT})\psi_b/D \tag{34}$$

注意，这里的 ψ_b 本身是带负号的。

将有关的方程代入式（34），经整理后得 t'_{OT} 的二次方程

$$\frac{M'_W}{2I'_W}(t'_{OT})^2 - \frac{\psi_b}{D}t'_{OT} - \frac{I'_W \xi_b}{M'_W}\left(\frac{\xi_b}{2} + \frac{\psi_b}{D}\right) = 0$$

式中

$$M'_W = \frac{\eta_{W1}}{N_{W1}}M_1 - M'_{WF}$$

由此解得

$$t'_{OT} = \frac{\dfrac{\psi_b}{D} \pm \left(\xi_b + \dfrac{\psi_b}{D}\right)}{\dfrac{M'_W}{I'_W}}$$

已知是 ξ_b 正值，如括号前取减号，t'_{OT} 将成为不合理的负值。因此，取加号得

$$t'_{OT} = \frac{I'_W}{\dfrac{\eta_{W1}}{N_{W1}}M_1 - M'_{WF}}\left(\xi_b + \frac{2\psi_b}{D}\right) \tag{35}$$

将 t_{OT}，t'_{OT} 相加，得摆和擒纵轮从碰撞分离到重新相遇的时间

$$t_3 = t'_{OT} + t_{OT} = \frac{2I'_W\left[\frac{\eta_{W1}}{N_{W1}}M_1\left(\xi_b + \frac{\psi_b}{D}\right) + M'_{WF}\frac{\psi_b}{D}\right]}{\left(\frac{\eta_{W1}}{N_{W1}}M_1\right)^2 - (M'_{WF})^2} \tag{36}$$

作为计算下半个周期的初始条件，有

$$\psi_0 = \psi_b \tag{37}$$
$$\beta_{n+1} = \beta_1 + \psi_b t_3 \tag{38}$$

(2) $\psi_b < 0, \xi_b > 0; |\psi_b| = |\xi_b|$

这相当于绝对非弹性碰撞。摆和擒纵轮的能量将由主动力矩及摩擦力矩消耗完，然后再开始下半个周期的冲击。摆在主动力矩作用下的反向运动方程为

$$(I_P + I'_W)\frac{d\psi}{dt} = -\left(\frac{\eta_{P1}}{N_{P1}}M_1 + M_{PF} + \frac{\eta_{PW}}{N_{PW}}M'_{WF}\right)$$

摆的角速度由 ψ_b 下降到零，所经历的时间即为 t_3。在所述区间对上式积分，得

$$t_3 = \frac{I_P + I'_W}{\frac{\eta_{P1}}{N_{P1}}M_1 + M_{PF} + \frac{\eta_{PW}}{N_{PW}}M'_{WF}} \cdot \psi_b \tag{39}$$

同时可得摆的转角

$$\beta_{OT} = \frac{1}{2}\psi_b t_3 = \frac{1}{2} \cdot \frac{I_P + I'_W}{\frac{\eta_{P1}}{N_{P1}}M_1 + M_{PF} + \frac{\eta_{PW}}{N_{PW}}M'_{WF}} \cdot \psi_b^2 \tag{40}$$

计算下半个周期的初始条件为

$$\psi_0 = 0 \tag{41}$$
$$\beta_{n+1} = \beta_n + \beta_{OT} \tag{42}$$

5 计 算 方 法

5.1 已知条件

利用离心原动机，认为在每半个周期内原动机力矩不变。作用在主轴上的力矩可写成

$$M_1 = m_1 r_1 a \omega^2 \sin\left[\theta_0 + \frac{\theta_1 - \theta_0}{2N}(2n-1)\right] - M_T - M_0 \tag{43}$$

式中，m_1 为偏心齿轮的质量；r_1 为轮轴到弹丸旋转中心的距离；a 为轮轴到质心的距离；ω 为钟表机构工作期间弹丸转速，一般可以认为是常量；θ_0 为 r_1 与 a 的原始夹角；θ_1 为钟表机构工作终了时 r_1 与 a 的夹角；N 为钟表机构工作期间摆的半周期总数；n 为摆的半周期序数；M_T 为作用在钟表机构主轴上的摩擦力矩，这里只考虑离心力产生的摩擦力矩；M_0 为钟表机构主轴上的起动力矩。

摆的半周期总数

$$N = \frac{(\theta_1 - \theta_0)Z_X N_{W1}}{\pi} \tag{44}$$

式中，Z_X 为擒纵轮的齿数；N_{W1} 为擒纵轮与主轴间的速比。

计算中所需的是作用在摆轴或擒纵轮轴上的纯力矩 M_P 或 M_W，根据前面的式（9）、式（1），它们可以表示为

$$M_P = \frac{\eta_{P1}}{N_{P1}}M_1 - M_{PF} - M'_{WF}\frac{\eta_{PW}}{N_{PW}}$$

$$= \left\{m_1 r_1 a\frac{\eta_{P1}}{N_{P1}}\sin\left[\theta_0 + \frac{\theta_1 - \theta_0}{2N}(2n-1)\right] - \mu\left(m_1 r_1 r_{P1}\frac{\eta_{P1}}{N_{P1}} + m_2 r_2 r_{P2}\frac{\eta_{P2}}{N_{P2}} + \cdots + \right.\right.$$

$$\left.\left. m_W r_W r_{PW}\frac{\eta_{PW}}{N_{PW}} + m_P r_P r_{PP}\right)\right\}(\omega^2 - \omega_0^2) \tag{45}$$

$$M_W = \frac{N_{PW}}{\eta_{PW}}M_P \tag{46}$$

通常认为，作用在摆上的纯力矩 M_P，等于离心原动机传递到摆上的驱动力矩减去轮系及调速器系统折合到摆轴上的摩擦力矩。从理论上讲，只要结构设计合理，不论在什么转速下，纯力矩总可以大于零，调速器总能可靠启动。

但实验证明，当转速低于某一额定值时，机构将不能工作。对 M125A1 这样的机构，该额定值为每秒 26 转，也即启动转速 $\omega_0 = 2\pi \times 26$ rad/s。

式（45）中 μ 为轴承摩擦系数；$m_1, m_2, \cdots, m_P$ 为第一轮（主轴）、第二轮……摆的质量；$r_1, r_2, \cdots, r_P$ 为第一轮（主轴）、第二轮……摆的转轴到弹轴的距离；$r_{P1}, r_{P2}, \cdots, r_{PP}$ 为第一轮（主轴）、第二轮……摆的转轴半径。其他符号如前述。

假定第一个半周期开始时，销子落在擒纵轮齿根上。此时，第一个半周期内的冲击角

$$\beta_{1,2} = \beta_0 + \frac{\beta_c D}{2N_{PW1,2}} \tag{47}$$

式中，β_0 为自由转动开始时，销钉进入擒纵轮齿顶圆的角度；β_c 为自由转动开始时，销钉表面与擒纵轮齿面的夹角；$N_{PW1,2}$ 为摆与擒纵轮的速比，注脚 1、2 分别代表进出销；D 为自由转动时摆与擒纵轮的速比。

在随后的计算中，第 n 个半周期的冲击角，取决于第 $(n-1)$ 个半周期的计算结果。在通常情况下，进销与出销处的 N_{PW} 是不一样的。N_{PW} 同时又是摆的转角的函数。前已述及，它们都可以通过解析方法求得。

擒纵轮及传动轮系折合到擒纵轮轴上的转动惯量如式（7）所示

$$I'_W = I_W + \sum_{i=1}^{n} I_i \frac{\eta_{Wi}}{N_{Wi}^2}$$

式中，I_W 为擒纵轮的转动惯量；I_i 为第 i 个传动轮的转动惯量；η_{Wi} 为第 i 个传动轮与擒纵轮之间的传递效率；N_{Wi} 为擒纵轮与第 i 个传动轮之间的速比。

摆的有效转动惯量

$$I = I_P + I'_W \frac{\eta_{PW}}{N_{PW}^2} \tag{48}$$

式中，I_P 为摆的转动惯量；η_{PW} 为擒纵轮与摆之间的传递效率；N_{PW} 为摆与擒纵轮之间的速比。

5.2 计算过程

计算可以从进销开始，也可以从出销开始，是随意的。

碰撞后摆及擒纵轮的运动状态，由计算机识别。如 $\beta_{n+1}<0$ 说明在第 $(n+1)$ 个半周期内没有传冲阶段；如 $\beta_{n+1}>\beta_{max}$，说明在第 $(n+1)$ 个半周期内，销钉将在擒纵轮齿根部停留一段时间，然后再传冲。这两种情况都说明设计不甚合理。计算机判明这种现象后，将停止运算，以便修改设计。具体计算过程从略。

根据本文提出的模型，采用 M125A1 钟表机构的结构参数，计算了机构的工作时间及特征值 N。计算结果与文献 [2] 给出的实验结果的一致性很好。

本文提出的模型，不能预测当弹丸转速提高时，特征值 N 略有升高这一实验现象。

计算结果同时表明，恢复系数 K 对机构作用时间的影响是有限的。在初步设计时，可根据经验，选定一个 K 值，如 0.5，并且认为机构的启动转速等于零。待制出样机后，实际测定恢复系数及启动转速的大小。此时即可较精确地计算机构的作用时间 t、特征值 N 等动态参数。同时，可以研究结构参数对动态参数的影响，进行精度分析等。

无返回力矩钟表机构的设计计算，与引信的绝大部分其他机构的设计计算一样，是属于和测试技术关系很密切的工程问题。就如同不能指望"算出"一个新引信的结构一样，也不能指望光靠计算，得到一个满足预定要求的钟表机构。

参 考 文 献

［1］谭惠民. 两中心非调谐钟表机构的碰撞对走时精度的影响及电子计算机解［R］. 北京工业学院，1978.12.

［2］David L. Overman. Analysis of M125 Booster Mechanism（AD782108）；译文见"国外科技资料（弹箭类）"，1974（64）.

［3］Е. В. Кульков. Некорые Вопросы Динамики Спусковых Регуляторов Без Собственных Колъбаний Баланса［J］. Приборостроение，1960（5）.

［4］G. G. Lowen. DYNAMICS OF PIN PALLET RUNAWAY ESCAPEMENT. Army Science Conference Proceedings，1978.6.

惯性原动机非调谐钟表机构固有特性仿真研究

谭惠民 李国罡 徐 武

摘 要：目的 研究直线惯性原动机驱动的非调谐钟表机构固有特性。**方法** 以惯性原动机为对象，视钟表机构为阻尼器，建立动力学方程，进行仿真研究。**结果** 直线惯性原动机单位行程对应的载体飞行距离为一常量，是钟表机构自身参数的函数。**结论** 所得模型对所研究的机构具有一般意义；啮合百分比 P 是一实验确定量，对仿真精度有较大影响。

关键词：直线惯性原动机；无返回力矩钟表机构；钟表机构仿真

众所周知，离心原动机驱动的无返回力矩钟表机构有一重要固有特性：钟表机构解除保险时间 t_a 与弹丸转速 ω 的乘积是一常数，该常数称为钟表机构解除保险特征值 N（$N = \omega t_a$）。这一特征值物理意义为：无返回力矩钟表机构的结构和参数确定后，无论这种钟表机构配用于什么火炮，钟表机构解除保险时弹丸转过的转数不变。

无返回力矩钟表机构在火箭弹、导弹中，也常常用来提供与弹道环境相关的基本安全距离，以提高安全可靠性。此时，钟表机构通常用直线惯性力驱动。直线惯性原动机驱动的无返回力矩钟表机构，有与离心原动机驱动的无返回力矩钟表机构相类似的固有特性。

火箭弹、导弹的飞行安全距离 L_a 与载体飞行过载 a 及钟表机构解除保险时间的关系可近似表示为

$$L_a = at^2/2$$

对无返回力矩钟表机构而言，其解除保险时间与原动机力矩呈平方根反比关系，即

$$t_a = A/\sqrt{M}$$

式中，A 为钟表机构参数的函数，对一确定的机构可视为常数。

对于直线惯性力驱动的原动机，其输出力矩与载体飞行过载呈正比关系，即

$$M = Ba$$

式中，B 为原动机结构参数的函数，对一确定的机构可视为常数。

简单运算后可得

$$L_a = A^2/2B = \text{const} \tag{1}$$

即飞行安全距离为一常数。

---

① 原文刊登于《北京理工大学学报》，1998（5）。

1 物理模型及主要参数

1.1 物理模型

国内外为无返回力矩钟表机构构造过多种模型。这里采用 Overman D. L. 提出的一种模型，即将传动轮系和擒纵机构看做是原动机的一种阻尼器，研究原动机在阻尼作用下的运动特性。根据这一思想，可以给出图 1 所示物理模型。

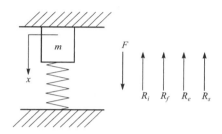

图 1　直线惯性原动机驱动的无返回力矩钟表机构物理模型

x—惯性原动机的位移；m—惯性原动机的质量；F—惯性驱动力；
R_i—传动轮系及擒纵机构引起的惯性阻力；R_f—各种轴承摩擦、传动啮合引起的阻力；
R_e—擒纵机构运动引起的阻力；R_s—原动机所受的弹簧阻力

由此可写出运动方程为

$$m\ddot{x} + R_i + R_f + R_e + R_s = F \tag{2}$$

方程（2）为研究直线惯性原动机驱动的无返回力距钟表机构运动特性的基本出发点。

1.2 基本参数

为以下理论分析及数值计算的方便，这里给出所用到的一些基本参量符号及算例值：

$a(t)$——惯性体的后坐过载；

λ——惯性体支撑簧的刚度，2.10×10^{-2} N/mm；

x_0——支撑簧的预压变形，10.65 mm；

N_E——擒纵轮齿轴对第 2 过渡轮片的速比，3.75；

N_t——摆轮对擒纵轮在齿顶处速比，1.21；

N_r——摆轮对擒纵轮在齿根处速比，0.995；

ψ——擒纵轮齿对应的半角，15°；

f——轴承摩擦系数，0.005；

P——擒纵轮与摆轮的啮合百分比，0.2；

q——齿条与齿轮、齿轮与齿轮间啮合效率，0.9；

N_1——第 1 过渡轮齿轴对惯性体齿条的速比，1.005 mm^{-1}；

N_2——第 2 过渡轮齿轴对第一过渡轮片的速比，3.75；

m——惯性原动机质量，11.9 g；

m_1——第 1 过渡轮质量，0.268 g；

m_2——第 2 过渡轮质量，0.230 g；
m_E——擒纵轮质量，0.188 g；
m_P——摆轮质量，0.815 g；
r_{P1}——第 1 过渡轮轮轴半径，0.32 mm；
r_{P2}——第二过渡轮轮轴半径，0.32 mm；
r_{PE}——擒纵轮轮轴半径，0.32 mm；
r_{PP}——摆轮轮轴半径，0.32 mm；
I_1——第 1 过渡轮转动惯量，1.59 g·mm²；
I_2——第 2 过渡轮转动惯量，1.245 g·mm²；
I_E——擒纵轮转动惯量，0.852 g·mm²；
I_P——摆轮转动惯量，6.31 g·mm²。

2　直线惯性原动机驱动的无返回力矩钟表机构数学模型

以原动机惯性体作为对象，将传动轮系及擒纵机构的作用全部看做阻尼，参照离心原动机驱动的无返回力矩钟表机构动力学模型，可列出惯性体的动力学方程为

$$m\ddot{x} + R + \lambda(x_o + x) = ma(t) \tag{3}$$

式中

$$R = R_i + R_f + R_E \tag{4}$$

由参考文献 [3] 可得

$$R_i = [N_1^2 I_1 + (N_1 N_2)^2 I_2 + (N_1 N_2 N_E)^2 I_E]\ddot{x} \tag{5}$$

$$R_f = f\left(\frac{N_1}{q}m_1 r_{P1} + \frac{N_1 N_2}{q^2}m_2 r_{P2} + \frac{N_1 N_2 N_E}{q^3}m_E r_{PE} + \frac{N_1 N_2 N_E P N_{rt}}{q^4}m_P r_{PP}\right)a(t) + ma(t)(1-q^4) + R_0 \tag{6}$$

$$R_E = \left(\frac{N_1 N_2 N_E}{q}\right)^3 C_E(\dot{x})^2 \tag{7}$$

擒纵机构阻尼系数

$$C_E = \frac{2N_{rt}^2 I_P (I_E + P N_{rt}^2 I_P)^2}{\psi I_E (I_E + N_{rt}^2 I_P)} \tag{8}$$

摆轮对擒纵轮的平均速比

$$N_{rt} = N_t - P\frac{N_t - N_r}{2} \tag{9}$$

考虑原动机质量及传动轮系惯量后擒纵轮的有效惯量

$$I_e = I_E + \frac{I_2}{N_E^2} + \frac{I_1}{(N_E N_2)^2} + \frac{m}{(N_E N_2 N_1)^2} \tag{10}$$

将式 (4) ~ 式 (10) 合并，代入式 (3) 并化简，可得

$$M\ddot{x} + C(\dot{x})^2 + \lambda x = Kma(t) - Kma_0 - \lambda x_0 \tag{11}$$

其中惯性体有效质量

$$M = m + N_1^2 I_1 + (N_1 N_2)^2 I_2 + (N_1 N_2 N_E)^2 I_E \tag{12}$$

速度阻尼系数

$$C = C_E \frac{(N_1 N_2 N_E)^3}{q^3} \tag{13}$$

因啮合效率及轴承摩擦而形成的驱动效率系数

$$K = q^4 - \frac{N_1 m_1}{q} \frac{m_1}{m} r_{P1} f - \frac{N_1 N_2 m_2}{q^2} \frac{m_2}{m} r_{P2} f - \frac{N_1 N_2 N_E m_E}{q^3} \frac{m_E}{m} r_{PE} f - \frac{N_1 N_2 N_E P N_n m_P}{q^4} \frac{m_P}{m} r_{PP} f \tag{14}$$

钟表机构最小启动力为

$$Kma_0 = R_0 \tag{15}$$

以上各式中，M 表示因传动轮系及擒纵轮的影响，使惯性体质量"增大"，称之为惯性体的有效质量；C 为速度阻尼系数，$C(\dot{x})^2$ 即因擒纵机构的啮合作用，而对惯性体运动产生的速度阻尼项；K 为效率系数，$Kma(t)$ 即因传动轮系和擒纵机构的轴颈摩擦，以及轮系（含擒纵轮齿与卡瓦）啮合效率，而使实际驱动力"下降"；R_0 为钟表机构的最小启动阻力；a_0 为最小启动过载。

3 仿真计算结果

3.1 直线惯性原动机驱动无返回力矩钟表机构特征值模型

设惯性体解除保险行程 l_a，解除保险时间 t_a，对应载体的飞行距离 L_a，对应载体的飞行过载为 A 阶跃。

解方程（11），令 $a(t) = A$，$x = l_a$，可得

$$t_a = t(A, l_a, m, m_1, \cdots, I_1, I_2, \cdots, N_1, N_2 \cdots) \tag{16}$$

$$L_a = \frac{1}{2} A t_a^2 \tag{17}$$

根据实验结果获得最小启动过载 a_0，并给出不同的 A_i 值，可得一系列不同的 t_{ai}，L_{ai} 值。以 L_{ai}/l_a，A_i/G 为直角坐标值作图，所得曲线即为在最小启动过载 a_0 下经无量纲处理后直线惯性原动机驱动的无返回力钟表机构的特性曲线。

3.2 仿真结果及结论

取两个具有代表性的值 $5G$ 和 $10G$ 作为最小启动过载 a_0 的初始值，根据 2.2 节给定的参数，利用式（11）、式（16）、式（17）描述的数学模型，作仿真计算得到的最小启动过载分别为 $5G$ 和 $10G$ 时直线惯性原动机驱动的无返回力矩钟表机构的特征曲线，如图 2 所示。

事实上，对一特定的直线惯性原动机驱动的无返回力矩钟表机构，最小启动过载 a_0 总是客观存在的，因而由图 2 所示曲线可知：

① 对一特定结构形式及参数的直线惯性原动机驱动的无返回力矩钟表机构，有一最小驱动过载，当过载小于该值时，钟表机构作用时间趋于无穷大，或者说单位解除保险行程对应的载体飞行距离趋于无穷大。

② 钟表机构作用时间对驱动过载有一敏感区，通常钟表机构不设计在这种过载下工作。

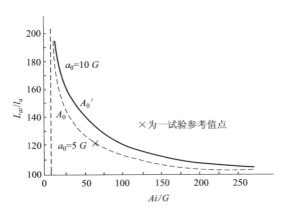

图 2　直线惯性原动机驱动无返回力矩终表机构特征曲线

③ 驱动过载大于某一值（图 2 中为 $250G$）时，解除保险行程对应的载体飞行距离趋于一个常数，即

$$L_c = \frac{L_{ai}}{l_a} = \text{const} \quad (18)$$

该常数即为此种钟表机构的特征值。

④ 载体的实际过载通常不是一个简单的阶跃，可通过式（11）代入实际的 $a(t)$ 值计算解除保险时间 t_a 及对应载体飞行距离 L_a。

⑤ L_c 值的意义在于：对于一个具体的工程问题，通常是通过相似设计来寻找一个合适的钟表机构，有了 L_c 值，就可以确定现有某一钟表机构是否基本适用于某一弹道环境，以及进行改进设计的主要方向。

参 考 文 献

[1] MIL – HDBK – 757（AR）. Fuzes. Department of Defense USA, 1994.4.15.
[2] 谭惠民. 带销钉式调速器钟表机构作用时间的计算［J］. 爆炸与引爆技术, 1984（1）.
[3] David L. Overman. Analysis of M125 Booster Mechanism（AD782108）；译文见《国外科技资料（弹箭类）》1974（64）.

当擒纵机构相对弹轴不同位置布置时动态特性仿真[①]

邓宏彬　刘明杰　谭惠民

1　仿真目的

当弹丸高速旋转时，擒纵机构受离心力的作用，有可能产生较大的附加反力矩，以及在轴承上产生较大的摩擦力矩，从而影响擒纵机构正常走动，在极端情况下，甚至可能不启动。本仿真试图定量给出同一种擒纵机构当以不同的方式布置时，其启动力矩的差异；为获得同样的半周期，其驱动力矩的差异。

2　仿真物理模型

以 M577A1 引信为对象：第一种模型为擒纵机构按原图纸规定布置；第二种模型为擒纵轮保持原位置，摆轴以擒纵轮轴为中心，顺时针转一个角度，使弹轴、擒纵轮轴及摆轴在一条直线上；第三种模型为在第二种模型的基础上，将擒纵轮与摆的位置对调（见图1～图3）。

假定无论在哪一种情况下，上述三种情况都有相同的转速环境。

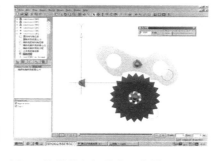

图1　擒纵轮与摆均在原位模型示意图

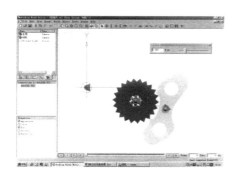

图2　擒纵轮在内与摆在外的模型示意图

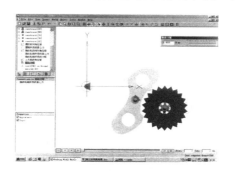

图3　擒纵轮在外与摆在内的模型示意图

---

① 本文为《引信安全性改造》专项中基型安全系统方案设计的背景研究报告之一，2000.12。

3 仿真方法

对每一种布置方式,逐渐增大作用在擒纵轮上的力矩,直至擒纵机构能产生正常的连续走动周期,该力矩定义为最小启动力矩。

以第一种布置方式最小启动力矩所对应的周期为基准,调整第二、第三种布置方式擒纵轮上的力矩,使之产生相同振动周期,以了解三种不同布置方式所需的作用在擒纵轮上的力矩的差别。

以 30 000 r/m 弹丸转速为环境,研究擒纵机构三种不同布置方式的动态特性。

4 仿真结果

4.1 最小启动力矩

表1中所列力矩仅能使摆开始运动,如在出瓦开始第一个半周期传冲,传冲结束后摆的剩余速度极小,擒纵轮在进瓦产生第二个半周期传冲时间极短,很快在出瓦继续下一个周期的碰撞及传冲。

表1 最小启动力矩下的运动参数

情况	启动力矩 /(N·mm)	出瓦碰撞、传冲、 自由时间/ms	进瓦碰撞、传冲、 自由时间/ms	摆动幅度 /(°)	周期 /ms
1	8.0×10^{-4}	335	30	6.2	365
2	9.5×10^{-4}	527	33	6.5	550
3	10.0×10^{-4}	223	227	6.3	450

擒纵机构不同的布置,对最小启动力矩稍有影响,原有布置方式启动力矩最小,为 8.0×10^{-4} N·mm;摆远离弹轴时启动力矩其次,为 9.5×10^{-4} N·mm,是前者的 1.19 倍;擒纵轮远离弹轴时启动力矩最大,为 10.0×10^{-4} N·mm,是第一种情况的 1.25 倍。

4.2 形成基本稳定振动时各驱动力矩对比

在作 4.1 节的仿真时,由于驱动力矩很小,摆的振动不很稳定,进出瓦的摆动也很不对称,周期的差别也很大,特别是在第1、第2种情况时。

为研究形成稳定振动时,擒纵机构三种布置方式所需驱动力矩的差别,通过试算,使三种布置方式的振动周期均为 34.5 ms:得原有布置方式的驱动力矩为 29×10^{-4} N·mm;摆远离弹轴时驱动力矩为 30×10^{-4} N·mm,是前者的 1.035 倍;擒纵轮远离弹轴时驱动力矩为 31×10^{-4} N·mm,是第一种情况的 1.069 倍,见表2。

表 2　形成基本稳定振动的驱动力矩下的运动参数

情况	驱动力矩/(N·mm)	周期/ms	进瓦半周期/ms	出瓦半周期/ms	摆动幅度/(°)
1	29×10^{-4}	34.5	11.5	23.0	8.6
2	30×10^{-4}	34.5	15.0	19.5	7.9
3	31×10^{-4}	34.5	14.0	20.5	8.0

4.3　在正常驱动力矩下各布置方式擒纵机构的动态特性

为得到正常驱动力矩下三种布置方式擒纵机构的走动特性，特设计以下驱动条件：作用在擒纵轮上的驱动力矩为 6.5 N·mm，弹丸转速为 30 000 r/min。

经仿真运算，结果见表 3。

表 3　正常驱动力矩下的运动参数

情况	驱动力矩/(N·mm)	弹丸转速/(r·s^{-1})	最大周期/ms	最小周期/ms	最大摆幅/(°)	最小摆幅/(°)
1	6.5	500	0.75	0.71	8.8	8.8
2	6.5	500	0.80	0.60	8.6	6.9
3	6.5	500	0.80	0.67	8.5	7.5

5　分析意见

对于 M577A1 引信用擒纵机构，由于摆的设计十分精巧，其质心与转轴几乎完全重合，由弹丸高速旋转产生的离心力并不会在摆上形成附加力矩，从而出现动力不平衡的现象。离心力对擒纵机构形成的负面影响主要是增大轴承摩擦力矩。在上述情况下，擒纵轮及摆愈是靠近弹轴布置，离心力的负面影响愈是小；当擒纵轮的质量大于摆的质量时（如 M577A1），擒纵轮靠近弹轴、摆远离弹轴的布置方式，其维持基本稳定振动的驱动力矩要稍小于相反的布置方式。但无论如何，M577A1 引信擒纵机构原有的布置方式，离心力对擒纵机构的负面影响最小。

当弹丸高速旋转时（30 000 r/m），驱动力矩及离心力产生的摩擦力矩均很大，即使在这种情况下，M577A1 引信擒纵机构原有布置方式也是较好的。即在同样的环境条件下，M577A1 引信擒纵机构有较短的较稳定的振动周期。

建议采用如 M577A1 引信擒纵机构这种布置方式。

（详细的计算数据、曲线从略）

辑八

动强度

不同载荷条件下引信支筒的动态屈曲

高世桥　王国泰　谭惠民

0　概　述

引信结构零件在冲击载荷作用下的强度问题，是引信技术中客观存在的十分重要的一个问题。因构件强度不够而导致引信失效，甚至发生膛炸、早炸事故，国内外都有过报道。有的构件，如支筒、雨栅、防潮帽等，则以其在特定冲击载荷作用下是否失去承载能力，表征引信的重要性能是否得到了很好的实现，所涉及的重要性能有引信的灵敏度、瞬发度以及解除保险的可靠度等。

构件在冲击载荷作用下的响应计算及其失效判定，即使在力学界也是一个正在研究中的课题。这说明这个课题既有很重要的工程应用价值，在理论上也是很有意义的。

分析构件失效的基本理论，因构件形状及其相对尺度的不同而存在着巨大的差别，可以因弹性失稳而失效、弹塑性失稳而失效，或者因强度破坏而失效。为此，我们选择了引信中大量使用的、在国内外尚未见到有人从工程的角度进行过深入研究的圆柱壳，作为我们的研究对象，研究它的失效理论，以使研究结果更具典型意义。

该项研究所采用的研究方法，希望能对引信动强度课题的继续深入具有参考价值。以支筒为例，我们根据引信技术的具体需要，理论分析的最终形式是以类似设计规范的结果给出的。比如说，构件的几何参数及材料特性与火炮参数之间的关系可构成膛内安全设计准则；构件的几何参数及材料特性与目标特性的关系可构成灵敏度和瞬发度设计准则等。基本原则是给出的公式便于用来确定结构参数，并且具有工程设计所能接受的精度。

所给出的设计计算公式，凡涉及失效载荷的，没有什么附加的使用条件；凡涉及失效时间的，则需考虑载荷作用时间与塑性波在构件中传播时间的关系。具体说，在校核膛内安全性问题时，通常可以不考虑塑性波的传播问题；如校核灵敏度和瞬发度问题，则要根据具体的受力函数而定。如屈曲发生时载荷还在继续，可以不考虑波的传播问题；否则，就要考虑。除此之外，也与所设定的破坏准则有关。如认为局部屈曲构件即失效，自然要考虑波的传播问题；如认为整体屈曲构件才失效，就可以不必考虑波的传播问题。

1　引信支筒动强度分析

我们对圆柱壳受突加恒载冲击、任意载荷冲击及恒速冲击的问题进行了理论分析（另见专门报告），所得的都属于理想的物理冲击模型。实际的引信构件将随引信体一起受到各

---

① 本文为一项基金研究的阶段报告，1990.11。

种环境的冲击作用。下面将根据所得的理论结果，结合几种具体情况讨论支筒的动强度问题。

1.1 支筒随引信一体贯穿薄靶板时的塑性动力屈曲

如图 1 所示，所讨论的支筒是作为支撑击针的圆柱壳。当引信贯穿薄靶板时，靶板将对击针有撞击力，击针将此力传递给支筒。设靶板较薄，以致引信（与弹一体）在贯穿靶板时的能量损失相对弹丸原有动能很小，靶板对击针的作用力可认为一恒值。设击针刚性较大、质量较小，故此力将传给支筒。这种撞击过程相当于圆柱壳受轴向突加恒载的作用过程。

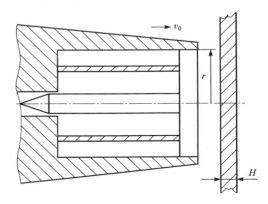

图 1 支筒随引信一体贯穿薄靶板

根据文献 [1]，当弹丸以速度 v_0 贯穿薄靶板时，靶板对击针（支筒）的冲击力为

$$P = 2\pi rH\left(\tau_0 + \frac{\mu^*}{e}v_0\right) \quad (1)$$

式中，r 为引信击针头半径；H 为靶板厚度；τ_0 为极限剪力；μ^* 为粘性系数；e 为剪切带宽。

由理论分析可知，对于突加恒载作用时，支筒的临界屈曲载荷为

$$P_{\min} = 4\pi Eh^2 \sqrt{\frac{1}{3[(5-4\mu)\lambda - (1-2\mu)^2]}} \quad (2)$$

将式（1）代入到式（2）中得

$$H_{\min} = \frac{2Eh^2}{r\left(\tau_0 + \frac{\mu^*}{e}v_0\right)} \frac{1}{\sqrt{3[(5-4\mu)\lambda - (1-2\mu)^2]}} \quad (3)$$

此 $H_{\min}$ 即为使支筒产生塑性动力屈曲的最小靶板厚度，称为临界靶板厚度。

须注意的是，在进行以上分析过程中，要保证弹丸的速度有一定的值，否则弹丸具有的动能就要大部分损失在靶板上。一般来说，破坏靶板所需的能量

$$w_P \leqslant 2\pi rH^2\left(\tau_0 + \frac{\mu^*}{e}v_0\right) \quad (4a)$$

弹丸的动能为

$$w_D = \frac{1}{2}Mv_0^2 \quad (4b)$$

式中，M 为弹丸质量。因此在实际分析中，保证

$$\frac{w_D}{w_P} > \eta \quad (4c)$$

即可。系数 η 可根据具体情况具体确定，一般取 $\eta > 10$ 即可。由式（4a）、式（4b）、式（4c）知，可取

$$v_0 > \frac{40\pi rH^2\dfrac{\mu^*}{e}}{M} \quad (4)$$

1.2 支筒随引信（弹丸）一体撞击无限大硬目标时的塑性动力屈曲

当如图 1 所示的击针支筒随弹丸引信一体撞击无限大硬目标（如水泥地、装甲板等），且支筒屈曲所需的能量比弹丸动能小很多的时候，可认为支筒受一恒速轴向冲击。

由理论分析可知，对于恒速冲击，支筒屈曲时的临界时间为

$$t_{\min} = \frac{2Lh}{Rv_0}\sqrt{\frac{\lambda}{3(\lambda+3)}} \tag{5}$$

由此，可计算出支筒屈曲的临界时间。当碰击速度为 17.4 m/s 时，代入有关参数 $L=7.87$ mm，$h=0.252$ mm，$R=2.98$ mm，$\lambda=37$，由式（5）可算得 $t_{\min}=42.5$ μs。实测柱壳临界屈曲时间为 46 μs。

在进行本节分析时，同样需注意，弹丸的速度不能太低，否则就不属于恒速冲击了。为了保证弹丸的动能远大于支筒屈曲时的变形能，须使弹丸速度满足如下关系

$$v > \sqrt{\frac{2}{M}\eta w_c} \tag{6}$$

式中，M 为弹丸质量；w_c 为支筒屈曲时的变形能；η 为系数，可取 $\eta>10$。

1.3 支筒受火炮膛内惯性力冲击时的塑性动力屈曲特性

当如图 1 所示的支筒随引信弹丸一体在火炮膛内运动时，将受到击针及支筒本身惯性力的冲击。若支筒较薄，其本身的惯性力可以忽略，则在动坐标系（随引信运动）中，支筒将直接受到击针惯性力的轴向冲击。设弹丸（引信）在膛内的加速度为 $a(t)$，击针的质量为 m_g，则击针对支筒的冲击力为

$$P(t) = m_g a(t) \tag{7}$$

可以看出，此时，支筒所受的冲击载荷属一般载荷（或称任意载荷），其临界载荷及临界时间分别由理论分析得

$$P_{\min} = 4\pi Eh^2\sqrt{\frac{1}{3[(5-4\mu)\lambda-(1-2\mu)^2]}} \tag{8}$$

$$t_{\min} = P^{-1}\left(4\pi Eh^2\sqrt{\frac{1}{3[(5-4\mu)\lambda-(1-2\mu)^2]}}\right) \tag{9}$$

利用式（7），可知

$$t_{\min} = a^{-1}\left(\frac{4\pi Eh^2}{m_g}\sqrt{\frac{1}{3[(5-4\mu)\lambda-(1-2\mu)^2]}}\right) \tag{10}$$

其中，$a^{-1}(\cdots)$ 表示 $a(t)$ 的反函数。

1.3.1 锯齿形冲击载荷结果

锯齿形脉冲载荷如图 2 所示，其中 τ 为脉冲宽度，P^* 为脉冲峰值。

根据理论分析可知，只有当 $P^*>P_{\min}$ 时，才能使支筒发生塑性屈曲，其屈曲载荷 $P_{\min}$ 为式（8）的结果乘以 $2\pi R$。其临界屈曲时间为

$$T = \frac{4\pi Eh^2}{\sqrt{3[(5-4\mu)\lambda-(1-2\mu)^2]}} \cdot \frac{\tau}{P^*} \tag{11}$$

1.3.2 半正弦波冲击载荷结果

半正弦波脉冲载荷如图 3 所示，其中 τ 为脉冲宽度，P^* 为脉冲峰值。

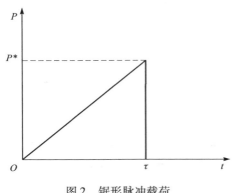
图 2 锯形脉冲载荷

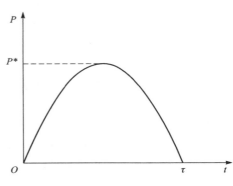
图 3 正弦波脉冲载荷

由理论分析可知，只有当 $P^* > P_{\min}$ 时，才能使支筒发生塑性屈曲，屈曲载荷由式（8）的结果乘以 $2\pi R$ 给出，临界屈曲时间为

$$T = \frac{\tau}{\pi} \cdot \arcsin \frac{4\pi E h^2}{P^* \sqrt{3[(5-4\mu)\lambda - (1-2\mu)^2]}} \tag{12}$$

1.4 支筒直接受子弹撞击时的塑性动力屈曲

当子弹以一定速度 v_0 撞击一端固定的支筒时，若子弹的速度或质量较大，以致子弹的动能比支筒破坏时的变形能大得多的时候，可近似认为支筒受一恒速 v_0 的冲击。其临界屈曲时间可由式（5）算得。

若子弹的动能有限，则当其撞击支筒时，其大部分能量将损失在支筒的变形能上。设支筒屈曲破坏时的最小变形能为 w_c，则当

$$\frac{1}{2}mv_0^2 \leqslant w_c$$

时，支筒不会受破坏。当

$$\frac{1}{2}mv_0^2 \gg w_c$$

时，属于恒速冲击。当

$$\frac{1}{2}mv_0^2 > w_c$$

但子弹动能不远大于 w_c 时，则是变速冲击，即在冲击过程中，弹速有明显的衰减。若此时知道撞击时的轴向载荷（撞击力），则可利用任意载荷冲击时的分析方法进行研究。须注意的是本文讨论的问题都是加载过程。

已知任意载荷冲击时圆柱壳的临界屈曲载荷为

$$P_{\min} = 4\pi E h^2 \sqrt{\frac{1}{3[(5-4\mu)\lambda - (1-2\mu)^2]}} \tag{13}$$

其临界屈曲时间为

$$t_{\min} = P^{-1}\left(4\pi Eh^2 \sqrt{\frac{1}{3[(5-4\mu)\lambda - (1-2\mu)^2]}}\right) \tag{14}$$

其中，$P^{-1}(\cdots)$ 是 $P(t)$ 的反函数。

1.5 支筒受极高速子弹直接撞击时的塑性动力屈曲

理论分析表明，当支筒受极高速外载冲击时，不能忽略应力波的效应。因此当支筒直接受高速子弹冲击时，必须考虑应力波的效应。根据理论分析可知，支筒的临界速度为

$$v_{\min} = \frac{N_{\min} - \sigma_0 h}{\rho c_p h} + \frac{\sigma_0}{\rho c_e} \tag{15}$$

临界时间为

$$t_{\min} = \frac{L}{c_p} \tag{16}$$

其中 $N_{\min}$ 满足

$$N_{\min} = \frac{2Eh^2}{R}\sqrt{\frac{1}{3[(5-4\mu)\lambda - (1-2\mu)^2]}} \tag{17}$$

取支筒参数 $R = 2.98$ mm，$h = 0.252$ mm，$L = 7.87$ mm，$\rho = 8.9$ t/m³，并以应变率 $\dot{\varepsilon} = 1.8 \times 10^4 \text{s}^{-1}$ 时的量值代入以上各式，它们分别为：弹性极限应力 $\sigma_0 = 200$ MPa，切线模量 $E_h = 2.2$ GPa，杨氏模量 $E = 53$ GPa，弹性波速 $c_e = 2440$ m/s，塑性波速 $c_p = 497$ m/s。可算得临界速度的一次近似值为 $v_{\min} = 99.8$ m/s，临界时间 $t_{\min} = 16$ μs。

2 关于临界屈曲载荷的讨论

根据式（17），临界屈曲应力可写为

$$\sigma_{\min} = \frac{N_{\min}}{h} = \frac{2E}{\sqrt{3[(5-4\mu)\lambda - (1-2\mu)^2]}} \cdot \frac{h}{R} \tag{18}$$

设支筒材料的屈服应力为 σ_s，强度极限应力为 σ_b，则当 $\sigma_{\min} < \sigma_s$ 时，其首次屈曲属于弹性屈曲；而当 $\sigma_s < \sigma_{\min} < \sigma_b$ 时，其首次屈曲则属于塑性屈曲；当 $\sigma_{\min} > \sigma_b$ 时，说明壳体结构在达到强度极限之前，不可能发生屈曲破坏。由式（18）可知，支筒结构在轴向突加恒载作用下到底发生哪种破坏，取决于支筒的相对厚度 h/R。当

$$\frac{h}{R} < \frac{1}{2}\sqrt{3[(5-4\mu)\lambda - (1-2\mu)^2]}\frac{\sigma_s}{E}$$

时，结构将首先发生弹性屈曲破坏；当

$$\frac{1}{2}\sqrt{3[(5-4\mu)\lambda - (1-2\mu)^2]}\frac{\sigma_s}{E} < \frac{h}{R} < \frac{1}{2}\sqrt{3[(5-4\mu)\lambda - (1-2\mu)^2]}\frac{\sigma_b}{E}$$

时，支筒结构将先发生屈服，然后在塑性流动阶段发生塑性动态屈曲破坏；但当

$$\frac{h}{R} > \frac{1}{2}\sqrt{3[(5-4\mu)\lambda - (1-2\mu)^2]}\frac{\sigma_b}{E}$$

时，结构在发生强度破坏之前不可能发生塑性屈曲破坏，亦即这样的厚壁结构只能发生强度破坏。

利用上述的分析方法，对如图 4 所示的支筒受轴向突加恒载作用时的临界载荷进行计算和分析。图中 $R = 2.98$ mm，$L = 7.87$ mm，$h = 0.252$ mm，材料为铜，其杨氏模量为 $E = 20$ GPa，泊松比为 $\mu = 0.5$，$\lambda = 15$，屈服应力为 $\sigma_s = 140$ MPa，强度极限为 $\sigma_b = 320$ MPa。

将以上参数代入到式（18）中并乘以 $2\pi R$，注意量纲，解得临界载荷 $P_{min} = 1\ 346$ N。图 5 给出了当 $R = 2.98$ mm 时临界屈曲载荷 P_{min}、屈服载荷 P_s 和强度极限载荷 P_b 随壳体厚度 h 的变化曲线。从图中可以看出，若 $h < 0.12$ mm，则结构在进入塑性状态前首先发生弹性屈曲破坏，此时应按弹性稳定理论进行研究；若 0.12 mm $< h < 0.28$ mm，则结构在变形过程中首先进入塑性状态，并在强度破坏以前发生塑性动态屈曲破坏，算例即属于这种情况；当 $h > 0.28$ mm 时，其对应的结构只能发生强度破坏。

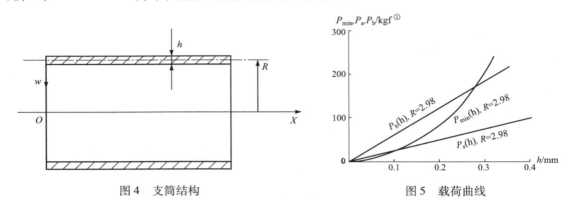

图 4　支筒结构　　　　　　　　图 5　载荷曲线

参 考 文 献

［1］高世桥，王宝兴. 截锥形弹低中速贯穿薄靶板时的动力分析与计算［J］. 应用数学和力学，1986（11）.

---

①　1 kgf = 9.806 65 N。

柱壳在轴向冲击载荷作用下塑性屈曲的实验研究

王国泰　谭惠民　杨欣德

摘　要：圆柱壳的动态塑性屈曲问题的研究主要集中在屈曲模态方面，至于屈曲的临界载荷与临界时间则较少研究，SHPB 用于研究材料在高应变率下动态力学性能已为大家所熟悉，但用于研究结构的动态屈曲则未见报道。本文利用这一装置对柱壳的动态塑性屈曲进行了实验研究，测出了壳体屈曲过程的载荷，轴向缩短量与时间的关系曲线，屈曲时的临界载荷与临界时间。同时发现壳体屈曲变形的一些规律，并与静态实验的结果进行了比较，为理论分析和建模提供了依据。

1　前　言

圆柱壳的动态塑性屈曲问题的研究从 20 世纪 60 年代初就开始了，主要是对屈曲模态的临界失稳速度进行分析，至于屈曲时临界载荷及临界时间的研究则较少。这类问题的分析方法有两种：一是研究塑性动力屈曲的判据，这在理论上及实验上仍需作进一步的探讨；二是采用扰动分析方法，这种方法最早由 Abrahamson 和 Goodier 用来处理圆柱壳在径向冲击载荷下的塑性失稳问题，主要考虑由初缺陷产生的扰动运动，认为屈曲是由初缺陷的不均衡发展而产生的，屈曲模态取为初缺陷中发展最快的模态。屈曲模态确定后，再按工程准则确定失稳临界速度。扰动分析方法已被推广到板、环、圆柱壳等结构的塑性动力失稳问题。现在初缺陷分析法是塑性动态失稳的主要理论研究方法。

在文献［6］中，王仁等研究了一端固定在刚性平架上，另一端通过垫块受到一个沿轴向运动的质量的冲击，讨论了冲击速度对壳体屈曲特性的影响，发现壳体屈曲过程中除具有第一临界失稳速度 v_{cr1} 外，还存在第二临界速度 v_{cr2}。根据文献［1］的扰动分析法，给出了 v_{cr1} 的计算式，基于应变率反向的原则，从理论上给出了第二临界速度 v_{cr2} 的近似估算式。后来，又用同样的分析方法研究了撞击在刚性靶上的圆柱壳的动态塑性屈曲问题。

本文主要研究圆柱壳在轴向矩形脉冲载荷作用下动态塑性屈曲过程中轴向应力、轴向应变（轴向缩短量）与时间的关系，所采用的实验装置是 SHPB 系统，它用于研究材料在高应变率下的动态力学性能已为大家所熟悉，但用于研究结构的动态屈曲则未见报道。

---

① 原文刊登于《应用力学学报》，1994（1）。

2 实验原理

试验是在分离式 Hopkinson 压杆（SHPB）上进行的，实验装置及试件尺寸如图 1、图 2 所示。试件材料为紫铜。经冲压成型后再进行一次退火处理，材料性能为 $E = 11\,000 \text{ kg/mm}^2$，$\sigma_{02} = 35 \text{ kg/mm}^2$，$\mu = 0.35$，$E_P = 90 \text{ kg/mm}^2$。试验用子弹为 $\phi = 14.5$ mm，$L = 300$ mm 的钢弹，$\rho = 7.8 \text{ g/cm}^3$。

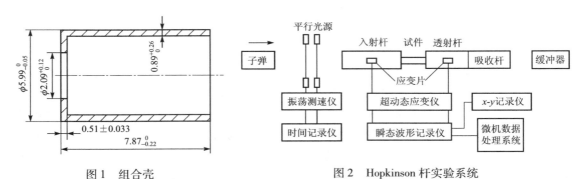

图 1 组合壳　　　　　图 2 Hopkinson 杆实验系统

试验时试件被夹在入射杆及透射杆之间，安放时接触面涂一层黄油，以减小摩擦使接触紧密。用压气枪发射的子弹打在入射杆上，产生应力脉冲，其脉冲宽度为 119 μs，上升时间小于 10 μs。应力波随之传到试件上，并通过试件传到透射杆上。利用贴在波导杆上的应变片记录入射波、反射波及透射波。由于入射杆中信号较大，因而选用电阻应变片测波动信号；由于试件与波导杆接触面积小，且易变形，因而选用半导体应变片测透射杆中信号。根据一维应力波理论，在一维压杆间试件上的位移即试样两端面的轴向缩短量为

$$\begin{aligned} S &= u_1 - u_2 \\ &= c_0 \int_0^t (\varepsilon_i - \varepsilon_r - \varepsilon_t) \mathrm{d}t \\ &= c_0 \int_0^t \varepsilon_r \mathrm{d}t \end{aligned} \quad (1)$$

式中，u_1 为入射杆与试样接触的截面位移；u_2 为透射杆与试样接触的截面位移。又由于试件的应力为

$$\begin{aligned} \sigma &= \frac{E}{2} \cdot \frac{A_0}{A_s} (\varepsilon_i + \varepsilon_r + \varepsilon_t) \\ &= E \frac{A_0}{A_s} \varepsilon_t \end{aligned} \quad (2)$$

故试样上受力为

$$F = E A_0 \varepsilon_t \quad (3)$$

式中，A_0 为波导杆截面积；A_s 为试件截面积；ε_i，ε_r，ε_t 分别为入射波、反射波及透射波。

根据方程（1）、方程（2）及方程（3）即可确定试件屈曲过程中的轴向应力、轴向缩短量及时间的关系。

3 实验数据分析

图 3 为测得的动态载荷与位移实验曲线（以 Shell009 为例），从图中可以看出，一开始载荷上升很快，后来变缓慢，遇到屈曲最大值后持续一段时间，随之下降，位移是随时间而逐渐增加的。图 4 为测得的静态载荷与位移实验曲线（以 Shell008 为例）。

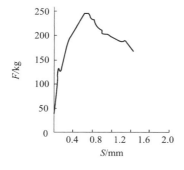

图 3　Shell009 载荷 – 相对位移曲线　　　　图 4　组合壳静力屈曲实验曲线

实验共得 9 组数据，撞击速度为 5.71 ~ 18 m/s。为了观察屈曲过程及屈曲波形，还做了大量的试验。

子弹撞击速度、临界屈曲载荷与屈曲时间之间曲线如图 5 所示。

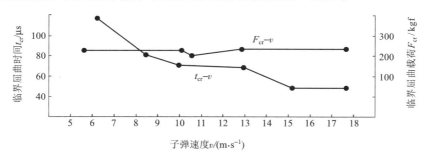

图 5　F_{cr}，t_{cr} 和 v 曲线

实验发现，组合圆柱壳的临界屈曲速度 v_{cr} 为 5.71 ~ 6.31 m/s，动态临介屈曲载荷（238.4 kg）比静态临界屈曲载荷（180.3 kg）提高 32.2%。

当子弹速度 $v < v_{cr}$ 时，组合圆柱壳只发生均匀的环向扩张和均匀轴向压缩，没有发生屈曲；当子弹速度 $v \geq v_{cr}$ 时，组合圆柱壳发展为轴对称的圆环形屈曲，轴向屈曲半波数为 2.0 ~ 2.5 个，最终的变形较小，试件仍可继续承载；当子弹速度再提高时，大部分试件最终出现轴对称的菱形屈曲波，轴向屈曲半波数减小为 1.5 ~ 2.0，最终的轴向变形很大，承载能力下降很大。有一个组合壳的周向屈曲形式是 3 个正弦波。

可以推断，组合壳的屈曲变形过程是这样的：开始只产生均匀的轴向压缩和环向扩张；由此发展为轴对称的环形屈曲波，如果此时继续加载，则发展为轴对称的菱形屈曲波；此波首先出现在柱壳与板接合部位。对于去掉盖板后的圆柱壳也进行了动态屈曲试验，发现屈曲形式及屈曲半波数不同于组合壳，屈曲波出现一个圆环屈曲波，不同试件，屈曲波出现的位置不同，且没有菱形波出现。

本文重点在于报道圆柱壳在轴向冲击载荷作用下动态塑性屈曲的试验结果及观察到的特殊现象，至于理论模型的建立及分析将在以后给予系统报道。

本试验是在中国科技大学完成的，在实验过程中得到该校近代力学系胡时胜老师的热情支持，在此表示感谢。

参 考 文 献

[1] Abrahamson G R, Goodier J N. Dynamic Plastic Flow Buckling of a Cylindrical Shell From Uniform Radial Impulse [C]. Proc. 4th U. S. Nat. Cong. Appl. Mech. 1962：413－418.

[2] Goodier J N. Dynamic Buckling of Rectangular Plate in Sustained Plastic Compressive Flow [C]. Proc. Syrup. on Plasticity, 1968.

[3] Florence A L, Goodier J N. Dynamic plastic Buckling of Cylindrical shells in Sustained Axial Compressive Flow [J]. J. Appl. Mech. 1968 (1)：80－86.

[4] Norman Jones, Okawa D M. Dynamic Plastic Buckling for Rings and Cylindrical Shells [C]. Nuclear Engineering and Design, 1976：125－147.

[5] Florence A L and Abrahamson G R. Critical Velocity for Collapse of Visco-Plastic Cylindrical Shells Without Buckling [J]. J. Appl. Mech. 1977 (1)：89－94.

[6] 王仁，韩铭宝，黄筑平，杨青春. 受轴向冲击的圆柱壳塑性动力屈曲实验研究 [J]. 力学学报，1983（5）：509－515.

辑 九

引信可靠性

从抽样检验谈引信产品的质量控制[①]

谭惠民　刘明杰

摘　要：本文对比分析了目前通用于我国的挑选型抽样试验方法和流行于美国、日本的调整型抽样试验方法的优缺点，通过对几个引信的主要性能指标抽样方法的具体分析，论证了国外引信试验的一些发展趋势，如重视引信的安全性试验，采用有弹性的可调整的试验方法等。作者认为，从统计学的观点来看，引信事故的发生，不能单凭验收试验的"关口"来杜绝。验收试验可以将质量事故控制在一定范围之内，但对于某些绝对不允许发生的事故，如引信引起的膛炸，则只能从机构设计上采取措施，从而根本杜绝产生这种事故的可能。

近年来，几种制式引信在使用中相继发生膛、早炸事故，致使大量产品被迫禁用，有关工厂被迫停产，给部队和工厂都带来了很大的麻烦。事故的发生，使我们提出这样一些问题：既然使用证明引信的质量是有问题的，那么，作为引信整机综合质量检验"关口"的靶场验收试验为什么没有能够卡住呢？从统计学的角度看，膛炸或早炸事故是必然的还是偶然的？是否可以用提高验收指标的方法来杜绝这类事故的发生？我国现行验收方法有些什么问题？国外的情况如何？这就是本文所要讨论的。

1　抽样检验的数学模型

为了便于说清楚所要讨论的问题，先简单介绍一下有关的数学问题以及一些主要的术语。

1.1　抽样特征函数

为了判定一批 N 个交验引信的某一项性能指标是否合格，要随机地从中抽取 n 个，称作样本，进行该项性能指标的靶场试验。如样本中的不合格数量 d 在规定的指标 C 的范围内，判定该批合格，军方接收；如不合格数量大于规定的指标，则判定为不合格，军方拒绝收。上述一次抽样方案可记作 (n/C)。如检验特-3引信的地面发火性能时，要求抽取10发，如瞎火数小于或等于1发，接收；如瞎火数大于1发，则拒绝。该抽样方案可记作 $(10/1)$。

对于引信的靶场验收试验，每发试验引信的试验结果，只有"合格"和"不合格"两种判断。设引信的批量为 N，不合格品率 p 为，则该批引信中的不合格品总数 $D = N \cdot p$。从

[①] 原文刊于《兵工学报·引信分册》，1980（2）。

D 中抽取 d 个不合格品的可能组合为 $\binom{D}{d}$。因样本数为 n 个，抽掉 d 个不合格品后，剩下的 $n-d$ 个就需要从 $N-D$ 个合格品中抽了，可能的组合为 $\binom{N-D}{n-d}$。由上述组合共同构成的新组合共有 $\binom{D}{d}\binom{N-D}{n-d}$ 种，这就是样本数为 n，其中含有 d 个不合格品的可能有的总组合数。另一方面，我们不管样本中是否含有不合格品，在 N 中随意抽取 n 个样品的总组合数为 $\binom{N}{n}$。因此可得，在一批含有 D 个不合格品的 N 个引信中，抽取 n 个样品，其中不合格品有 d 个，合格品有 $n-d$ 个，样本中含有不合格品的可能性，或者说它的概率为

$$P = \frac{\binom{D}{d}\binom{N-D}{n-d}}{\binom{N}{n}} \tag{1}$$

当批量 N、不合格品率 p、样本数 n 确定后，概率 P 只是 d 的单值函数。对给定值（N，n，C），每个 d（如 0, 1, 2, …）都对应一个 P 值，只要 $d \leqslant C$，就判为合格，因此总的合格率就是这些 P 值的和。故一批交验引信总的接收概率可以表示为

$$P_a = \sum_{d=0}^{C} \frac{\binom{D}{d}\binom{N-D}{n-d}}{\binom{N}{n}} \tag{2}$$

上述超几何概率分布在 $n \leqslant 0.05N$ 时，可用二项概率分布得到很好的近似，即

$$P_a = \sum_{d=0}^{C} \binom{n}{d} p^d (1-p)^{n-d} \tag{3}$$

在引信靶场验收试验中，N 通常为 5 000，10 000 或 20 000，n 通常为几十，很少超过 100。故可用式（3）计算接收概率。

由于靶场试验耗资巨大，为了节省费用、降低成本，国内更多的是采用二次抽样试验方法，这种抽样方法在检验效果大致相同的前提下，平均抽验量比一次抽样要少。二次抽样方法可以这样来描述，先抽取一个样本 n_1，如果不合格品个数 d_1 小于或等于规定的指标 C_1，说明产品质量指标满足要求，接收；如果不合格品数 d_1 大于规定的指标 C_2，说明产品的质量太差，拒收。如果 $C_1 \leqslant d_1 \leqslant C_2$，则再抽一个样本 n_2，如果第二次试验中的不合格品数 $d_1 + d_2 \leqslant C_2$，判定产品批合格，接收；如果 $d_1 + d_2 > C_2$，拒收。这种抽样方案可以写成（n_1，n_2/C_1，C_2）。如甲-2 引信的灵敏度试验，抽样方案为（5，5/2，3），它表示第一个样本 5 发，不超过 2 发瞎火，接收；大于 3 发瞎火，拒收。如有 3 发瞎火，再抽第二样本 5 发，此时不许再有瞎火，否则拒收。

用二项概率分布表示的二次抽样的接收概率为

$$P_a = \sum_{d_1=0}^{C_1} \binom{n_1}{d_1} p^{d_1}(1-p)^{n_1-d_1} + \\ \sum_{d_1=C_1+1}^{C_2} \left[\binom{n_1}{d_1} p^{d_1}(1-p)^{n_1-d_1} + \sum_{d_2=0}^{C_2-d_1} \binom{n_2}{d_2} p^{d_2}(1-p)^{n_2-d_2} \right] \tag{4}$$

由于式（4）计算较繁复，这里给出它的 FORTRAN 计算程序，供参考使用。

从式（3）及式（4）可以看出，对于一个一次或二次抽样方案，即 n，C 一经确定，接收概率 P_a 随不合格品率 p 的变化而变化。给定一个不合格品率 p，就得到一个对应的接收概率 P_a。它们之间的关系用一条曲线表示，如图 1，这就是所谓的抽样检验特征曲线，或称 OC 曲线（Operating Characteristic Curve）。式（3）或式（4）就称作特征函数。

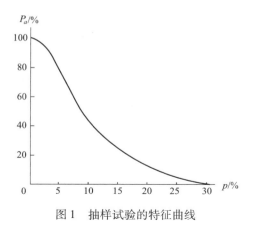

图 1　抽样试验的特征曲线

1.2　二次抽样接收概率通用计算程序

本程序可同时计算一次和二次抽样的接收概率。N_1，C_1，N_2，C_2 分别以整型量输入，打印出的 P_2 即为二次抽样的接收概率；P_1 为对应于 N_1 和 C_1 的一次抽样接收概率。

它也可以用于计算下面要介绍的调整型一次、二次抽样，程序中的 C_1 和 C_2 分别与调整型二次抽样的 A_1 和 A_2 对应。

本程序不合格品率 p 的步长取 0.005，共循环计算 60 次，即能算到不合格品率 $p=30\%$ 时的接收概率，这对于大多数抽样方案是合适的。可以根据具体需要适当改变步长。

FORTRAN 程序从略。

1.3　两种错判概率

在抽验时，可能出现两种错误判断。由图 1 可见，当不合格品率 p 较低时，接收概率 P_a 较高，也就是该批产品交验时，接收的可能性很大，拒收的可能性很小；但我们不能排除这样的可能，碰巧抽取的样本中的废品数超过了规定值，按规定该批产品拒收，这样我们就犯了将实际上是合格的产品批当做不合格而拒收的错误，这就是所谓第一种错判。在引信靶场试验中，可以将第一种错判概率规定为 10%，也即要求当不合格品率低到某一程度后，接收概率不应低于 90%。与 $P_a=90\%$ 相对应的不合格率记作 AQL，叫作"可接收的质量水平"。国产触发引信各种性能指标的 AQL 值按照其不同的重要程度大致控制在 0.01~0.03 的范围内，个别的超过 0.05，甚至有达 0.2 左右的。

与第一种错判相反，有时尽管产品批的不合格品率很高，接收概率很低，但偶而由于样本中的废品数碰巧很少，这样我们就会将不合格批当做合格批接收了，这就是第二种错判。在引信靶场试验中，通常将第二种错判概率也规定为 10%，也即要求当不合格品率高到某一程度后，接收概率应低于 10%。与 $P_a=10\%$ 对应的不合格品率记作 LTPD，叫作"批允许废品率"。国产触发引信的 LTPD 值大致控制在 0.08~0.22 的范围内。也有达 0.40 或者更大的，如一些穿甲弹或破甲弹引信的抽样试验。

我国进行大批量正规的引信生产已有 20 多年的历史，积累了大量的试验资料，对于每一种引信，都可以得到有关性能的比较满意的"工程平均废品率"的估计值。将之与现行抽样方案的 AQL 比较，如果不相上下，说明现行方案是合理的。如果工程平均废品率较之 AQL 低许多，则可改用更经济的抽样方案，既满足规定的质量要求，又尽可能减少平均的抽验数量。

批允许废品率 LTPD 是部队所关心的。比如说，榴－5 引信地面发火性抽样试验的 LTPD 控制在 0.21 左右，这就是说，10 批引信中，可能有 1 个不合格批错判为合格，该批引信对地射击的瞎火率可能高达 21%。部队认可现行试验方案，即意味着部队认可某批引信能出现 21% 瞎火率这样一个事实。

1.4 抽样检验的基本类型

目前引信采用的抽样检验方法有挑选型和调整型之分。

所谓挑选型，指的是当一批产品判为合格时，需要将样本中的不合格品用合格品代替，以补足批量；当一批产品判为不合格时，则要求进行百分之百的返检，剔除不合格品，并代之以合格品，再重新交验。显然，对于引信靶场试验这样的破坏性试验，上述要求事实上是办不到的。在具体执行中，样本数不包括在批量中，并认为经过返检的产品即为合格品，可重新交验。这是因为，对于破坏性试验，除了使之破坏，是无法确定其合格与否的，而一旦确定了某发产品合格与否，该发产品也就不存在了。通常，可以用道奇（H. F. Dodge）表设计挑选型抽样试验方案，但由于上述原因，对于破坏性的试验，特别是小样本时，需慎重。参考文献 [1] 的第 146 页介绍了一种方法，用于制定破坏性或费用昂贵试验的抽样方案，可参考。

所谓调整型，指的是抽样方案可以随产品质量的优劣而变换调整。它通常采用一个方案系列，共有三组。在一般生产情况下采用正常抽验方案；当优质稳定时采用放宽方案；当质量下降生产不稳定时采用加严方案。目前美国的 MIL－STD－105D 军用标准就是这种类别的抽验方案。在引信验收试验中，目前见到的通常是两组系列的方案。一组在试制时以及前 3 批（或前 5 批、前 10 批）时使用，谓加严方案；一组在质量稳定时使用，谓正常方案。如有一批引信不通过正常方案，则再连续使用 3 批（或 5 批、10 批）加严方案。

就每一组抽验方案而言，调整型的概率特征函数与挑选型相同。以调整型二次抽样为例，取 n_1 和 n_2 分别表示第一样本和第二样本的大小，以 A_1 和 R_1 分别表示第一样本的合格和不合格判定数，A_2 和 R_2 表示使用第二样本时的合格和不合格判定数。当从批量 N 中抽取 n_1 个样品试验后，如不合格品数 $d_1 \leq A_1$，则接收该批；如 $d_1 \geq R_1$，则拒收；如 $A_1 < d_1 < R_1$，再抽取第二个样本 n_2 进行试验，出现 d_2 个不合格品，如 $d_1 + d_2 \leq A_2$，接收；如 $d_1 + d_2 \geq R_2$，拒收。这种抽样方案可记为 $(n_1, A_1, R_1/n_2, A_2, R_2)$。

当批量 N 给定时，可以从 MIL－STD－105D 的"样本等级表"确定等级字母。对重要的试验指标，建议采用 S－4 列的等级字母，对次要的试验指标，建议采用 S－3 列的等级字母。有了等级字母，就可以根据厂方和军方共同商定的 AQL 值，查得相应的抽样方案及其特征曲线。

由于在引信试验中常常采用非表列的抽样方案，故特征曲线无从查取。此时可利用前述计算程序计算调整型一次、二次抽样的 OC 曲线，只需将 C_1，C_2 分别以 A_1，A_2 代之即可。

2 从 OC 曲线看引信靶场抽样检验的一些特点

下面，我们运用上述数学模型，给出一些典型的靶场抽样检验的 OC 曲线，以分析它们的特点及优劣。

2.1 美国、苏联中大口径榴弹引信抽验方案的对比（M557与B429的比较）

（1）瞬发装定，强装药发射时安全及对地面可靠发火检验。

B429引信可靠发火的抽验方案为（10，20/0，1），AQL = 0.025，LTPD = 0.205。M557引信的头三批方案为（15，2，3），AQL = 0.036，LTPD = 0.354；三批后方案为（15，1，2），AQL = 0.036，LTPD = 0.236。总的说来由图2可看出，B429在瞬发装定强装药发射时，对地面可靠发火的质量控制要严于M557。这里M557三批后的方案实际比头三批方案要求更严。

该项试验同时要求引信不早炸。对B429而言，抽验方案为（10，0），AQL = 0.011，LTPD = 0.230。对M557而言，抽验方案为（15，0，1），AQL = 0.007，LTPD = 0.154。显然，M557对强装药射击安全性的质量控制要严于B429。

（2）瞬发装定，减药射击时可靠解除保险及对地面可靠发火检验。

B429的抽验方案为（5，10/0，1），AQL = 0.049，LTPD = 0.365。M557的加严方案为（25，2，3），AQL = 0.045，LTPD = 0.199；正常方案为（15，1，2），曲线见图2。显然，美国对该项质量指标的控制要严于苏联。

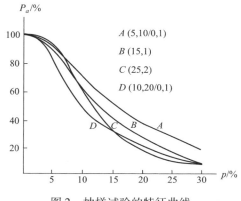

图2 抽样试验的特征曲线

（3）延期时间检验。

苏联、美国这两种引信的延期时间折合到靶后炸的距离，分别为20～65 m和75～250 ft，相对误差几乎一样。允许少量引信超出上述范围。B429的抽验方案为（10，2），AQL = 0.110，LTPD = 0.532。M557的加严方案同B429。正常方案为（5，1，2），AQL = 0.106，LTPD = 0.778。美国对可接受质量水平控制稍严，苏联对批允许废品率控制较严。总的来说，美国的检验方案比较松。

该项试验同时还检验引信对木靶板的着发灵敏度。B429做这项试验时，头螺拧掉，碰靶板时双动着发机构的瞬发和惯性机构同时起作用，抽验方案为（10，20/0，1），是比较严格的。M557的惯性着发机构和瞬发着发机构相互彼此独立，在这项试验中，只是检验惯性着发机构的灵敏度，加严抽验方案为（10，3，4），正常抽验方案为（5，2，3）。不言而喻，苏联的方案要严得多。

（4）其他试验。

如上所述，由于M557两个着发机构相互彼此独立，故除了进行以上各项检验外，还进行瞬发装定对木靶板的灵敏度试验、延期装定强装药对地面发火试验、延期装定减装药对地面发火试验。至于B429，除了进行（1），（2），（3）三项试验外，还需要在两种初速介于强装药和减装药之间的火炮上，进行对地面可靠发火的试验。就试验要求而言，B429要稍严些。

M557与B429的抽验方案见表1。

表 1　M557 与 B429 的抽验方案

引信	试验内容	抽验方案	
		加严	正常
M557	90 加农炮，550 ft 射距，3/4 in 胶合靶板，瞬发装定	10，2，3	6，1，2
	90 加农炮，全射程对地面射击，延期装定	15，3，4	14，2，3
	155 加农炮，全射程对地面射击，延期装定	25，3，4	13，2，3
B429	100 加农炮，6 000 m 对地面射击，瞬发（惯性）	5，10/0，1	
	122 加农炮，10 000 m 对地面射击，瞬发（惯性）	5，10/0，1	

（5）实验数量，M557 总的试验发数以及大部分单项的试验发数都要多于 B429。加严时 M557 总的试验发数为 100，正常时为 68；而 B429 的总试验发数才 35。因此，尽管两者都规定不准早炸，而实际达到的质量控制指标，M557 要严于 B429。

综上所述，我们可以这样认为，苏联的中大口径榴弹引信较重视可靠发火的质量控制，特别是在强装药射击时及减装药射击时。美国则更强调减装药射击时可靠解除保险和可靠发火的质量控制。这或许和 M557 的设计指标（2 000 r/min 可靠解除保险）比较接近减装药（155 榴）的转速（3 000 r/min）有关。

比较图 3 中的曲线 A（РГМ-6）和 B（B429），可以看出，对 B429 的可靠发火要求比其前身 РГМ-6 更严些。同样，M557 的改进型 M572（配用 175 mm 加农炮）的曲线 C（正常）和 D（加严），不仅严于它的原型，也严于 B429。这是值得注意的。

2.2　重视炮口保险及远距离保险性能甚于发火性能

美国以及苏联较晚发展的引信，如 B-5，S-37 等，都很重视炮口保险及远距离保险性能的质量控制。反映在验收试验上，这两项试验的抽样方案都要严于可靠发火项。而苏联、美国两国相比，后者更严于前者。这是我们在为新研制的国产引信制定抽样方案时所值得注意的。

图 4 曲线 E 为大多数苏式引信的可靠发火试验的 OC 曲线，抽样方案为（10，20/0，1）；F 则是一部分苏式引信的炮口保险及远距离保险性能试验的 OC 曲线，抽样方案为（10，0）。它们所控制的 LTPD 值差不多，但 AQL 值前者是后者的 2.4 倍。当接收概率 90% 时，瞎火率可达 0.024，而炮口保险及远距离保险的不合格率只有 0.01。

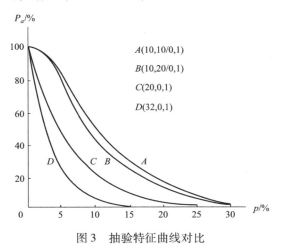

图 3　抽验特征曲线对比

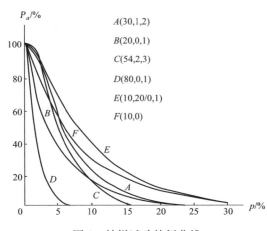

图 4　抽样试验特征曲线

曲线 B 是美 75 mm 榴弹用 M503A2 弹头引信 60 ft 炮口保险试验的 OC 曲线；曲线 D 则是美 60 mm，81 mm 迫弹用 M525 弹头引信 150 ft 远距离保险试验的 OC 曲线。由图示曲线可见，它们都要比表示各自发火性试验的曲线 A 及 C 严格。在 B，D，F 三条曲线中，显然，代表通常苏式引信远距离保险性能试验的曲线 F 要求最松。

美国人认为，引信在所要求的最短安全距离前早炸，属于严重缺陷（Critical Defect）；如在所要求的解除保险距离后瞎火，属于重要缺陷（Major Defect）。这种观点体现在抽验方案上，就是对前者严格，对后者较松。与之相比，苏式引信就不尽然了，在许多情况下，都是前者松于后者。如 TS-2 引信 3 m 炮口保险和 40 m 可靠发火的抽验方案分别为(5，10/0，1)和（10，20/0，1）。

我们总的印象是，无论在结构设计上还是最终体现在抽验方案上，美国人更重视引信的安全性，或者说，它们的引信安全更有保障。

2.3 随着产品质量的提高及生产工艺的改进，不断修改抽样方案

美国引信的抽样试验方案并非是一成不变的，它随着产品质量的提高及生产工艺的改进而变化、修改。这一点，与我国的现行制度有很大的差别（极少数试验的优惠除外）。我国制式引信抽样方案几十年如一日，一成不变。新研制的引信，不管结构复杂程度如何以及目前的生产条件怎样，通常是搬用"同类引信"的抽样方案。产生这种现象的原因是多方面的，但关键的一点，可能和我们没有认真研究一下抽样检验本身的客观规律有关。

抽样方案的变化，如在前面介绍调整型时所说的，在试制时以及头三批（或头五批、头十批）生产时，采用一个较严的方案，顺利通过后，从下一批开始，采用一个较宽的正常抽验方案。只要有一批通不过，就回到原来较严的方案检验。对于像引信这类大批量生产的试验费用昂贵的产品，这种弹性的抽样检验方法，经济上的好处是显然的。同时，对产品的质量控制也是有保证的。连续几批通过检验，说明产品的质量是稳定的，军方可以放心。采用一个较宽的正常抽样方案，实际是对厂方的一种优惠，只要严格按照原有工艺条件进行生产，通过这样的试验是有把握的。试验费用下降了，利润就增加了。在用较宽的方案检验时，如果出现一批不合格，则从反面说明，出现的质量问题一般不是偶然的普通质量问题，由于紧接着产品又要经受一个加严的方案检验，如果不认真查找原因并加以改进，则很难通过以后历次加严试验。如果是错判，则连续几批的加严检验完全可以加以纠正了。

抽样方案的修改，指的是经过三年五载的稳定生产后，重新制定一套新的抽样方案。在一般情况下，它是一种优惠措施，即修改后的方案比修改前的松。为了保证对产品的基本要求不至于下降，修改后的加严方案与修改前的正常方案相当。

在个别情况下，经生产实践证明，原有方案太严，返批率太高，又不能通过一般的工艺改进使质量得到大幅度的提高，此时也应修改抽样方案。

图 5 中 A，B 表示 1968 年制定的 M503A2 引信 60 ft 炮口保险试验的加严和正常 OC 曲线，C，D 则表示 3 年后重新修订的相应的曲线。由图示曲线可见，旧的正常曲线 B 和新的加严曲线 C 比较接近，而 A 与 B 及 C 与 D 则有明显差别。

2.4 "放宽"的抽样方案并不一定意味着降低质量要求

由以上分析可知，凡是用正常方案检验的产品，是已经顺利通过几批加严方案检验的产

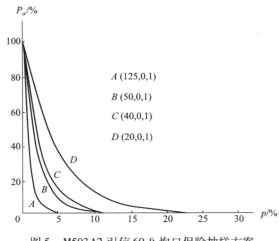

图 5　M503A2 引信 60 ft 炮口保险抽样方案

品，从统计学的观点来看，送检的产品质量是比较高的。因此，有时就制定这样的"放宽"抽样方案：对不合格品率高的产品批接收概率稍有提高，对不合格品率低的产品批接收概率稍有降低，但产品的平均检验数量大大减少，使试验费用下降，利润提高。对厂方而言，这样做值得；对军方而言，这样做亦可以接受。

图 2 曲线 B, C 即是一例，当瞎火率低于 0.087 时，"正常"抽验方案 B 实际比"加严"方案 C 更严些。厂方之所以愿意接受这样的抽验方案，是基于大量的统计资料得知，本产品的瞎火率是非常低的，上述方案并不会对高接收概率产生多大的实际影响，得到的实惠却是每次试验都可以少打 10 发。

3　几点看法

通过上述分析，综合国内外现行抽验方案及产品验收的具体情况，我们提出几点意见供讨论。

（1）推荐采用富有弹性的调整型抽验方案。此类方案伸缩性强，可随时适应产品质量的上下变化。当产品连续正常稳定生产时，采用放宽的抽验方案，以尽可能地少犯第一种错判的错误，同时由于样本数量相应减少，使验收费用下降，经济上受益。当质量下降、或不稳定、或某种产品停产多年后重新生产时，采用加严方案，以尽可能地少犯第二种错判的错误。这样做，既保证了较高的经济效益，又相对保证了服役引信的质量，以降低发生各种事故的概率。

（2）抽样设计实际上是在产品可靠性、安全性、经济性、工艺性等约束条件下的最优化问题。当试验项目较多时，必须综合考虑各个项目之间的相容和相斥性，尽量一发多用。这样就可以在增加验收项目的同时，尽可能地降低试验成本。如美 M572 引信，20 发试品同时做四项互不干涉、先后有序的试验。平均 5 发引信做一项试验，而实际效果是每项试验的样本均为 20 发。有时为了提高经济效益，宁可稍为加严试验要求。这都很值得我们借鉴。

总的来说，美国引信的每个单项的试验要求要严于我国，而且总的试验项目或试验发数亦较多。在这种情况下，虽然都规定不准发生膛炸和早膛，但实际控制的质量指标，我国引信就要低一些。基于我国引信屡次发生安全事故，而往往安全性试验要求又松于发火性试验要求，我们考虑，是否可以酌情考虑加严安全性抽验方案，相对放宽发火性抽验方案，作为保证现役引信安全性的一种保护性措施。

（3）引信靶场试验是一种破坏性的试验，不可能对产品进行百分之百的考核。假定我们要检验一批数量为 20 000 发的引信，其中不合格品只有 2 发。以榴 - 3 为例，总共抽验 30 发，试验要求不允许有一发膛炸或早炸，即 $n = 30$，$C = 0$。由式（3）可算得，在抽取的

30发中，出现一发不合格的可能性不到3/1 000。也就是说，试验1 000批，只有3批有可能被拒收，其余的含有1/10 000不合格品的产品批都可以通过。说绝对一些，按目前的抽样检验方法，每批20 000发引信，如果其中混有一二发会早炸的引信，通常是检查不出来的。使用时一旦出现一二发早炸或膛炸，从统计的角度看，是"正常"现象。

所以，对于要求百分之百可靠的性能指标，单凭抽验来控制质量、筛选不合格品批是办不到的。最根本的办法是，使所设计的引信不具备产生这种质量问题的可能性。

(4) 我国现行引信抽样检验方案种类繁多，标准不一。从调查的80余种引信来看，共有40余种抽样方案，样本数大至70个，小到只有2个。有些引信的抽样方案是合乎时代潮流的，如箭引-1；有的就落伍了，如海榴-1；有的看来考虑不周，或过多的考虑经济效益而有意识地降低了验收指标。因此，有必要在大量统计分析我国二十几年来产品质量的基础上，建立起一套适合我国引信生产具体条件的抽样检验方法，尽快结束目前主要是参照老产品确定抽样方案的局面。

(5) 用靶场抽样检验来控制产品质量有它的局限性。首先它只是一种最终的被动的监察手段，一旦由它判定某批产品拒收，产品质量不好已是既成事实。其次，不管抽样方案设计得如何完美，错判的可能性总是存在的。因此，无论是军方还是厂方，都应该将主要精力放在零部件及装配质量的控制上，采取生产过程检验为主，靶场抽样检验为辅；零部件检验从严，整机检验从宽的方针。总的来说，这样做所付出的经济代价较低，而所达到的质量水平较高。

参 考 文 献

[1] 中国科学院数学研究所统计组. 常用数理统计方法 [M]. 北京：科学出版社，1973.
[2] 中国科学院数学研究所统计组. 常用数理统计表 [M]. 北京：科学出版社，1974.
[3] 中国科学院数学研究所统计组. 抽样检验方法 [M]. 北京：科学出版社，1977.
[4] AD006291，王泉水，译. 炮弹引信的靶场抽样射击检验. 国外舰船装备，1978.
[5] MIL-STD-105C. Sampling Procedures and Tables for Inspection by Attributes, 18 July 1961.
[6] MIL-STD-105D. 29 April 1963.
[7] MIL-F-60998. Fuze, PD, M557, Loading, Assembling and Packing. 21 June 1968.
[8] MIL-F-2150C. Fuze, PD, M503A2, Loading, Assembling and Packing. 20 September 1968.
[9] MIL-F-46996B. Fuze, PD, M572, Loading, Assembling and Packing. 31 March 1970.
[10] MIL-F-69342A. Fuze, PD, M525, Loading, Assembling and Paeking. 19 November 1973.
[11] MIL-F-60042B. Fuze, BD, M578 Parts-with Detonator. 14 March 1975.

关于引信可靠性指标的几个问题[①]

谭惠民

在引信技术这一领域，可靠性概念得到愈来愈广泛的使用。从军方进行战术技术指标论证开始，到厂方对稳定生产的每批产品进行质量评估为止，都要涉及可靠性问题。笔者有幸参加过几次专业会议，与会的既有军方代表，也有厂方代表。大家都认识到，可靠性设计与计算机辅助设计、优化设计一样，是引信设计现代化的一个重要方面。同时还发现，由于立场的不同，军方和厂方对一些理应一致的事情，产生了较大的分歧。基于这种现象，写了以下几点学习体会，目的是沟通一下厂方和军方之间的思想，以期可靠性概念在引信技术中得到更好的推广使用。凡理论问题或数值计算，都有专著和标准可查，这里就不详谈了。

1 可靠性指标只有和置信度结合在一起才有意义

在同一工艺条件下生产的一批引信可能是 5 000 发、10 000 发、20 000 发等。如果每一批中有一部分是废品，则废品数与批量的比值，记为 p，称作废品率。废品率是个广义词。如解除保险不可靠、保险距离超差、碰目标瞎火等，均为该项目的废品，将某项目的废品数与批量相除，即得该项目的废品率。如果对一批引信进行百分之百的检验，可得"真实的废品率"，但这样一来，就没有成品可供使用了。对于引信这类一次性使用的产品，只能抽样检验，用样本的废品率去估计一批产品的废品率，所得的只是"估计的废品率"。

少量样品称之为"子样"，一批产品称之为"母体"。如设母体的真实瞎火率为2%，总数为1万发，从中随机抽取30发进行发火可靠性试验。根据常识知道，并不是每次试验一定会出现1发瞎火，有时可能百分之百都发火，有时可能多于1发瞎火。我们可以罗列如下：

全部发火，子样瞎火率是零；
1 发瞎火，子样瞎火率约3%；
2 发瞎火，子样瞎火率约6%；
......
30 发瞎火，子样瞎火率是 100%。

以上各种情况对于同一母体都是可能出现的。因此，根据子样的试验结果来推断母体的质量水平时，显然有点"猜"的味道，或者说"估计"的味道。这就存在你估计的把握程度有多高，这个把握程度就是置信度。比如说，根据30发子样、瞎火率是零这一试验结果，

[①] 原文刊于《现代引信》，1988（4）。

我有99%的把握说，母体的瞎火率不会超过14.3%。

对于所列试验结果，可以从两个角度对母体质量水平作出评价：

（1）用同一置信度估计母体的瞎火率。比如取置信度为90%，对第一种试验结果，可以估计母体的瞎火率不超过7.4%，对第二种试验结果，可以估计母体的瞎火率不超过12.4%，对第三种试验结果，可以估计母体的瞎火率不超过16.8%。

（2）对母体作同一瞎火率估计。比如我们估计母体的瞎火率不超过9%，在第一种试验结果时，这一估计的置信度可达93%；在第二种试验结果时，其置信度下降为75%；在第三种试验结果时，其置信度只有50%。

以上罗列的数据表明：母体瞎火率与子样瞎火率是两回事，它们通过一定的置信度联系在一起；置信度取得愈是高，母体瞎火率的估计值也愈高，对母体瞎火率估计愈低，则置信度也愈低。

因此，军方在提可靠性指标时，一定要明确在多高置信度下的可靠性。

2 历史情况必须考虑

就瞎火率指标而言，按炮兵过去习惯的提法，通常要求不超过1/30。实际执行的一种考核办法是：在一批引信中随机抽取30发，先打10发，如无一发瞎火，则认为瞎火率指标合乎要求，试验不再继续进行；如出现1发瞎火，则再试20发，以不再出现瞎火为合格；如累计瞎火发数等于2或超过2，则认为瞎火率指标不符合要求。

为讨论方便，我们取$R=1-p$，p为瞎火率，R为发火率。置信度$Z=1-\alpha$，α为单侧显著性水平。样本数记为n，废品数（或瞎火数）记为f。

对于$n=10$，$f=0$，也即试10发，全部发火时，给予合格判断。当取置信度$Z=50\%$，母体发火率最高为$R=93.7\%$。也可以说，有50%的把握推断，母体的瞎火率不会超过6.3%。

对于$n=30$，$f=1$，也即试30发，只出现1发瞎火，给予合格判断。如置信度仍取$Z=50\%$，则$R=94.5\%$。也可以说，有50%的把握推断，母体的瞎火率不会超过5.5%。

由此可以看出，过去的指标及其检验方法至少存在两个问题：

（1）将可靠性指标与抽样试验方案混为一谈，致使对同一母体的瞎火率可以在同一置信度下作出两种推断；

（2）在相当低的置信水平（$Z=50\%$）下，对母体瞎火率的估计（$p=6.3\%$或5.5%）均高于炮兵所直观认为的3.3%（1/30）。

如果我们抛开历史情况不管，按工程检测的常规，比如说，取$Z=90\%$，要求母体瞎火率不超过3.3%。此时，至少需试$n=129$发，瞎火数不超过$f=1$，才能作出推断。这不仅会使试验费用大量增加，也很难使厂方接受。理由很简单，过去几十年所采用的试验数量及判断方法，凡是合格的，并未在瞎火率方面出现过重大事故。

有鉴于以上各点理由，这里提出一个"折中"的方案：就发火性而言，部队可以提出$Z=90\%$，$R=90\%$这样一个指标。这个指标意味着可以采用以下几种试验方案中的任意一种进行考核（见表1）。它们对母体瞎火率最大值的控制效果（即$Z=90\%$，$p\leq10\%$），基本上是一样的，究竟取何种方案，可由国家靶场酌定。

表 1　试验方案

样本数 n	允许瞎火率 f
22	0
38	1
52	2
65	3

3　母体瞎火率的上下限估计

以上给出的对母体瞎火率的估计，都是上限值。以 $n=38$，$f=1$，$Z=90\%$ 为例，得 $R=90\%$，这意味着如有 100 批产品，则至少有 90 批产品的瞎火率不会超过 10%。

显然，质量再好的产品，也难保不出现废品。因此，有时需对废品率的分布范围作出估计。仍以 $n=38$，$f=1$，$Z=90\%$ 为例，也可得 $R=48.71\% \sim 99.87\%$，这意味着如有 100 批产品，则至多有 5 批产品的瞎火率高于 51.29%、5 批产品的瞎火率低于 0.13%。

在设计定型时，通常从第一种角度来考虑问题；在正常生产时，一般从第二种角度来考虑问题。它们分别称之为单边置信发火率下限（或瞎火率置信上限）以及双边置信区间。

例：已知 $n=38$，$f=1$，$Z=1-\alpha=90\%$，$\alpha=10\%$，$\alpha/2=5\%$。试求单边置信发火率下限以及双边置信发火率区间。

解：

（1）先求两个参数

$$d.f.1 = 2f+2 = 2+2 = 4$$
$$d.f.2 = 2n-2f = 76-2 = 74$$

由 F 函数表查得 $F_\alpha = F_{0.1} = 2.08$。将所得各参数代入 $R_{单下}$ 公式，得

$$R_{单下} = \cfrac{1}{1+\left(\cfrac{f+1}{n-f}\right)F_{0.1}} = \cfrac{1}{1+\left(\cfrac{1+1}{38-1}\right)\times 2.08} \approx 0.90$$

这就是说，在 90% 的置信度上，如 $n=38$，$f=1$ 的试验方案通过，可推断母体发火率不小于 90%。

（2）再求两个参数

$$d.f.1 = 2(n-f)+2 = 2\times(38-1)+2 = 76$$
$$d.f.2 = 2n-2(n-f) = 2\times 38 - 2\times(38-1) = 2$$

由 F 函数表查得 $F_{\alpha/2} = F_{0.05} = 19.48$，将所得各参数代入公式计算，得

$$R_{上限} = 1 - \cfrac{1}{1+\cfrac{(n-f)+1}{n-(n-f)}\cdot F_{\alpha/2}} = 0.999$$

$$R_{下限} = \cfrac{1}{1+\left(\cfrac{f+1}{n-f}\right)F_{\alpha/2}} = 0.487$$

这就是说，在 90% 的置信度下，如 $n=38$，$f=1$ 的试验方案通过，同样可以推断母体的

发火率在 48.7% ~ 99.9% 之间。

以上两种推断方法相当于对某人年龄的估计。我们可以说，估计某人年龄不会小于 29 岁；也可以说，估计某人年龄在 25 ~ 32 岁之间。

4 抽样试验方案的确定

产品进入正常生产后，母体的真实废品率 p 将随着生产条件、原料供应、管理水平等多种因素的变化而变化。我们希望通过抽样检验，将 p 控制在一个合理的范围内，如 $p_0 \sim p_1$ 的范围内。如废品率高于 p_1，不能满足使用要求，应宣布为不合格批，或者说，当 $p \geq p_1$ 的产品批送交检验时，应不通过所确定的抽样检验；如废品率低于 p_0，应百分之百地通过检验，宣布为合格品。

遗憾的是，母体的质量水平要根据子样的试验结果进行推断。由于是推断，就存在犯错误的可能性。厂方担心由于子样中碰巧多混进了几发废品，结果将母体废品率已低于 p_0 的合格产品批错判为不合格，这就是所谓第一类错误；同样，军方也担心母体不合格率已超过允许的限度 p_1，但碰巧子样未抽到，结果将不合格的母体错判为合格，这就是所谓第二类错误。厂方愿冒的风险记为 α（以百分数记）；军方愿冒的风险记为 β。通常 α、β 的取值为 0.01、0.05、0.10 等。

有了 p_0、p_1、α、β 这四个参数，确定具体的抽样试验方案就纯粹是个数学问题了。因此，厂方和军方应根据实际需要和成本、生产、管理、历史经验等诸多因素，共同商定这几个参数。

例如有 $p_0 = 0.002$，$p_1 = 0.005$，$\alpha = 0.05$，$\beta = 0.05$。当取一次抽样方案时，可得 $n = 30$，$f = 0$。

p_0 是工厂通过经济的工艺和管理手段，实际能控制的质量水平。厂方不要以为将这一指标放宽对自己就是有好处。比如实际可以将质量水平控制在 $p \leq p_0 = 0.002$，但工厂与军方商谈时，非要提出 $p \leq p_0 = 0.01$，其他指标不变，此时的抽样方案即变成 $n = 120$，$f = 3$。这是可以想见的。因为工厂自己认为产品质量水平不高，废品数较多，在这种情况下，只有多试一些产品，即子样数多一些，才能对试验结果作较有把握的推断，才能免于将一些废品率小于 p_0 的合格产品批错判为不合格。因此，只要能做到，工厂应尽量提高良品率，降低 p_0 值，以减少试验费用，降低成本，提高产品的竞争能力。

同样，军方也不要以为将 p_1 压得愈小愈好，因为这意味着产品成本的提高。

这种由军方、厂方共同商定的抽样方案，卡的是废品率的上下限，与前面所谈的 $R_{上限}$，$R_{下限}$ 相对应。这种抽样方案与根据军方的 Z，$R_{单下}$ 指标，由国家靶场确定的试验抽样方案，有些细微的差别，国家靶场只控制在一定置信水平下废品率的上限值。

一次抽样检验不是一种经济有效的方法。现在已有标准化的二次、三次、五次以及序贯抽样方法，可参见有关的专著或标准。第 2 节所述 1/30 实际执行的考核办法即为二次抽样方案，而不是瞎火率指标为 3.3%。

参 考 文 献

[1] AD741811. 申福祥，姚平中，译. 美陆军试验鉴定部规程《野战炮兵统计学》. 59180 部

队印刷出版,1976.
[2] 谭惠民,刘明杰. 从抽样检验谈引信产品的质量控制[J]. 兵工学报·引信分册,1980(2).
[3] GB 2829—1981. 周期检查计数抽样程序及抽样表. 1981.12.22 发布.
[4] GB 2828—1981. 逐批检查计数抽样程序及抽样表. 1981.12.22 发布.
[5] 韩常绵,等. 机械设计现代方法[M]. 武汉:华中工学院出版社,1987.

辑 十

国外引信技术评述

对两中心非调谐钟表机构研究方法的探讨[①]

谭惠民

摘　要：两中心非调谐钟表机构，即采用无返回力矩或无固有周期调速器的钟表机构。四十余年来，国内外作者发表了许多论著，讨论这种机构的设计计算问题，重点是关于擒纵机构运动周期或整个钟表机构走动时间的计算。本文力图对其中的主要论点做出评述。

两中心非调谐钟表机构在军械中得到了极其广泛的应用。这种钟表机构若采用离心原动机，则益处有二：对口径及导程相同的火炮，无论用什么装药射击，初速如何变化，得到的保险距离基本不变；大口径大导程得到的保险距离较长，小口径小导程得到的保险距离较短。机构的这些特性与战术技术要求是完全一致的。

上述结论可通过简单的推导得到。

设钟表机构的工作时间 t_a 为引信的解除保险时间，S_a 为解除保险距离，v_0 为弹丸的炮口速度。在保险距离内，可近似认为弹丸速度不变，则

$$t_a = \frac{S_a}{v_0}$$

由内弹道学知，弹丸炮口速度与导程 η 及弹丸炮口转速 ω_0 有如下关系

$$v_0 = \omega_0 \eta$$

式中，ω_0 以 r/s 计，η 以 m/r 计。将 v_0 代入上式，得

$$t_a = \frac{S_a}{\omega_0 \eta}$$

对于两中心非调谐钟表机构，当机构参数全部确定后，作用时间与原动机力矩 M 的平方根可简单认为呈反比关系，即 $t_a = A\sqrt{1/M}$，其中比例系数 A 为钟表机构结构参数的函数，对一确定的机构，可视作常数。

当采用离心原动机时，转矩 M 与转速 ω_0 的平方成正比：

$$M = B^2 \omega_0^2$$

式中，B 为取决于原动机结构参数的常数。代入 t_a 式，得

$$t_a = \frac{A}{B}\frac{1}{\omega_0}$$

令

$$N = \frac{A}{B} \tag{1}$$

则

$$t_a = N\frac{1}{\omega_0} \tag{2}$$

[①] 原文刊登于《现代引信》，1984（1）。

或
$$N = \omega_0 t_a \quad (2a)$$

如 t_a 用 S_a 表示，可得
$$S_a = N\eta \quad (3)$$

根据推导的结果，对前述的两方面益处作定性的解释。

（1）由 $N = A/B$ 知，N 是一个取决于钟表机构结构参数的常数，即取决于擒纵机构、传动轮系和原动机的常数，是反映钟表机构综合性能的一个特征量。由 $N = \omega_0 t_a$ 知，N 的单位为 $(r/s) \cdot s$，即转数。这就是说，用离心原动机驱动的两中心非调谐钟表机构是一种计量弹丸转数的机构。如 M125A1 传爆管的钟表机构有 $N = 41$，即表明弹丸旋转 41 转后，钟表机构解除保险，而与弹丸转速无关。

（2）对某一种火炮而言，弹丸转一周所对应的飞行距离 η 是一个常量，由式（3）得保险距离 $S_a = N\eta$，亦为一常量。

以 203 mm 榴弹炮为例，$\eta = 5.1$ m，配用 M125A1 传爆管时，可得到保险距离：
$$S_a = N\eta = 41 \times 5.1 = 209 \text{ (m)}$$

无论用减装药还是用正常装药射击，这一保险距离基本不变。当这种传爆管配用于 76 mm 加农弹炮时，因 $\eta = 1.9$ m，则保险距离为
$$S_a = N\eta = 41 \times 1.9 = 77.9 \text{ (m)}$$

203 mm 榴弹炮的威力比较大，需要较长的保险距离；76 mm 加农炮威力比较小，较短的保险距离即可满足要求。

由此看出，这种机构具有保险距离稳定、通用性好的优点。

根据 $N = \omega_0 t_a$，N 的大小可用实验测定。

用离心原动机驱动的两中心非调谐钟表机构特征量 N 与弹丸转速 ω_0 的一般关系如图 1 所示。

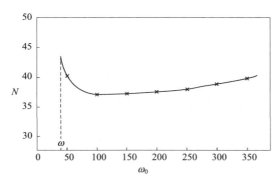

图 1　特征量 N 与转速 ω_0 的关系

（n 的单位为 r/s，$\omega_0 = 2\pi n$ rad/s）

图 1 中 ω 为钟表机构的截止转速。在该转速下，驱动力矩与机构固有摩擦力矩相近，故使机构的动作不灵。

由图示曲线知，N 并非常数，转速愈高，N 愈大，曲线上升的曲度也愈大。对此，尚未作出确切的理论解释。

严格讲，A 和 B 都不能视作常数。另外，由于机构零部件的制造误差、啮合部位及轴承处摩擦的变化、空气阻力引起的弹丸转速变化、炮口磨损使理论导程与实际导程差异等原因，对于同一种火炮－弹丸系统，在使用不同装药射击时，只能得到一个大致不变的保险距离。

若钟表机构采用其他惯性原动机，也有上述类似规律。若采用弹簧原动机，则钟表机构的作用时间与火炮－弹丸系统就没有什么直接的关系。此时，两中心非调谐钟表机构也就不存在前述的益处。尽管如此，由于两中心非调谐钟表机构结构简单、作用可靠，故在炮弹、迫弹、火箭弹、航弹、导弹等各种弹药中仍得到了广泛的应用。

对两中心非调谐钟表机构的研究方法，大致有两种。一种是将解除保险过程中擒纵机构

所经历的全部周期累计起来，作为钟表机构的作用时间；一种是将擒纵机构作为一个阻尼器，反映到转子产生一个阻尼力矩，计算转子在主动力矩、阻尼力矩以及摩擦力矩作用下转正所需时间。但无论哪种方法，都需要研究擒纵机构的运动规律。

擒纵机构运动半个周期大致经历四个阶段：传递冲量的时间 t_1，又称啮合时间；自由转动的时间 t_2；碰撞接触的时间 Δt；碰撞后脱离接触到重新接触所经历的时间 t_3。与 t_1，t_2，t_3 相比，Δt 是高阶无穷小，在理论上计算极为困难，一般略之不计。

Левитан 在 1944 年提出以 t_1 作为半周期。由动量矩定理得到

$$\frac{T}{2} = \sqrt{\frac{2I_p\beta}{M_p}} \tag{4}$$

式中，T 为摆往复运动一次所需时间；M_p 为作用在摆上的动力矩；I_p 为摆的转动惯量；β 为用作图法得到的摆的冲击角。

这一公式的误差不小于 25%。但由于它简单、直观，直至 1957 年美国出版物仍在推荐使用。

1947 年，М. Ф. Васильев 提出了一个考虑自由转角的计算模型。他取擒纵轮为单元体，以擒纵轮转过自由转角的时间作为 t_2。这样处理无疑是可行的。但他认为擒纵轮的自由转角等于 1/2 齿距角与擒纵轮在 t_1 时间内转角之差。显然这对自由转角的估计过大。

与 Васильев 提出上述模型的同时，З. М. Акселерод 提出在自由转角后，摆还有一部分能量，当摆的转动惯量足够大时，它将推动擒纵轮后退一个角度，整个半周期为

$$\frac{T}{2} = \sqrt{\frac{2I_p\beta}{M_p - M_{pF}}} \left(1 + \frac{\beta_{CB}}{2\beta} + \frac{\beta_{OT}}{2\beta}\sqrt{\frac{\beta}{\beta - \beta_{OT}}} \right) \tag{5}$$

式中，I_p 为摆的折合转动惯量；M_p 为作用在摆上的动力矩；M_{pF} 为作用在摆上的摩擦力矩；β_{CB} 为摆的自由转角；β_{OT} 为摆的附加角；β 为沿出瓦或进瓦的冲击角，在此代替摆的两倍振幅。

式（5）中括号内第一项表示冲击段的影响，第二项表示自由转角的影响，第三项表示附加角的影响。附加角的影响实际是碰撞作用的一个特例。作者原来给出的是一积分形式。这里为了比较的方便，假定骑马轮与摆之间的转矩比是常量，得到式（5）这一积分结果。

在目前的引信设计教科书中，只取括号内的前两项计算半周期，即略去附加角影响项。对于重摆（摆的转动惯量与骑马轮转动惯量之比大于 1）调速器，由此造成的相对误差至少达 10%。对于轻摆（转动惯量比值小于 1）调速器，周期的相对误差可达 50%。

1953 年，美国弗吉尼亚军事学院（VMI）物理系首次以碰撞的观点，研究钟表机构运动规律。他们用角动量定律求碰撞后摆和轮的速度，但也只是考虑摆转过一个附加角，轮反转一个后退角这样一种特例。在一个周期内，擒纵轮的角速度变化情况如图 2 所示。提出的计算方法十分烦琐。

Е. В. Кульков 在 1960 年发表论文指出，碰撞后，除了擒纵轮后退、摆转过附加角这种情况以外，还可能有另外两种情况：轮和摆都后退，然后重新相遇，继续下一次冲击；摆后退，轮追赶摆，赶上后，继续下一次冲击。一年后，Кульков 在他的论文《擒纵轮和摆轮冲击段运动特性的研究》中，给出了销钉式擒纵机构传冲过程中摆和擒纵轮转角间的解析关系，以及摆和擒纵轮间转矩比的解析关系。所得的结论是，在传冲过程中，当擒纵轮齿尖与销钉接触时，摆的加速度曲线是间断的。因此可以认为，传冲过程只是沿齿面进行，沿销钉

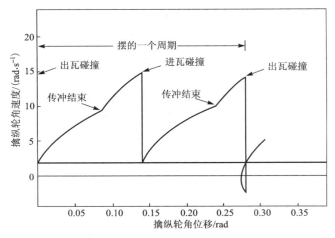

图 2　在一个周期内擒纵轮的角速度变化

的冲击段实际上不传递冲量，而只是自由转动。与此同时，可以简单地认为，摆与擒纵轮在传冲过程中的转角关系是线性的。上述假设使计算工作大为简化，见图 3。

Кульков 提出的基本观点，至今仍有指导意义。

1970 年，D. L. Harbaugh 在美国《军械》杂志发表了一篇文章，讨论无返回力矩钟表机构的设计计算问题。Harbaugh 假定，摆与骑马轮在进瓦的碰撞，将使摆损失一部分能量，损失的这部分能量将在传冲过程中得到补充。然后，摆与骑马轮又在出瓦发生碰撞，重复在进瓦发生的过程。

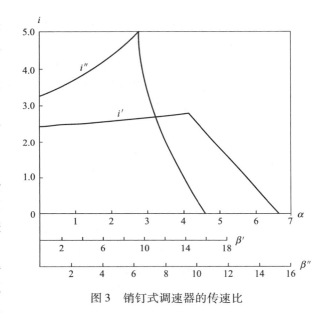

图 3　销钉式调速器的传速比

设摆在进瓦处与骑马轮碰撞前的角速度为 ω'_B，恢复系数 K，碰撞后的速度 $\omega_A = -K\omega'_B$，摆的转动惯量为 I，则碰撞中摆的能量损失为

$$E = \frac{1}{2}I(\omega'^2_B - \omega^2_A) = \frac{1}{2}I\omega'^2_B(1 - K^2)$$

忽略碰撞经历的时间。设冲击角为 β，传冲时作用在摆上的纯力矩为 M_p，则传冲时力矩所做的功 $M_p\beta$ 即用来补充摆所损失的能量，使摆在出瓦处与骑马轮再一次发生碰撞前的角速度 ω''_B 在大小上与 ω'_B 相等，在方向上则相反。因此有

$$M_p\beta = E = \frac{1}{2}I\omega'^2_B(1 - K^2)$$

由此可得摆碰撞前的角速度

$$\omega'_B = \sqrt{\frac{2M_p\beta}{I(1 - K^2)}} = -\omega''_B$$

在传冲过程中，摆的速度由 ω_A 增加到 ω_B''，方向相同，因此平均角速度

$$\overline{\omega} = \frac{1}{2}(\omega_A + \omega_B'') = \frac{1}{2}(\omega_A + |\omega_B'|) = \frac{1}{2}|\omega_B'|(1+K) = \frac{1}{2}\sqrt{\frac{2M_p\beta}{I(1-K)^2}}(1+K)$$

最终得半周期（不计自由转角）为

$$\frac{T}{2} = \frac{\beta}{\overline{\omega}} = \sqrt{\frac{2I\beta}{M_p}} \cdot \sqrt{\frac{1-K}{1+K}} \tag{6}$$

式（6）与 Harbaugh 给出的公式相比，系数 K 前的符号刚好相反。原因在于，Harbaugh 进行推导时，很含糊地认为摆的平均速度

$$\overline{\omega} = \frac{1}{2}(\omega_A + \omega_B') = \frac{1}{2}(-K\omega_B' + \omega_B') = \frac{1}{2}\omega_B'(1-K)$$

如果将之定义为摆在碰撞前后的角速度平均值，也未尝不可。但以之除以摆的振幅，所得的结果就不知所云了。即使按照原作者的逻辑，以 ω_A 的速度转过 $\beta/2$ 角，以 ω_B' 的速度又转过 $\beta/2$ 角，两者经历的时间也只能相加，所得结果也只能是式（6）。

Harbaugh 给出的半周期公式是

$$\frac{T}{2} = \frac{\beta}{\overline{\omega}} = \sqrt{\frac{2I\beta}{M_p}} \cdot \sqrt{\frac{1+K}{1-K}} \tag{7}$$

如 K 以 0.5 计，即可认为

$$\frac{T}{2} = 1.7\sqrt{\frac{2I\beta}{M_p}} \tag{7a}$$

从数值上讲，相当于考虑了自由转角及碰撞过程。因此，原作者称，用式（7a）对某种带重摆的钟表机构 15 个样品进行计算，其结果与实测值比较，相对误差不超过 3%，或者是可信的。但笔者认为，这只是一种巧合罢了。

Harbaugh 公式在我国引信界流传甚广，加之近年来对恢复系数 K 的研究逐步深入，使引用该公式的同志可在相当大的范围内选用 K 值，因此总能算得与实测值相对接近的理论值，至于公式本身存在的问题，过问甚少。故笔者在这里提出质疑，以期引起讨论。

1971 年，哈里·戴蒙德实验室（HDL）的 D. L. Overman 根据 Hausner 在 1954 年给出的求擒纵轮平均速度的公式，提出了一种新的计算钟表机构走动时间的方法。Overman 将调速器看做一个阻尼器，通过轮系，它对转子产生一个阻尼力矩，计算转子在主动力矩及阻尼力矩（包括摩擦力矩）作用下的转正时间。电子计算机的计算结果与实验结果十分接近。

Overman 给出的转子运动方程是一个二阶的常系数非齐次非线性方程：

$$I_R\ddot{\theta} + C\dot{\theta}^2 = m_R ar\omega_0^2 4\pi^2 \sin\theta - M_T - M_0 \tag{8}$$

式中，I_R 为转子的有效转动惯量；θ 为转子转角；M_T 为折合到转子轴的离心摩擦力矩；M_0 为启动力矩；m_R 为转子质量；a 为转子重心到转子轴距离；r 为转子轴到弹轴距离；C 为阻尼系数，是钟表机构结构参数及啮合百分比 P 的函数，对于给定的机构，C 是常数。

方程（8）可以用数值积分求解。Overman 推导了阻尼系数 C 的表达式，它的最终形式是

$$C = \left(\frac{N_{wR}}{\eta}\right)^n \cdot \frac{2N_{pw}^2 I_p (I_w' + PN_{pw}^2 I_p)^2}{\psi I_w'(I_w' + N_{pw}^2 I_p)} \tag{9}$$

式中，N_{wR} 为骑马轮对主轴的传动比；η 为齿轮的啮合效率；n 为主轴到骑马轮的齿轮副数；

N_{pw} 为摆对擒纵轮的传动比;I_p 为摆的转动惯量;I'_w 为擒纵轮的折合转动惯量;ψ 为擒纵轮齿半角所对应的角度;P 为啮合百分比。

啮合百分比表示擒纵轮齿与卡子的啮合特性。$P=1$ 表示轮齿从齿根开始直到齿尖一直保持与卡子接触;$P=0$ 表示只有碰撞而无啮合过程。各种具体机构的 P 值是不一样的,通常在 $0\sim1$。对 M125A1 这样的机构,$P=0.55$(高速摄影 6 300 幅/秒测得)。

方程(8)能较好地反映转子的运动规律,如 C 值选得准,则用此方程能较准确地解算转子的运动时间。阻尼系数 C 是这一计算模型中,与测量数据(P,N_{pw})相关的最重要的变量。

当作出以下两项假定时,非线性方程(8)可以大大地简化:① 假定转子给出的驱动力矩是一恒定值,也即用正弦函数的平均值来代替变量 $\sin\theta$;② 忽略转子自身的加速度,也即不计 $I_R\ddot{\theta}$ 项。据此,方程(8)写成

$$C\dot{\theta}^2 = \omega_0^2\left(4\pi^2 m_R ar\sin\theta - \frac{M_T}{\omega_0^2}\right) - M_0 = \omega_0^2 D - M_0$$

D 为力矩因子在转子工作角度 $\Delta\theta$ 内的平均值。由此得给定转速 ω_0 时的转子速度

$$\dot{\theta} = \sqrt{\frac{\omega_0^2 D - M_0}{C}}$$

分离变量并在 $t=0\sim t_a$,$\theta=0\sim\Delta\theta$ 之间积分,可得

$$\omega_0 t_a = \Delta\theta\sqrt{\frac{C}{D-M_0/\omega_0^2}}$$

式中,启动力矩 M_0 与 ω_0^2 相比,是一个很小的值,比值 M_0/ω_0^2 可以略去不计。$\omega_0 t_a$ 实际就是钟表机构的特征量 N。因此最终可得

$$N = \omega_0 t_a = \Delta\theta\sqrt{\frac{C}{D}} \tag{10}$$

或作用时间为

$$t_a = \frac{\Delta\theta}{\omega_0}\sqrt{\frac{C}{D}} \tag{11}$$

式(10)可以和式(1)相互印证,即 N 只与机构的结构参数 $\Delta\theta$、C(N_{wR}、I_p、I'_w、ψ、P)、D(m_R、r、a)有关,基本上是一常数。

1974 年底,富兰克福兵工厂的 L. P. Farace 提出一份报告,指出碰撞问题是一个十分困难的问题。作为一种近似,可以认为碰撞使摆及轮的角速度下降到零。一年后,Farace 提出了无中间过渡轮钟表机构的设计概念。新设计的机构将转子和擒纵轮合二为一。摆的惯量很高,并且是不平衡的。卡子的形状为一圆弧,可使摆产生 $\pm10°$ 的振幅,如图 4 所示。在转速 $2\,000\sim20\,000$ r/min 范围内,特征量 $N=24.5\pm3$。它的大小与 M125A1E4 相当,几乎可以与现用的 M739 引信 S&A 机构

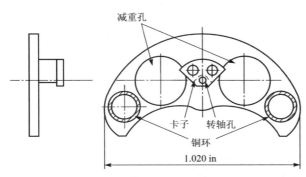

图 4 一种新型无返回力矩调速器的摆

直接互换。Farace 在对这种新型调速器进行动力学分析时，仍然假定每次传冲开始时，摆的角速度为零，这就使得计算大为简化。但是原作者并没有给出数值计算结果，因此无从推断这种计算模型与实验的一致性。

迄今为止，就笔者所见到的文献而言，对于如何处理碰撞问题，G. G. Lowen 教授在他的报告《销钉式无返回力矩擒纵机构的动力学》中，作了最为详尽的说明。

Lowen 教授讨论了如何建立判别条件，以确定擒纵机构是处于传冲状态、自由转动状态还是碰撞位置，以及碰撞后是继续传冲还是直接进入自由转角。报告给出了详细的计算框图，并以 M525 迫弹引信用钟表机构为例，计算了骑马轮的输入力矩、摆的转动惯量、摆销直径、轮－摆中心距、恢复系数等参数对作用时间的影响。据作者称，计算结果已被实验所证实。图 5 ~ 图 7 给出了无量纲化后，M525 引信钟表机构某些参数对作用时间的影响。对于不同的机构，这些曲线的形状不一定是相同的，但其基本趋势相差不多。

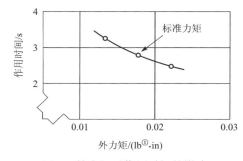

图 5　外力矩对作用时间的影响

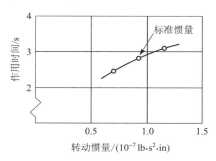

图 6　转动惯量对作用时间的影响

最后，对无返回力矩钟表机构的研究方向，提几点看法，以求教于同行。

（1）美国和苏联两国对这种机构的研究水平，大致如本文所述，我国的情况亦相去不远。现在的问题是，理论研究与生产实践有点脱节。有些作者提出的计算模型太烦琐，使一些实际工作者望而生畏。Harbaugh 公式之所以能在我国引信界得以广泛流传，与这一公式的简单、好使（但未必明了）是分不开

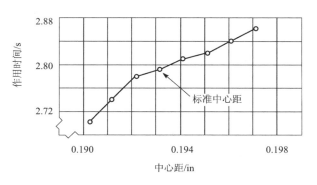

图 7　轮－摆中心距对作用时间的影响

的。为此，我国作者提出的公式，不管其中间过程多么复杂，它的计算方法应尽可能简洁明了，以便于推广。计算模型的针对性应该强些，解决了一两个具体问题，再进行演绎，就有了基础。同时，必须解除从事实际工作的同志对计算机的"恐惧"心理，随着微型机的逐步普及，这个问题是不难解决的。

（2）把理论研究与实验研究结合起来。不少从事实际工作的同志反映，现有的一些公式算不准。这除了模型本身可能存在不足之处外，一个重要的原因是，不能准确地给定与实验有关的参数，如恢复系数、摩擦系数、阻尼系数、启动力矩等。以恢复系数为例，研究表

---

① 　1 lb = 0.453 6 kgf。

明,即使是同一机构,在不同的外力矩作用下,恢复系数也不是个常数。

我想,就钟表机构而言,理论工作的意义在于,计算模型能反映一特定机构的工作规律,反映各参数之间的关系,以便改进、优化这种机构,而不能指望它"算出"一个新机构来。如果这个认识统一了,就不会因为某些理论需要研究对象的某些实验参数,而苛求地说这一理论不完备。

(3) 重视无返回力矩钟表机构的精度分析。在国产引信中,使用钟表机构以实现远距离保险的日益增多,尽管允许的保险时间(或距离)散布范围相当大,但生产中往往仍然很难给以保证。因此,对这种机构进行精度分析,合理地分配尺寸公差,是势在必行的。

以上几点,归根到底只是一句话:无返回力矩钟表机构的理论研究工作,必须与设计实践、生产实践相结合,否则,就往往事倍功半。

参 考 文 献

[1] E. N. 列维唐. 机械信管的钟表机构 [M]. 张婉如,王长元,译. 北京:国防工业出版社,1959.

[2] AD-A020020. ENGINEERING DESIGN HANDBOOK, TIMING SYSTEMS AND COMPONENTS, 1975.

[3] М. Ф. Василъев. 时间点火信管钟表机构的理论和计算 [M]. 中国人民解放军军事工程学院,1956.

[4] З. М. Акселърод. Часовые Механизмы [M]. 1947.

[5] 引信设计(下册)[M]. 北京工业学院,1976.

[6] AD 653770. A Study of the Dynamics of an Untuned Clock Mechanism. VMI Department of Physics, 1953. 9.

[7] Е. В. Кульков. Некорые Вопросы Динамики Спусковых Регуляторов Без Собственных Колъбаний Баланса [J].《Приборостроение》,1960 No. 5;译文见《战斗部通讯》1978 (1).

[8] Е. В. Кульков. О Средних и Конечных Параметрах Импульса в Штифтовых Ходах [J].《Приборостроение》,1961 No. 2.

[9] D. L. Harbaugh. Runaway Escapements [J]. Ordnance, 1971 (9)、(10).

[10] AD 653771. A Study of the Effect of Geometrical Factors upon the Behaviour of an Untuned Clock Mechanism. VMI Department of Physics, 1954. 6.

[11] David L. Overman. Analysis of M125 Booster Mechanism (AD 782108);译文见《国外科技资料(弹箭类)》,1974 (64).

[12] Louis P. Farace. Runaway Escapement Redesign M125A1 Modular Booster (AD-A009773);译文见《战斗部通讯》,1978 (2).

[13] Louis P. Farace. A Gearless Safe and Arming Device for Artillery Firing (AD-A041298), FA-TR-75087, 1975. 9.

[14] G. G. Lowen. DYNAMICS OF PIN PALLET RUNAWAY ESCAPEMENT [C]. Army Science Conference Proceedings, 1978. 6.

从 30 年来美国迫弹引信的发展历史可以学到些什么[①]

谭惠民

摘 要：本文从运输安全、延期解除保险、大着角及擦地发火、爆炸序列设计等 6 个方面，评述了美国 30 年来迫弹引信的进展，并对我国有关技术发展政策提出了一些看法。

美国的迫击炮共有 60 mm，81 mm 及 4.2 in（107 mm）三个系列，分别称为轻型迫击炮、中型迫击炮及重型迫击炮。轻型迫击炮的全重约 20 kg，中型的约 40 kg，重型的也不过 300 kg。中、重型迫击炮有自行的，也有非自行的。非自行的迫击炮可拆卸成身管、炮架、底盘等几大件，即使在极端困难的条件下，也可人背马驮，伴随步兵分队前进。

美国重型迫击炮为线膛火炮，炮弹靠旋转稳定。目前，所配制的引信已与中、大口径榴弹引信通用。因此，本文将主要讨论轻、中型迫击炮弹引信。

30 年来，美国轻、中型迫击炮弹用着发引信，共出现过 7 个品种（如 M525 引信用于 60 mm 迫击炮弹。加一个内装传爆药柱的衬套，用于 81 mm 迫击炮弹，命名为 M526。本文即认为它们是一个品种），它们是 M52，M53，M524，M525，M567，M717，M734，见表 1。研究它们的结构特点及演变过程，可以从中得到一些有意义的借鉴与教训。

表 1 美国迫弹引信配用情况

引信型号	配用弹丸	速度范围/ (m·s^{-1})	保险特征及解除保险加速度范围/G	远解机构及作用时间/s	延期作用时间/s	配用雷管	备 注
M52	60 mm M49A2 81 mm M43A1	58~158 72~214	运输保险销及后坐销			M18 针刺雷管	
M53	M49A2 M43A1	58~158 72~214	运输保险销及后坐销；着发机构用切断销		0.1	M17 火焰雷管	
M77	81 mm M56A1 长弹	89~170	运输保险销及后坐销；着发机构用切断销			M29 针刺雷管	药盘时间引信，可触发

[①] 原文刊登于《引信技术》，1984（2）。文章发表时，美军在役迫击炮口径共有 60 mm，81 mm 和 4.2 in 三种，但自 1991 年起，美军开始列装口径为 120 mm 的重型迫击炮，特此说明。

续表

引信型号	配用弹丸	速度范围/$(m \cdot s^{-1})$	保险特征及解除保险加速度范围/G	远解机构及作用时间/s	延期作用时间/s	配用雷管	备注
M525	M49A2 M43A1	58~158 72~214	运输保险销及后坐销（150~500）	钟表机构作用时间 1.8~3.5		M44 针刺雷管	
M717	M49A2 M43A1	58~158 72~214	运输保险销及后坐销	微孔阻尼器、作用时间 1.5~6			
M524	81 mm M362	~234	运输保险销及后坐销	钟表机构作用时间 1.25~2.5	0.05 M2 延期体	M63 针刺雷管 M80 火焰雷管	
M567	60 mm M720 81 mm M374	~268	运输保险销及后坐销（400~700）	烟火剂远解机构作用时间 1.7~6	0.05	M98 针刺雷管 M76 针刺延期雷管	
M734	60 mm M720 81 mm XL31E3	~242	后坐销及空气动力涡轮（225~375；25 m/s）	涡轮轴转过 500 转，得至少 100 m 保险距离	0.05~ 0.15 BBU-19-B 延期体	M61 针刺雷管 M100 微秒电雷管	多用途电子引信

1 从运输保险销到利用两个环境力的保险机构

轻、中型迫击炮弹的 K_1 值较小，在 1 000~10 000 之间。平时坠落时，炮弹的过载系数可与之比拟。老式的尾翼稳定迫弹本身并不旋转，无离心力可利用。新式尾翼稳定迫弹（如 60 mm 的 M720 榴弹，81 mm 的 M374 榴弹）是微旋的，以提高射击精度。但 K_2 值在 10~100 之间，很难用做机械机构解除保险的动力。迫弹的初速范围 53~268 m/s 之间，K_3 值不到 1，也很难加以利用。据报道，曾研究过能感受小于 1 个 G 加速度的传感器，但尚未见到在着发引信中实际应用。综上所述，迫击炮的弹道特点，给引信保险机构的设计带来了困难。

一般说来，迫击炮弹发射时，后坐加速度对时间的积分要比坠落冲击加速度对时间的积分大。因此，可以用加速度积分机构或卡板式保险机构来加以识别，从而解决平时安全与发射时可靠解除保险的矛盾。但即使采用这种机构，也不能保证故障空投时的安全。也即投送弹药时，如降落伞发生故障，冲击加速度仍然很大，作用时间也较长，从而使机构解除保险。

为了解决平时安全与发射时可靠解除保险的矛盾，直至 M734 多用途引信（Multi-Option Fuze）出现以前，美国迫弹用着发引信无一例外地都采用运输保险与惯性保险串联的保险机构。平时坠落过载由运输保险销承受，发射前拔去运输保险销。发射时，在后坐力作用下，惯性机构解除保险。

在 M52，M53 系列引信中，运输保险销平时插在惯性销的孔中，惯性销插在触膛销的孔中，触膛销则横穿过雷管座，使之处在隔离位置。

M524 系列引信采用了水平回转式隔离机构，转正的时间由钟表机构控制，以得到一定的炮口保险距离。钟表机构的启动时间由单片式卡板机构控制。而卡板机构的平时安全就是由运输保险销保证的。除此以外，还有一根运输保险销，以保证装有瞬发雷管及延期体的活机体，在勤务处理过程中确实保持在装配位置。由于击发体上有一凸起部位，只要活机体处于装配位置，击针就不能戳到雷管，从而保证了着发机构的安全。

在 M525 系列引信中，也采取了同时使用两根运输保险销这样一种结构。

当然，采用运输保险销给部队使用带来了一些麻烦，对此应采取分析的态度，不能盲目地排斥。

首先，如果不采用新原理、新机构，凡是用后坐力作为机构解除保险的动力，那么，从动力学的角度来看，只要勤务处理时过载大小及时间长短达到与发射时同一水平，机构就有可能解除保险。比如，曲折槽机构曾经成功地应用于迫击炮弹引信。但试验表明，即使在规定的安全高度，对"软"目标坠落时，这种机构也是不安全的。随着战术水平的提高，可以预见，我军也将规定弹药空投时须保证安全，而现有的惯性保险机构肯定不能满足这一要求。

其次，运输保险销只是"运输保险装置"的一种形式。作为一种设计概念，可以将运输保险"内部化"，或者说"装定化"。美军勤务指南规定，凡是操作过程中运输保险销被折断、部分运输保险销残留引信中时，该发引信禁用。另外，运输保险销的结构形式也多次改进。由此可见，在战斗环境中，由于粗鲁操作而造成运输保险销折断的现象确有发生。如果将运输保险设计成装定机构的一部分，即可避免这种现象。从人因工程的角度考虑，这也要比从引信中拔出销子这种结构好。瑞士达瓦罗迫击炮弹引信、法国 SC12 迫击炮弹引信都采用了这种结构。在 SC12 弹头引信中，惯性销平时不能向下运动，雷管座则与引信下体的凸出部相对，使引信处于运输安全位置。发射前，将上体相对下体旋转一个角度，角度的大小由塑压于上体的装定销和下体端部的缺口控制。转到位时，惯性销正好与下体的盲孔对正，雷管座则与下体的凹入部相对。发射时，惯性销压缩弹簧，其下端部进入盲孔，同时释放钟表机构。雷管座在钟表机构的控制下，缓慢移动到位，进入待发位置。

国内引信界长期流行一种"概念"，即对迫击炮弹引信的战术技术要求中，应有"射击前无附加动作"这一条。其实，"装定延期""装定惯性"等就是一种附加动作，为什么偏偏就不允许有将"运输安全"转换为"可以发射"这样一种"附加动作"呢？由于射击准备并不是在装填炮弹前一瞬间才进行的，因此认为"附加动作"会影响射速也是缺乏根据的。

如果我们可以接受中、大口径榴弹引信具有三种装定、多用途引信具有四种装定这样一种设计概念，那么，也应该能接受迫弹引信具有"运输安全"和"可以发射"两种装定这一设计概念。

可以这样说，如果采用单一的后坐力作为迫弹引信解除保险的动力，那么，只有采用运输保险装置，才能保证现代战争条件下，弹药在勤务处理时的安全。否则，必须采用在双重环境力作用下才能解除保险的保险机构。

在历史上，德国人曾经设计制造过利用后坐力及前冲力作为解除保险原动力的迫弹引信，如 Wgr. Z. 38 引信。这种引信的保险机构，同时可获得一定的炮口保险距离。但

Wgr. Z. 38 引信只是简单利用两个沿轴向作用的环境力,而爬行过载系数比 1 还小。也就是说,一旦惯性保险机构在坠落过载下解除保险,只要引信一掉头,整个引信就处于待发状态。因此德军训令规定:保管及运输装有 Wgr. Z. 38 引信的迫击炮弹,需使弹头部朝上。显然,尽管机构在两个环境力作用下才能解除保险,但这种设计仍然是不完善的。

在美 M734 系列引信中,采用了后坐力及弹丸飞行时的空气动力,作为解除保险的两个环境力。具体来说,装雷管的转子平时由惯性保险销及水平插孔螺钉锁定在隔离位置。在小于 225G 的后坐加速度作用下惯性保险机构不解除保险;在等于大于 375G 作用下,机构可靠解除保险。只要炮弹速度超过 25 m/s,由引信头气道进入的气流即可使涡轮旋转。涡轮轴通过离合器与 2 级蜗杆 – 涡轮减速器连接,由此带动插孔螺钉旋转。

当涡轮轴转过 1 500 转后,插孔螺钉从转子中移出,转子则在扭簧作用下绕轴转过 180°,使雷管与爆炸序列对正。此时炮弹离炮口至少 100 m。

显然,在勤务处理的条件下,引信要同时得到上述两个环境因素几乎是不可能的,因此,引信的安全性很好。另一方面,即使用零号装药射击,迫击炮弹也能保证提供 375G 的加速度及 25 m/s 的线速度这两个环境信息,从而使引信可靠的解除保险。M734 是个无线电引信。气动力除了提供解除保险的第二个环境信息外,主要是驱动交流发电机,作为电子器件的能源。

但敞口式气道带来两个问题。一是破坏了引信的自身密封,二是增大了全弹的阻力系数。第一个问题可以用包装密封解决,而要解决第二个问题,就必然对引信外形及整个弹形提出更高的要求。

配用于 M734 引信的新式枣核形 81 mm 迫击炮弹,其阻力系数约 0.155,这相当于老式滴状弹的阻力系数。

2 使用多种方法实现迫击炮弹引信的远距离解除保险

迫击炮是一种伴随步兵分队一起行动的火炮。因此,凡是步兵能够到达的地方,如丛林中、建筑物旁、掩体后等,都是它的射击阵地。由于迫击炮弹引信的灵敏度比较高,有可能与阵地附近障碍物相碰,引起炮口早炸,这将威胁炮手及附近步兵的安全。美军条令明确规定:凡引信没有远距离解除保险性能的,禁止用带有这种引信的炮弹超越友邻部队射击。

迫击炮弹引信上装有远距离保险机构的历史,要早于中、大口径榴弹引信。这也从一个侧面说明,迫击炮弹引信发生弹道早炸的危险性很早就被人们所认识。

美国在第二次世界大战后大量生产的 M52 引信,并没有远距离保险机构。直至 20 世纪 60 年代中期,为满足美军在越南战场的需要,美国为 81 mm 迫击炮专门研制了具有远距离解除保险性能的 M524 引信。其中无返回力矩钟表机构由发条驱动,精度较高,作用时间为 1.25 ~ 2.50 s。在 M524 引信中,为了满足总体设计的要求,尽可能缩小钟表机构沿引信径向的尺寸,第二过渡轮合件及星形轮合件分别套装在摆部件的轴上及第一过渡轮部件的轴上。同一时期,美国研制了具有远距离解除保险性能的 T336E5 头部机构,将之与 M52 引信底部机构结合,命名为 M525 引信。M525 引信采用的也是无返回力矩钟表机构,作用时间为 1.8 ~ 3.5 s。这种引信曾大量供应南越部队使用。在上述两种引信中,M524 引信是对隔离机构进行远距离保险,使水平回转的雷管座在出炮口后,至少经 1.25 s 才能转正;而

M525引信则是对轴向运动的击针进行远距离保险，出炮口后，雷管与击针即在一条轴线上。按笔者的观点，前一种设计更为合理些。在M717引信中，利用多孔烧结材料对空气流动的阻尼作用，实现雷管座的远距离解除保险，作用时间为 $1.5\sim 6\ \mathrm{s}$。这种结构由于简单、小巧，因而在小口径高射炮弹引信中也得到应用。M567引信则是利用火药保险器得到 $1.7\sim 6\ \mathrm{s}$ 的保险时间。这种设计，在国外某些小高炮引信中，也还在使用。M567系列引信，已用来代替M524，M525，M717这三个系列的引信。

当我们正在争议是否应砍掉火药保险时，美国人却摒弃了钟表机构、多孔阻尼器及有报导但尚未在制式迫弹引信中具体应用的准流体机构，唯独将火药远解的迫弹引信与最新式的多用途电子引信并存，这是值得我们深思的。对此，唯一可以作出的解释，是出于对成本的考虑。

对于迫击炮这种曲射武器，不同射程主要是依靠调节不同装药号，也即由不同的初速取得。如果采用"定时"的远解机构，保险时间及允许的散布，通常根据零号装药的射击条件加以确定，以保证最小保险距离不低于战术技术要求，最大保险距离不超过该号装药所对应的全射程。

以60 mm迫弹为例，零号装药时初速约为58 m/s。当配用M717引信时，多孔阻尼器的解除保险时间为 $1.5\sim 6\ \mathrm{s}$，保险距离的范围达 $87\sim 348$ m（忽略空气阻力）。但炮弹的最大射程只有304 m，这就是说，有可能产生这样的情况，即炮弹碰目标时，引信尚未解除保险。为了确保超越射击时友军的安全，现代迫击炮弹引信保险距离的下限，大有增长到100 m的趋势。如保险时间过长，散布过大，上述矛盾就不太好解决。

M734系列引信以空气流作为远距离保险机构解除保险的动力，以涡轮所达到的额定转数作为解除保险的标识量。定性地说，当弹速较低时，涡轮所受的回转力矩较小、旋转速度较低时，达到额定转数所需的时间较长；反之，弹速较高时，达到额定转数所需的时间较短。结果，同一口径的迫击炮弹，无论是用小号装药射击，还是用大号装药射击，所得到的安全距离大致不变。它的优点是显而易见的。

3 迫击炮弹引信也需要有大着角发火性能及擦地炸性能

迫击炮弹弹道弯曲，在一般情况下着角很小，似乎不存在要求大着角发火及擦地炸的问题。实际上，正因为迫击炮弹的弹道弯曲，所以它是唯一能够对背山坡目标进行射击的弹种。在这种情况下，弹着点弹道切线与目标法线的实际夹角，有可能达到很大值。此外，由于迫弹依靠尾翼稳定，摆动较大，即使对水平目标进行射击，弹轴与目标法线的夹角也可能很大。当迫弹对砾石地进行射击时，从宏观上讲，着角也许很小；但从弹着点这一局部来看，就未必是这样。

由于以上这些原因，美军十分重视迫弹引信的大着角发火问题。表现在结构设计上，就是使击发体都突出在引信头外。法国、英国的迫弹引信也均如此。

为了解决擦地炸问题，在M524引信中，设置了惯性着发机构。由于迫弹在飞行中所受阻力加速度一般不足1个 G，抗爬行簧可以设计得很弱，这就给提高惯性着发灵敏度，或者说擦地炸性能带来了有利条件。以M524引信为例，活机体部件的质量达87.8g，当活机体与击针相碰时，抗爬行簧最大抗力不过150g。这就是说，在炮弹擦地时，只要所受阻力加

速度大于 $2G$，惯性着发机构即能动作。因此惯性着发灵敏度是相当高的。

法国的 SC12 引信、瑞士的达瓦罗引信，都采用惯性着发机构来实现擦地炸。同时，惯性着发机构也有利于提高大着角发火性能。

4　关于延期装定问题

美军 20 世纪 50 年代制式迫炮榴弹引信有 M52 瞬发引信、M53 延期（0.1 s）引信、M77 药盘时间引信（可以瞬发）三种。但在具体使用上是有所差别的。60 mm 及 81 mm 标准弹配用的是 M52 瞬发引信，只有在应急时才换用 M53 延期引信或 M77 药盘引信。向部队供应的 81 mm M56 长弹则主要配用 M77 药盘时间引信以实现空炸。同时供应一部分装 M52 引信以及 M53 引信的标准长弹。

在 20 世纪 60 年代，瞬发引信 M52 被 M525、M717 代替。M53、M77 仍保留，但只用于老式 81 mm M56 长弹。同时研制了新式的 M362 长弹，俗称枣核弹。这种弹有更好的气动外形，含炸药量（2.1 磅 B 炸药）要比老式长弹（4.3 磅 TNT）少，但仍比标准弹（1.23 磅 TNT）多。具有瞬发、延期（0.05 s）两种装定的 M524 引信就是专门为这种新式榴弹设计的。此外，新式长弹尚配用近炸引信。

装有火药远距离保险机构，具有瞬发、延期（0.05 s）两种装定的 M567 引信于 20 世纪 70 年代装备部队使用，配用于 81 mm 新式 M374 榴弹（微旋）。这种榴弹的射击目标是地面有生力量、技术兵器或轻型工事等点目标。

在 M567 引信的基础上，1980 年的订货目录上给出了 XM935 引信。这种引信有瞬发及延期（0.05 s）两种装定，可供 60 mm 的 M49A3 标准迫击炮弹及 M720 新式榴弹（微旋）配用。新式榴弹也可配用近炸引信。

由以上情况可以看出，60 mm、81 mm 迫击炮弹的主要射击目标是地面有生力量。如果只是从射击效果出发，最好是配用近炸引信。当考虑到成本，不可能大量配用近炸引信时，那么，瞬发作用就是迫弹引信的主要功能。只有当弹丸装药量较大，如 81 mm 长弹，用大号装药射击，有较强的侵彻能力，同时弹丸具有较高的精度，能直接命中点目标时，配用具有延期作用的引信才是有意义的。

美国引信用延期元件已系列化。如 M524 引信的 M2 延期元件，其输入端为一撞击火帽（M54），中间是延期药柱（硼钡铬酸盐），输出端是接力药柱（M7）。延期元件的功能是将戳击能量经一定时间的延迟后，转化为爆轰输出，以起爆雷管。撞击火帽的特点是，处于帽壳与击砧之间的击发药，因击针的挤压而发火，火焰穿透很薄的击砧盖片，由击砧两侧的月牙孔流出，去点燃延期药，延期药在封闭环境中进行燃烧。由于药剂的燃烧速度将随着燃气压力增大而加快，故这种封闭式延期元件的时间精度不易控制。我国延期体与火帽是分离的，又称内通气式延期元件，如果引信内自由容积足够大，则时间精度通常要高于前者。

5　以满足结构设计及性能要求作为传爆序列设计的基本出发点

凡具有瞬发、延期两种装定的美国引信，传爆序列的设计概念与苏联稍有差别。在苏式引信中，如 M12，第一级用针刺火帽，然后用装定栓控制传火道，或让火帽的输出直接起爆火焰雷管，得瞬发；或让火帽输出经延期药柱、接力药柱，再起爆火焰雷管，得延期。美国的设计是采用两个完全独立的首发起爆源。如 M524 引信，它共有两根击针，当将击发体装定在延期位置时，活机体转正后，盲孔与瞬发击针对正，M63 针刺雷管与之错位。碰目标时，位于中心位置的延期击针刺发延期元件 M2，然后起爆 M80 火焰雷管，得延期作用。当将击发体装定于瞬发位置时，活机体转正后，M63 针刺雷管刚好与瞬发击针对正。碰目标时，尽管延期击针也将刺发延期元件，但由于针刺雷管先有输出，故得瞬发作用。这种设计，在早期的 M45 迫弹引信中已经得到应用。将苏式设计与美式设计相比，发现苏式设计有结构比较简单的优点，但缺点也是明显的，除了瞬发作用时间较长外，装定装置的工艺要求很高。在延期装定时，调节栓必须保证对火帽燃烧气体的完全密封。否则，延期装定将是不可靠的，即有可能瞬发。反之，美式设计的优点是作用可靠性高，引信瞬发作用的时间短。多了一根击针，一个针刺雷管，结构稍为复杂一些。如要求引信有长、短延期，这种设计就比较困难了。

就 M524 引信而言，它的传爆序列是相当复杂的，以瞬发作用传爆序列为例，其传爆序列依次为 M63 针刺雷管、接力药管、M80 火焰雷管、导爆管以及传爆药柱。

如果按我们的习惯，在针刺雷管下面设置一个接力药管，导爆药柱的长细比达 5∶1，等等，都是很难接受的。但从性能及总体设计的要求出发，采用上述传爆序列又是必然的。

另外就迫弹引信用火工品而言，美国的标准化工作并不像我们想象的那么好。20 世纪 70 年代同时使用的 M524，M525，M567，M717 四个系列的迫弹引信，其中 M524，M567 有延期作用，都是 0.05 s，但使用了两种不同的针刺延期元件（M2，M76），M524，M525，M567 三种引信所用的针刺雷管也完全不一样（M63，M44，M98）。

我国引信设计人员在设计一个新产品时，受火工品尺寸的牵制很大，要求提供一种新的火工品则更是一件困难的事。这就极大地限制了新机构、新原理的采用。

美国在 20 世纪 50 年代大量使用的 M52 迫弹引信，其中 M18 针刺雷管的外形尺寸为 $\phi 6.0 \times 8.7$，针刺感度是 3 456 g·cm。60 年代的 M525 引信，配用 M44 针刺雷管，外型尺寸 $\phi 4.9 \times 10.0$，针刺感度为 8 641 g·cm，比 M18 降低了一倍多。M44 的外型尺寸类同于我国迫弹引信所用的 LZ–4 雷管（$\phi 5.1 \times 10.3$），但我国雷管的感度几乎比美国的高 20 倍。70 年代美国迫弹引信用的针刺雷管 M63，M98，其感度大幅度提高，分别为 559 g·cm，482 g·cm，与我国迫弹用针刺雷管的感度属于同一量级。M63 针刺雷管的外形尺寸为 $\phi 3.68 \times 9.89$。

由此可以看出，美军着发引信用针刺雷管有缩小直径、提高感度的趋势。缩小直径有利于引信的结构设计，提高感度则有利于改善引信的着发灵敏度。这无疑是有极大意义的。但如果认为雷管尺寸小、感度高、品种少就是火工品的发展方向，这就将问题简单化了。美国雷管的更新换代大约是 20 世纪 60 年代的事，当时美国雷管的直径比我们的粗，感度更是比我们的低。没有听说有人认为苏式雷管比美式的先进，相反，说美式的安定性好、威力大的倒是大有人在。就我国火工专业目前的技术水平而言，搞小型雷管、高感度雷管，不会存在很大的困难。但如果没有采用新原理、新机构的引信去刺激它，那么，引信用火工品的发展将是盲目的。

雷管的感度、尺寸等，只有与引信总体性能、结构相匹配才是有意义的。如与 M18 雷管相比，M63 雷管的针刺感度有了大幅度提高，应该说，这与 M524 引信要求有擦地炸性能是一致的。另外，如引起我国引信界普遍重视的 M55 雷管，除了尺寸很小外，感度也很高（仅 54 g·cm）。这种雷管主要用于枪榴弹引信及电子时间引信（如 M550、M551 及 M587 引信）。这几种引信的转子尺寸都很小，而雷管所能得到的戳击能量又很低，故必须使用如 M55 这样的小尺寸、高感度雷管。至于这种雷管在迫弹引信中的使用，见到的实例是演习用多用途引信 XM745。据分析，是为了降低成本，而以机械着发机构代替电子起爆装置。

M55 雷管除了如上所述作为针刺雷管使用外，在很多情况下，其功能相当于火焰雷管。雷管体积小、威力小，给隔离机构的设计带来了很大的方便。至于感度高，则应持分析态度。如果针刺感度高，不一定意味着整个雷管耐冲击性能差，这对于提高引信的着发灵敏度具有极大的意义。反之，即使对于保险型引信，如果雷管的耐冲击性能差，也是一个严重的缺点。特别是引信装配工艺不能做到自动化时，使用高感度雷管更是十分危险的。

至于传爆药柱，美军迫弹引信一概采用以黑索金为主体的 A-5 混合装药。但同是用于 60 迫弹，XM935 为 12.73 g，而 M734 只有 8 g。

综上所述，美军引信传爆序列各组分与引信总体设计的关系是异常密切的。从 30 年来美军迫弹引信的发展来看，如果没有如此众多的频繁更新的火工元件与之配合，很难设想会有如此众多的性能逐渐完善的迫弹引信出现。

6　重视迫弹引信综合指标的不断提高

美国迫弹引信通用于 60 mm 和 81 mm 两种口径。

60 迫弹的口螺为 1.5 in，81 迫弹的为 2 in。迫弹引信的标准螺径为 1.5 in。当引信配用于 81 迫弹时，需使用引信连接螺套。连接螺套内螺径 1.5 in，与引信连接；外螺径 2 in，与 81 迫弹的口螺连接。螺套内装有传爆药柱。

同一引信，装有接螺后，则重新命名。唯一的例外是 M524 系列引信，它们是专为 81 mm 迫弹设计的，螺径 2 in。接螺的结构尺寸在 MIL-STD-333 中有所规定。事实上，美国引信并未严格的加以遵守。如上面提到的 M525、M567、M734 引信，分别是 20 世纪 60 年代、70 年代、80 年代的典型产品，所用三种接螺除内、外螺纹及扳手槽之外，在装药结构、药量、外形尺寸方面差别甚大。就其外形尺寸而言，差别也是明显的，如表 2 所示。

表 2　几种迫弹引信的外形尺寸　　　　　　　　　　　　　　　　单位：in

型号	配用 60 mm 迫弹		配用 81 mm 迫弹	
	引信外露部长	引信总长	引信外露部长	引信总长
M525	2.42	3.54	3.72	5.93
M567	2.48	3.58	3.77	5.97
M734	2.60	3.71	3.88	6.08
标准要求	≤2.47	≤3.59	≤3.79	≤5.95

最近十几年来，美国迫击炮弹的改型是十分迅速的。新式弹要求更好的气动外形、更高

的精度和更大的初速（320 m/s），与之相应的，引信外形尺寸也必须在原有基础上有所修正。

这使人想到我国引信的"三化"问题。我国引信已经走上了独立设计研制的道路，此时，在认真地、科学地进行运用研究的基础上，制定若干设计规范、试验标准、尺寸系列等，无疑是十分必要的。但毕竟由于我国的设计水平及工艺水平还比较落后，如果把这些规矩订得过死，管得过宽，比如说，现在就想提出某某引信作为"基型引信"，某种机构作为"基型机构"，并且"形成系列"等，它所起的作用只能是迁就落后，束缚思想，害多而利少。可以设想，如果美国有所谓可供选择的标准钟表机构系列并限定在设计新引信时必须选用，那就不会有 M524 引信；如果有不准采用火药远解机构的禁令，1980 年的订货目录上也就不会有 M567 引信。

笔者认为，美国引信的突出优点，恰恰是在于它的创新精神，框框比较少，设计思想很活跃。如 M734 引信，使用了蜗轮蜗杆减速器及传动离合器，实在是很有想象力的。美国引信注意综合性能指标的提高，其中包括经济指标。它的标准化工作，主要体现在建立严格的、科学的、可行的验收试验标准，安全设计标准及某些设计规范。就它的安全设计标准而言，恐怕我们也只能说，是美国人先有了达到某种安全指标的引信，才制定相应的标准条目，以使设计同类引信时，有所遵循。一种新研制的引信，必须满足各项基础标准。至于采取何种技术途径、原理、机构，以满足军方提出的战术技术要求，并没有（也无必要）具体规定。某种引信能否得到订货，主要是看它性能是否优良，价格是否便宜。一旦某种引信进入工程生产阶段，全部技术文件即成为一种标准，并随着工艺及结构的改进而不断修改标准。

美国人将电子工业及精密机械技术的先进成果用于引信，即使一个普通的迫击炮弹引信，其结构也越来越复杂。这种趋势是十分明显的。但引信作为一种工业产品，不能只是实验室的产物，而必须能进行大量生产。所用的技术越先进，结构越复杂，产品质量对生产自动化、检验自动化的依赖程度就越高。另外，引信作为一种大量消耗的战争物资，还需要考虑能否在战时条件下维持大量生产的问题。德国和日本都有过这样的经验，即在战争中，被迫停止性能较好但构造复杂的引信的生产，而恢复生产性能基本满足要求而又能大量供应部队的引信。

7 关于发展研制我国迫弹引信的几点意见

为我军发展研制新的迫弹引信，已是迫在眉睫的事。我国正在发展研制新的 82 迫击炮系统。这一系统将使迫击炮弹具有更好的精度和更大的射程。无疑地，应该为这一新系统设计一个新引信。

第一，新 82 迫引信应有以下结构特点及性能指标：

（1）全保险型机械着发引信；

（2）采用装定式运输保险机构与惯性保险机构相结合的双重保险装置，以解决平时安全与发射时可靠解除保险的矛盾；

（3）具有瞬发、延期两种装定，瞬发作用时间不大于 700 μs，延期作用时间 0.05 ~ 0.15 s，60 迫弹引信只具有瞬发作用；

(4) 具有擦地炸性能；

(5) 具有至少 70 m 的保险距离，上限不加规定；

(6) 为 60 mm 迫弹及 82 mm 以上（含 82 mm）迫弹设计两种不同口螺的引信，分别为 M36 及 M52。

第二，实现上述目标的关键，是研制作为首发元件的小型针刺雷管、针刺延期雷管及作为隔离元件的火焰雷管。

第三，设计一种体积小、效率高的远距离保险机构。

我国引信界曾对无返回力矩钟表机构的推广应用做了许多努力，打破了对这种机构的神秘感，在理论上、实践上都取得了可喜的成绩。今后，除了进行巧妙的构思，如 M524 所采用的那样，使其结构进一步的紧凑以外，还可考虑采用新式擒纵机构，以争取不用中间过渡轮，达到至少 1.5 s 的作用时间。

现在的问题是，钟表机构的应用研究如初升的太阳，方兴未艾，而火药保险器却日薄西山，气息奄奄。本文几次提到火药保险器，并不是有所偏爱。只是感到，我国对于火药保险机构，有着丰富的使用及生产经验，难道它的短处真是不可救药了吗？这个问题只靠搞引信的同志是根本解决不了的。需要搞火工的同志、从事药剂研究的同志，甚至还需要电化学方面的专家共同努力去解决。搞引信的同志可以做的工作是，提供有关结构尺寸及外部特性的要求。比如，要求提供一种外形尺寸为 $\phi 3.5 \times 10$ 的全密封延期元件，一端用击针刺发，另一端有一个 $\phi 1.5$ 的细杆伸出 3 mm，刺发后 $1 \sim 3$ s 内，细杆能被可靠推入延期元件内等。

至于多孔阻尼器，主要是靠经验设计。因此，所遇到的困难恐怕更多的在于工艺。这种机构体积很小，结构设计上有很大的灵活性，值得加以重视。它的缺点是时间精度不高，特别是受温度的影响很大。其实，无返回力矩钟表机构的精度也不是很高。因此，建议对迫击炮弹引信的远解机构的时间精度分两级控制。在生产中同时限制机构作用时间上、下限，以保证产品质量的均一性。下限应使零号装药射击时的保险距离不小于 70 m，上限则应保证在零号装药射击时，弹丸落地前引信一定处于待发状态；在靶场验收时，只考核保险距离的下限是否合格，保险距离的上限则结合全射程可靠发火项目一起进行。

第四，积极开展多学科联合研究，创造条件，设计制造我国的多用途迫弹引信。

我国可以造原子弹、氢弹、洲际导弹。但常规弹药，其中包括引信，却相当落后。所以造成这种状态，有技术上的原因，也有政策上及经济上的原因。

引信技术是综合性很强的工程科学，只靠一个学科的知识，是设计不出高质量引信的。以美国多用途迫弹引信 M734 为例，至少涉及了空气动力学、电工学、微电子学、精密机械技术等学科。由引信专业毕业生包打天下的日子已属过去了。在引信设计中，有许多问题，必须走出"引信专业"这个圈子，请教一下有关专家，才有可能得到圆满的解决。当然，在现有体制下，最好是在本专业圈子里有各方面的专家。这除了应尽力吸引外专业有才华的青年学者参加到我们这支专业队伍中来以外，为了适应引信技术发展的需要，专业教育必须加以改革。基础课、测试技术、文献阅读、计算技术等应大力加强。振动与冲击理论、弹性理论、流体力学等选修课程应适当增加。传统的以刚体动力学为理论基础的专业课程，则应大幅度删减。对研究生，主要应从事与国家重点项目有关的专题研究，或机构预研。这样做，人才梯队就容易形成，智力贮备也有了保证，在研制新引信时所遇到的技术上的困难，也就比较容易得到解决。

但是，即使在引信专业这个圈子里有各方面的专家，如果不同的单位之间进行技术封锁，便不能分享已经取得的成果，同一课题几家重复劳动，既浪费人力、物力，也不能在相互切磋中提高水平。实行专利登记制度，或许是一种能有效保障新机构、新原理发明人权益，防止发生滥竽充数、剽窃成果现象，从而提高引信设计水平的好办法。有些成果不属发明范畴，如测试方法、计算软件等，则可采用有偿技术转让的方法来分享。"买方"利用先进的测试方法、计算技术，加快了研制进度，实际等于创造了财富。"卖方"则必须不断研究新方法、新软件，才能继续保持竞争能力。这同样也有利于提高引信技术水平。

最后一个问题是经济问题。这里说的不是报酬问题，而是指要重视新产品的经济效益问题。笔者不主张目前投入大量人力、物力搞迫击炮弹多用途电子引信。这并不是认为在技术上我们没有能力达到，而是认为在经济上是不合算的。即使能研制出样品，也很难组织生产。即使有能力组织生产，其价格也将使部队不敢问津。结果必然是，"最好的引信"部队装备不起，"次好的引信"没有，不得不继续使用目前正在使用的"不好的引信"。

在我们国家，军工产品不可能形成"买方市场"，这就更需要充分发挥军方在产品研制、定型、订货等环节中的作用。就目前情况而言，这一作用并没有得到很好的发挥。主要表现为，战术技术要求的提出往往带有一定的盲目性。不准迫弹引信采用运输保险就是一例。战术技术要求常常不是在充分论证的基础上提出来的。结果不得不在与工业部门的"讨价还价"中，以产品现实达到的性能指标作为定型的依据。这既丧失了作为产品设计基本指导原则的战术技术要求的严肃性，也降低了定型试验的价值。据说，现在已有因新产品质量不高或不满足要求，军方拒绝订货的事情发生。虽然这有利于打破一潭死水的局面，但终属消极的办法。

形成上述局面的主要原因，是军方没有一支从事引信运用研究、技术可行性论证、系统效费比分析等工作的专门队伍。在短时期内，要组建这样一支队伍或许是有困难的，但这方面的工作却是迫不及待地需要有人去做。作为应急之计，军方完全可以委托研究所、院校以及非研制该项产品的工厂做这些工作。更进一步，军方还可以委托他们做一些特定机构的专题研究。这样做，投入很少，收效甚大。它可以使军方在产品研制、定型、订货等各个环节中，取得更大、更有权威的发言权，从而使正在装备及可能装备的武器在性能上和价格上是最优的。

我国的迫弹引信，以及其他弹种的引信，正处在更新换代的重要时期。只要政策对头，我国的科技人员及广大工人，是能够在不到 10 年的时间内，使我军装备的引信有一长足的进步。这个目标不仅是可望的，而且是可及的。

参 考 文 献

[1] AD 734424. 国外科技资料（弹箭类），1976（77）.
[2] 董方晴编译. 引信设计原理 [M]. 北京：国防工业出版社，1973.
[3] 美军炮弹. 中国人民解放军总军械部，1956.
[4] 美军炮弹引信. 国外科技资料（弹箭类），1976（82）.
[5] TM42 - 0001 - 28. ARTILLERY AMMUNITION GUNS, HOWITZERS, MORTARS, RECOILLESS RIFLES, GRENADE LAUNCHERS, AND ARTILLERY FUZFS. 1977. 4.

［6］马宝华. 引信构造与作用［M］. 北京：北京工业学院，1983.
［7］王贵林译. 德国起爆信管. 中国人民解放军军事工程学院，1955.
［8］M. A. Barron. Multi-Option Fuzing［J］. National Defense，Vol. 59 No. 326，1974.
［9］马宝华. 美国八十年代使用的小口径弹引信分析［R］. 北京工业学院，1982.
［10］MIL – HDBK – 145. FUZE CATALOG，PROCUREMENT STANDARD AND DEVELOPMENT FUZES. 1980. 10. 1.
［11］美军炮弹手册. 国外科技资料（弹箭类），1976（80）.
［12］引信设计（中册）［M］. 北京工业学院，1976.
［13］引信、弹丸引信室及其附件的外形军事标准. 国外科技资料（弹箭类），1976（74）.
［14］引信安全性设计标准. 国外科技资料（弹箭类），1976（74）.
［15］桑田小四郎. 目前引信的发展情况［J］. 兵器と技术，1962. 8.
［16］Louis P. Farace. A Gearless Safe and Arming Device for Artillery Firing（AD – A041298）. FA – TR – 75087，1975. 9.

电子引信惯性开关故障原因分析[①]

谭惠民

1 概 述

引信开关是引信的一个重要部件。据我国引信情报研究单位的资料统计表明,自1976年以来,收录的有关炮弹、导弹、水雷、地雷等引信开关的题目七十余个。随着引信技术的发展,机电一体化的趋势越来越明显,开关装置在引信中的地位也日益重要。

引信开关大体上可分为瞬发开关和惯性开关两种形式。前者直接依靠目标反作用力动作,后者依靠弹丸碰目标时的减速运动或振动产生的惯性力动作。对引信开关的基本要求是灵敏度和作用迅速性,以及其他一些附加要求,如防雨、万向着发、体积、价格等。在结构设计上可以说是五花八门。一般说来,在设计瞬发开关时,需要更多地考虑与引信总体的协调关系,甚至与全弹的协调关系。在设计惯性开关时,这方面的约束少一些。当然也有例外,出于整个引信结构协调的考虑,尽管是惯性开关,但设计得极富有技巧性,与整个引信浑然一体。

1966年哈里·戴蒙德实验室的 M. Apstein 博士发明了如图1所示的"万向"冲击惯性开关。在通常情况下,弹药总是沿其飞行方向与目标相碰。因此,所谓"万向"是指180°半球内,开关应对任意方向的惯性力都能响应。这种开关最初用于非旋火箭弹引信 FMU-98 以及 M429,后又用于炮弹引信 M514A1 及 XM732。以上几种引信都是无线电近炸引信。惯性冲击开关的作用是,在近炸失效但仍能保证炮弹或火箭弹与目标相碰时,可靠地闭合起爆电路,使引信爆炸。火箭弹引信用的开关,惯性灵敏度约为 $600G$;炮弹引信用的开关,惯性灵敏度约为 $300G$。在外形及结构细节上也存在着稍许差别。

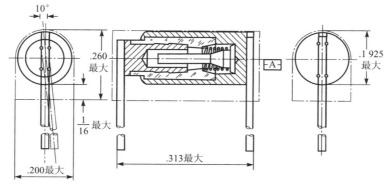

图1 无线电近炸引信用惯性着发开关

---

① 本文为《国外引信先进设计思想和设计方法追踪研究》(1990.12)中有关引信开关这一部分内容的节选。

图 2 这种结构用于 XM732 引信。可以注意到，它比较粗短，与图 1 相比，惯性触杆的大端也不尽相同。这类开关不会因火箭发动机的振动而出现安全问题，在炮弹章动或大雨中射击时，这种开关也是安全的。这种开关相当便宜，以十万个为一批，每个才 38 美分（1972 年价）。

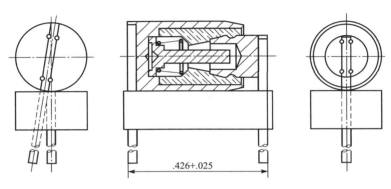

图 2　XM732 引信用惯性着发开关

在最初使用这类开关时，由于制造公差的原因，开关赤道平面灵敏度的散布相当大，其范围为 $300G \sim 1\,000G$。对于炮弹而言，过低的灵敏度会使弹丸侵彻地面过深，降低弹丸的杀伤效率。由于灵敏度范围散布过大，因灵敏度过低致使形成"延期炸"的炮弹超过 60%。

在理想条件下，开关赤道平面内的灵敏度应该是一致的。实际试验表明并非如此，如图 3 所示。其原因可归结为：

① 弹簧力的作用线偏离惯性触杆的质心；
② 围绕弹簧端圈的不同位置，弹簧刚度发生变化；
③ 触杆镀金层的斑点在触点形成较高的电阻；
④ 触杆所受的约束影响稳定的接触。

第一个问题可以通过装配工艺得到一定程度的改善；第二个问题很难加以控制；镀金层的污染不大好辨别，但可以通过对接触部位的清洗加以避免；第四个问题可以通过适当增加间隙来解决。采取以上几点措施后，赤道平面灵敏度可以控制在 $500G \sim 750G$ 范围内。

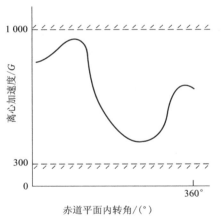

图 3　XM732 引信惯性着发开关在赤道平面内的灵敏度

2　事故及其分析

装有 Apstein 开关的 FMU-98 引信，在用于 2.75 in 火箭弹时，曾发生过解除保险后 1 s 引信早炸的现象。有详尽的迹象表明，早炸是由惯性开关造成的。

为了寻找惯性开关在弹道上提前闭合的原因，进行了大量的实验研究。测得火箭推力产生约 30 个 G 的加速度，在弹道上产生的颤振加速度大约只有 0.5 个 G。惯性开关的最高灵敏度为300G，结论似乎应该是十分安全的。为了按最坏的情况考虑，认为火箭除了会发生沿弹轴方向的颤振外，还会发生因扭振而产生的径向及轴向加速度。理论计算表明，在距弹轴10 mm处，产生的切向加速度最高可达68G。因为开关是沿弹径方向放置的，切向加速度正好作用在开关最灵敏的方向内，因此认为这与开关的闭合有某种关系。

为了从理论上进一步分析早炸的原因，哈里·戴蒙德实验室的 T. Zimmerman 推导了用来计算这种开关的动力响应的方程。图4 为所得计算结果。

由图4 所示曲线显然可以看出，开关在作离心试验时要求300G不闭合，1 000G闭合，只是一种静力条件。随着载荷频率的提高，开关的灵敏度也跟着提高。开关对600～1 100 Hz频率的载荷最敏感，在此区间内的灵敏度为60G～130G，如（Ω_N,G_N）虚线所示。图5 是理论分析与实验结果的比较。图中的水平实线表示在该G值水平上进行测量时，使开关闭合的载荷频率范围。这说明理论分析所描述的动力响应是相当准确的。

图6 中的实线是所有 2.75 in 火箭弹（折叠尾翼和不折叠尾翼）载荷频谱的上限。对于原有的闭合间隙为 0.46 mm（0.018 in）的开关，最灵敏点的坐标（Ω_N,G_N）轨迹全部落在频谱曲线以下，因此提前闭合的可能性还是存在的。因计算载荷用的是稳态振动，与实际载荷有出入，所以说"可能性"。如果将间隙增大到 1 mm（0.04 in），则开关的最灵敏范围正好远离火箭

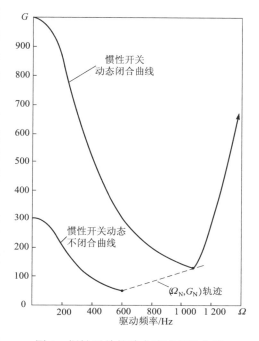

图4 惯性开关的动力响应理论曲线

激烈振动的范围。同时，在生产、搬运及与引信组装时，大间隙的开关更少有机会感受所假定的能使开关闭合的非正常的300G最小过载。

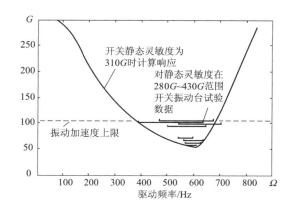

图5 惯性开关的动力响应实验曲线

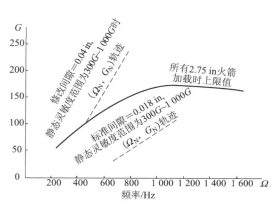

图6 大间隙开关的（Ω_N,G_N）轨迹远离火箭载荷频谱上限值

美国人为解决 FMU-98 引信的早炸事故，提出了两点建议：

① 重新设计开关，将间隙改为 1 mm（0.04 in），离心试验不闭合值由 300G 提高到 450G，振动试验不闭合值由 60G 提高到 100G。

② 改用一种如图 7 所示的廉价开关，这种开关正在 M734，M728 引信中得到应用。

据说，这种廉价开关具有热稳定性好，抗振能力强，体积小，可沿引信纵轴或其他位置安放，接电可靠等优点。

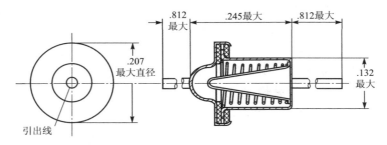

图 7 一种廉价的惯性着发开关

3 结　语

上述原理的惯性开关，在我国炮弹、火箭弹无线电引信及机电引信中，获得广泛应用。由于我国引信用开关主要还是仿制国外的同类产品，缺乏对新颖开关的需求刺激，这一领域的落后状态主要表现在结构设计及其理论分析方面。

引信开关是一些新型引信的重要构件，也是引起安全距离外弹道炸的重要原由，有计划地开展引信开关装置的应用研究及基础理论研究，对我国引信技术朝高水平方向的顺利发展，具有不可忽略的重要意义。

参 考 资 料

［1］R. W. Thiebeau etal. Inertial Impac Switches for Artillery Fuzes；Part Ⅰ：Development. HDL-TM-72-18，July 1972.

［2］L. J. Nordgren. Switching Arrangement for Eletrical Fuzes. USP3793956，Feb. 26. 1974.

［3］T. H. Zimmerman etal. Inertial Impact Switches for Artillery Fuzes；Part Ⅲ：Rocket Application. HDL-TM-75-5，April 1975.

PF-1 安全与解除保险机构动态特性分析[①]

谭惠民　齐杏林

1　概　　述

PF-1 安全与解除保险机构，简称安全系统，用来保证 PF-1 近炸引信的平时安全及正常发射后可靠解除保险。本安全系统能提供一定程度上进行自适应调整的远距离解除保险时间：当转速较高时，解除保险时间较短；当转速较低时，解除保险时间较长。如果认为转速与炮口速度成正比，上述特性意味着对于同一门火炮，无论使用何种发射装药，可以得到大致不变的保险距离。对于不同口径的火炮，则当安全系统用于大口径火炮时，保险距离较长；用于小口径火炮时，保险距离较短。本安全系统还设有一个独立的机械惯性发火机构，以提高整个近炸引信对目标的作用可靠性。

安全系统以转子为核心，包含有后坐保险机构、离心保险机构、无返回力矩钟表远解机构、转子制动机构、惯性发火机构等。

安全系统的作用过程可简述如下。平时，转子由两个离心板卡住。其中一个离心板被惯性销挡住，惯性销则由卡簧卡住，构成了后坐-离心串联保险。在各种勤务处理环境力的作用下，只要惯性销的位移响应不足以达到解除保险的程度，安全系统始终处于安全和隔爆状态。一旦惯性销解除保险，卡簧的长臂将在惯性力消失后，将惯性销挡住在解除保险位置，使之处于不可逆状态，以后的平时安全完全靠两个离心板保证。惯性销不解除保险的阈值约为 750G；解除保险的阈值约为 1 100G。但这并不是说凡是过载超过 750G，后坐机构就要解除保险，而是必须持续一定时间。根据计算，在 800G 的方波作用下，脉宽超过 1.23 ms，才有可能使惯性销的位移响应超过保险行程。在平时勤务处理过程中，遇到的轴向惯性力要同时兼具上述幅值和脉宽，可能性极小，而在发射时则无问题。因此，后坐机构的作用是可靠的。

这里主要涉及一个设计概念问题。根据"独立保险装置"的定义及"冗余保险"的设计要求，安全系统必须至少包括两个独立的保险装置，启动这至少两个保险装置的力必须从不同的环境获得，每一个保险装置性能的完整性不受其他保险装置正常或不正常作用的影响。在本安全系统中，"独立保险装置"显然不能定义为离心保险和后坐保险，因为这样划分不满足"隔爆件至少要用两个独立保险装置机械地直接锁定在保险位置"这一设计要求。我们使用"离心保险装置"及"后坐-离心串联保险装置"两个名词以示区别。认为这是两个独立保险装置，前者只需离心力作用即能启动，后者则需后坐力和离心力的联合作用才能

[①]　本报告为《PF-1 无线电近炸引信反求工程》（1993.5）的一部分。

解除保险，这两个保险装置的正常作用与否是互不影响的。与惯性销直接锁定转子的结构相比，从理论上讲，本安全系统的安全失效率稍高，作用可靠性较好。

发射时，惯性销在后坐力作用下，克服卡簧抗力及摩擦力的作用，下移到位，卡簧长臂随即将惯性销挡住，此时离发射开始时间约 1.13 ms（122榴减装药）。在离心力作用下，两块离心板克服离心板簧构成的阻力矩及后坐力、离心力造成的摩擦力矩，绕各自的转轴运动，解除对转子的保险；同时，回转体挡片在离心力及切线惯性力作用下相对转子顺时针回转到位，构成对活动雷管座的中间保险，以防雷管座前冲。此时弹丸到达炮口附近，对 122 榴减装药而言，约为 19 ms。

出炮口后，转子在离心力矩的驱动下逆时针转动。由于受到无返回力矩钟表机构的调速，转子的转动速度比较缓慢。在 2 500 r/min 转速作用下，转正（其中啮合转角 82°、脱离啮合后转角 51°，共 133°）时间为 0.73 s。在转子转正过程中，回转体挡片所受顺时针离心力矩逐渐减小，在转子转正时，该离心力矩转向，回转体挡片在逆时针离心力矩作用下，相对转子做逆时针转动，释放活动雷管座。至此，所有保险完全解除，制动爪在离心力的作用下将转子扣死，安全系统处于待发状态。

在弹道上，由于雷管卡簧产生的阻力要大于雷管合件所受的爬行力，故保证了弹道安全。

弹丸碰目标时，在前冲加速度的作用下，活动雷管座克服雷管卡簧产生的阻力前冲，与击针相碰而发火。

下面分别研究后坐保险装置、离心保险机构、转子合件、钟表远解机构、活动雷管座的运动特性。

2　PF-1 安全系统后坐机构

机构可靠解除保险数学模型及其解算过程从略。

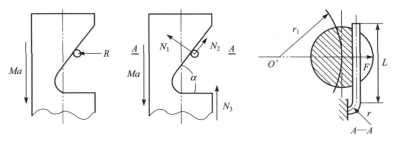

图 1　惯性销受力图

PF-1 后坐机构计算结果及其结论：

假定后坐机构平时受一矩形脉冲作用。当取幅值为 $a=800G$ 时，则只要脉冲宽度小于 1.23 ms，PF-1 后坐机构均能保证安全。或者说，这种机构能识别的速度变化量为 9.65 m/s。

装有 PF-1 引信的弹丸在向各种目标坠落时，后坐机构所受的冲击过载通常不是一个矩形脉冲。给出上述速度识别量的意义在于，如果我们测得了机构部位的实际冲击过载，只要该冲击过载的加速度积分值小于 9.65 m/s，即可在理论上判定后坐机构能保证坠落安全。

可以利用所给程序计算在任意幅值和脉宽组成的矩形冲击加速度作用下，PF-1 后坐机构的平时安全性。

上述分析将坠落时产生的冲击加速度简化为一矩形脉冲，比较粗略，适合在脉冲持续时间与机构固有周期相比很小时使用，如要计算其他冲击波形作用下后坐机构的安全性，可参考相关文献。

3　PF-1 安全系统离心保险机构

机构可靠解除保险数学模型及其解算过程从略。

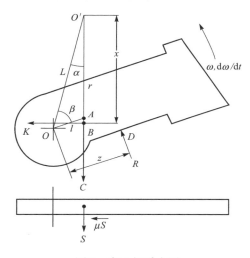

图 2　离心板受力图

PF-1 离心机构计算结果及其结论：

以 122 榴最小号装药为发射条件，离心机构启动时间为 12.73 ms，尚在膛内。如果发射条件为其他号装药，由于离心力矩的增加较其他阻力矩增加为快，所以离心保险机构能可靠作用。离心卡板启动时间较转子启动时间早（转子启动时间为 18.76 ms），所以离心卡板启动时间与转子无关。在 18.76 ms 前，离心卡板已脱离转子，故在建立转子模型时，可不考虑离心卡板影响。

4　转子启动时间的计算

转子可靠启动的数学模型及其解算过程从略。

转子启动时间的计算结果及其结论：

以 122 榴最小号装药发射为条件，弹丸出炮口时间为 19.42 ms，转子启动时间为 18.76 ms，此时弹丸在膛内距炮口较近处。如果发射条件为其他装药号，由于离心力矩的增加较其他阻力矩增加为快，所以转子能可靠启动。

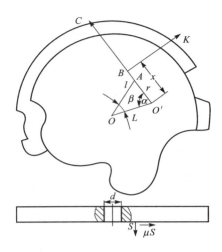

图 3 转子受力图

5 PF-1 安全系统钟表机构

利用 G. G. Lowen 提供的数学模型，计算 PF-1 安全系统钟表机构的作用时间。计算结果如图 4、图 5 及图 6 所示，其中 P 值为擒纵机构啮合百分比。

转子初始角 $\beta_0 = 36°30′$；转过 82°时脱离啮合，即 $\beta = 118°30′$；再转过 51°30′时转子转正并被锁死，即 $\beta = 170°$。

5.1 关于远解时间

远解时间包括两部分：一部分是转子与钟表机构啮合时转动时间，一部分是脱离啮合后转动时间。从计算结果看，后一段时间在整个远解时间中所占份额极小，可以忽略不计。如图 4 (a)、图 4 (b)、图 4 (c) 所示。

当弹丸转速不同时，所得远解时间也不相同。在 2 500 r/min，5 000 r/min，10 000 r/min 时的远解时间分别为 0.753 s, 0.362 s, 0.179 s。

弹丸转速与钟表机构远解时间的关系如图 5 所示。

5.2 关于解除保险特征值 $t_a \cdot n$ 及检验条件

如前所述，离心驱动的无返回力矩钟表机构有一个基本特性：对于同一门火炮，无论使用何种装药，可以得到大致不变的保险距离；对于不同口径的火炮，大口径火炮的保险距离较长，小口径火炮的保险距离较短。这一基本特征可用特征值

$$N = t_a \cdot n$$

表示。其中 t_a 为解除保险时间（s）；n 为弹丸转速（r/s）。

因有

$$n = \frac{v}{D\eta}$$

式中，v 为弹丸炮口速度（m/s）；D 为弹丸口径（m）；η 为火炮炮口缠度，口径的倍数。

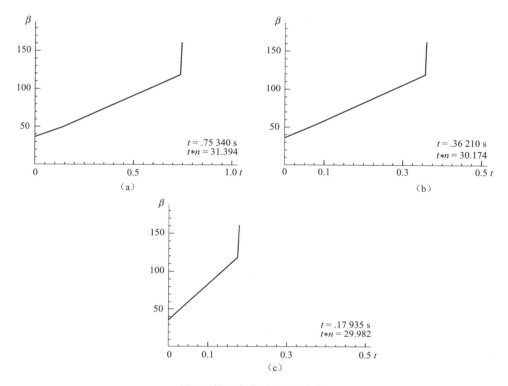

图 4 转子角位移-时间曲线

（a）转子角位移-时间曲线（$n=41.67$ r/s, $P=0.15$）；
（b）转子角位移-时间曲线（$n=83.33$ r/s, $P=0.15$）；
（c）转子角位移-时间曲线（$n=167.67$ r/s, $P=0.15$）

故得解除保险距离

$$S_a = vt_a = nD\eta t_a = D\eta \cdot N$$

由计算机仿真结果知，对于一种特定无返回力矩钟表机构，其特征值 $N = t_a \cdot n$ 可视为一不变的量，如图 6 所示。上式即表明了这种机构所固有的基本特性。

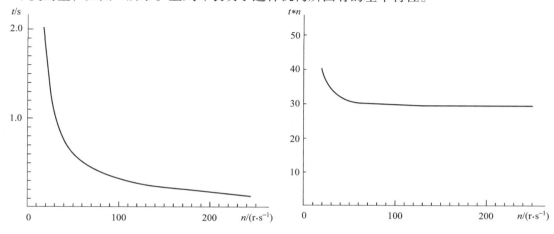

图 5 解除保险时间-转速曲线（$P=0.15$）　　图 6 解除保险时间×转速-转速曲线（$P=0.15$）

计算表明，PF-1 安全系统用无返回力矩钟表机构的特征值 $N=30$。这意味着，无论弹丸炮口速度如何变化，凡弹丸转够 30 转，钟表机构即解除保险。PF-1 在进行离心试验时，规定 2 500 r/min 转速时，N 应为 25～38 转，或者说平均 31.5 转时，转子解除保险。从仿真结果还可看出，如转速小于 20 r/s，或者 1 200 r/min，N 值突增，或 t_a 急剧变大，实际上钟表机构不能正常工作。这与离心试验要求当转速等于 1 100 r/min 时，在 3 s 内，转子仍处于保险位置，也是一致的。这说明理论分析与试验结果的一致性相当好。

5.3 解除保险距离

以 122 榴为例，有 $D=0.122$ m，$\eta=20$。PF-1 无返回力矩钟表机构的特征值取 $N=30$ 转。得远解距离

$$S_a = D\eta \cdot N = 0.122 \times 20 \times 30 = 73.2 \text{ (m)}$$

6 雷管座的运动分析

卡簧抗力及雷管机构运动数学模型从略。

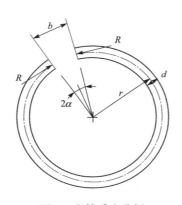

图 7 卡簧受力分析

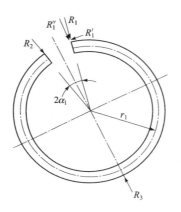

图 8 装配状态的卡簧受力情况

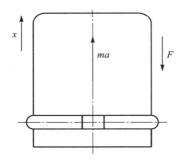

图 9 雷管卡簧合件的受力状况

雷管发火时所需冲击加速度 a 及加速度脉冲 I 的计算结果及其结论：

可得 $a=2.91\times10^3$ m/s^2，$I=3.576$ m/s。也即与目标相碰时，只要雷管座处的冲击加速度幅值不小于 2.91×10^3 m/s^2，持续时间不短于 1.229 ms，惯性发火机构就能可靠发火。

关于联合直接攻击弹药 JDAM（Joint Direct Attack Munition）的一些情况[①]

马宝华　谭惠民

鉴于 GBU-27/GBU-28 激光制导炸弹是一种半主动式武器，或者需要僚机照射目标，或者需要长机通过激光吊舱照射目标，才能完成战斗任务，尽管它在 1991 年海湾战争中战绩显著，但在技术上已经走到尽头。在此背景下，美国空、海军在 1991 年 4 月 22 日签署了一份为期 10 年研制"可以投了不管的" JDAM 的联合备忘录。

1　关于 JDAM

JDAM 计划分三个阶段实施。第一阶段为在 MK-83/MK-84 高爆炸弹以及 BLU-109 穿甲炸弹上加装全球定位系统（GPS）及惯性导航系统（INS），解决炸弹在 24 km 外、12 km 以上高空投弹的精确命中问题；第二阶段实现炸弹的小型化和研制硬目标侵彻引信；第三阶段解决低成本问题。挂载 JDAM 的飞机需装备有合成孔径雷达和 GPS 辅助瞄准系统。

第一阶段的 JDAM 共有 4 个型号。即 500 kg 级的通用爆破型 GBU-29，1 000 kg 级的通用爆破型 GBU-30，500 kg 级专用侵彻型 GBU-31，1 000 kg 级的专用侵彻型 GBU-32。

计划研制的尚有 2 130 kg 级的专用侵彻型 GBU-33，以及重 227 kg 的小型化 JDAM。小型化 JDAM 准备加装景象匹配末制导，称之为经济上可承受的直接攻击弹药寻的器（DAMASK），设计命中精度为 CEP = 3 m。

美国人的初衷是将空海军库存的约 74 000 枚常规炸弹，如 MK-83，MK-84，BLU-109，BLU-110，通过 JDAM 计划改造成为精确打击武器。实质上是将原常规炸弹用的自由落体稳定尾翼换成 GPS/INS 制导组件及控制尾舵。制导组件上装有 MIL-STD-1760 标准接口，通过该接口，在投弹前输入载机的坐标、速度以及目标的坐标参数等；为使整个弹体有较好的气动外形，在原弹体圆柱部捆绑有 4 条导流片。JDAM 结构示意如图 1 所示。

自 1991 年 4 月美国空海军签署联合备忘录后，1992 年 6 月进行方案探索研究，1993 年进行演示验证，1994 年 4 月进入工程研制，1997 年开始试生产。由波音（Boeing）公司负责总装。

1997 年，装有 16 枚 JDAM 的 B-2 隐身飞机向 8 个目标进行试投，全部命中。1998 年在 B-1B 重型轰炸机上试验，载弹 24 枚，平均 CEP = 3 m，最好的一发才 6 in（0.152 m）。截至 1998 年底，一共进行了大大小小约 200 余次 JDAM 试验，适用飞机有 F-16，F-18，B-1B，B-2 等，具备初步作战能力。1999 年波音公司对 JDAM 单发报价为 4.2 万美元。

[①] 本文为一份调查报告，1999.6.21。

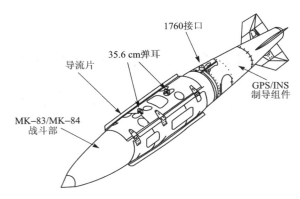

图 1　联合直接攻击弹药（JDAM）结构示意图

可以这样说，1991 年美国空海军联合备忘录提出的 10 年计划已提前并超指标完成。

2　JDAM 引信

令人遗憾的是，有关 JDAM 所用引信的公开报导及相关文献数量很少且内容含糊。下面根据有关资料作一综合分析。

前已述及，JDAM 有爆破和侵彻两种弹头，爆破弹头即为 MK-83/MK-84 的弹体，侵彻弹头即为 BLU-109/BLU-110 的弹体。

MK-83/MK-84 通用爆破炸弹的引信系统由装在弹头的 Mk75Mod12 安全与引爆系统（含 Mk32Mod1 解除保险装置、Mk33Mod0 接力药管、Mk59Mod0 传爆管）和装在弹尾的 Mk42Mod4 发火机构组成，如图 2 所示。投弹保险钢丝为第一保险，旋翼为第二保险，通过差动轮系实现 2.16 s 的延期解除保险时间（风速 90 m/s），碰击目标时才最后解除保险。Mk42Mod4 为一动磁引信，自带 Mk95Mod1B 电源，主要攻击目标为水面舰艇。动磁引信的发火信号通过炸弹内电缆引爆头部安全与引爆系统中的电雷管。该引信系统为空海军通用，不符合 MIL-STD-1316，也不宜用于攻击多层建筑物使炸弹在某一楼层内爆炸。海军及海军陆战队用的 MK-83 炸弹还可配用 Mk346Mod0 触发延期引信，如图 3 所示。Mk346Mod0 引信用投弹保险钢丝作为第一保险，与目标相碰时最后解除保险；引信装在弹尾，适用速度最大为 309 m/s。当旋翼转速达 1 200 r/m 时，达到的延期解除保险时间为 0.3~2.0 s，根据装于弹头的不同旋翼机构而变化；撞击地面或浅水滩等目标后，机械定时器开始工作，根据事先装定，可在 30 min 至 33 h 内，每间隔 15 min 的任意时刻控制起爆。该引信有反排装置，即引信与炸弹装配后，如拆卸则会爆炸。Mk346Mod0 引信符合 MIL-STD-1316。

BLU-109/B 侵彻炸弹使用的引信系统由 FZU-32B/B 引信起动器及 FMU-143A/B 弹尾触发引信组成，如图 4 所示。安装在弹体侧面的 FZU-32B/B 启动器在投弹时因易拉盖被撕开，使气流进入涡轮发电机，当气流速度达到 134 m/s 时，涡轮启动，可输出 50 V 的直流电压，由电缆将电能传输给安装在弹尾部的 FMU-143A/B 触发引信。FMU-143A/B 触发引信在投弹时，因保险钢丝从引信中拉脱保险销，使机械定时器起动；过 1 s 才通过微动开关使直流电源与引信电子线路接通；过 4 s 才解除隔爆转子的一道机械保险。根据投弹前的装定，电子定时器及执行电路可在 4 s，5 s，6 s，7 s，10 s，14 s 等 6 个档次选择最后解

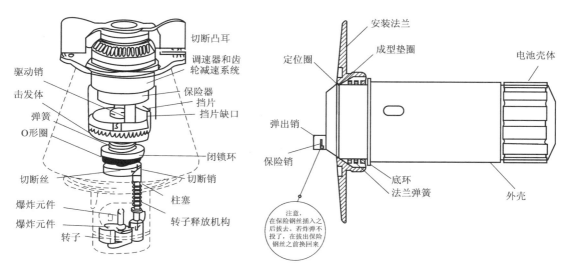

图 2　MK-83/84 炸弹用弹头安全系统及弹尾动磁近炸引信

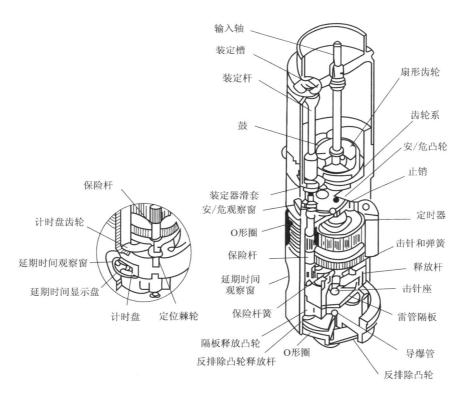

图 3　MK-83 炸弹用弹尾触发延期引信

除保险时间。到装定时间时，电子装置通过炸药膜盒驱动器，使转子转正。转子转正时，电源即被切断，发火能量被贮存在电容器上。碰目标时，触发开关闭合，电容器向起飞前选定的延期雷管提供发火能量，具有不延期、0.015 s、0.060 s、0.120 s 等四种选择，触发开关的灵敏度为 $100G$。该引信符合 MIL-STD-1316，也可用于激光制导炸弹，空海军通用。

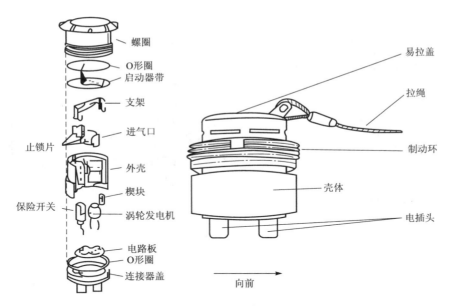

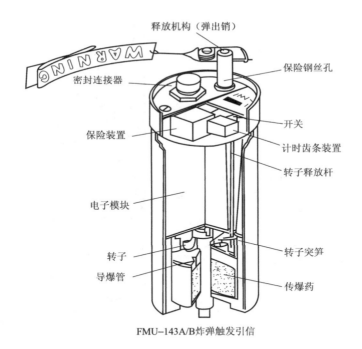

FMU-143A/B炸弹触发引信

图4 BLU-109弹尾触发引信及引信启动器

从以上介绍的情况可以判断，无论 Mk346Mod0 机械长延时引信还是 FMU-143A/B 电子触发延时引信，它们都无法直接感知硬目标层数并精确控制炸弹在预定楼层内爆炸。但不能排除 JDAM 使用 FMU-143A/B 引信通过事先装定实现延期爆炸的炸点控制。

美空军曾在1991年海湾战争中，突击研制了"特殊用途"的宝石路Ⅲ，即 GBU-28A/B，全弹重2 132 kg，配用的是 BLU-113 侵彻弹头，对伊拉克的地下掩体实施了有效的攻击。据1998年"沙漠之狐"行动后美国公布的消息透露，1991年"沙漠风暴"中钻地弹采用的还是改进后的FMU-143A/B引信；而在1998年"沙漠之狐"行动中才第一次"有机会"使用联合可编程引信（JPF），或者硬目标灵巧引信（HTSF）。以后公布的一些材料表明，至少从1981年至1995年，15个年头内，美国空军莱特实验室和MOTOROLA公司联合投资4 000万美元，研制JPF及HTSF。JPF兼容爆破弹头和侵彻弹头，可在机舱内根据作战任务进行编程，选择在撞击目标后从几毫秒到24小时范围间20种不同的时刻控制起爆。HTSF通过加速度计与微处理器结合，计算战斗部进入目标后所经过的空穴和夹层数目，估计侵彻深度，控制延迟时间，以实现最佳的炸点控制。引信的作战任务事先通过MIL-STD-1760接口进行装定，可"选择攻击建筑物或掩体内的任何一个房间"。JPF和HTSF均可用于JDAM，1998年具有小批量生产能力。1998年JPF的单发报价约2 000美元，HTSF的单发报价高达15 000美元。

1998年1月，美空军制定了一个五年计划，由艾略特（Alliant）和索恩（Thron）公司联合开发多层介质硬目标侵彻引信（MEHTF），这种引信能更精确地识别不同介质、厚度差别很大的多层目标，可记数16个空穴或计量不超过18 m的侵彻行程。该引信可适用已有MK80系列炸弹，现有的JDAM，JASSM（联合防区外空地导弹），JSOW（联合防区外发射武器），以及未来的陆、海、空三军各种新型精确打击武器。研制的目标是简化结构，缩小体积，降低成本，能抗高过载，具有多功能输出。这种引信的适用能力为：600 m/s着速对钢筋混凝土目标侵彻，能抵抗10 000G持续30 ms的过载冲击，体积约200 cm^3，重450 g。

综上所述，联合可编程引信（JPF）、硬目标灵巧引信（HTSF）以及多层介质硬目标侵彻引信（MEHTF），均不是一种引信型号，而是一种基于技术原理的称谓，如称近炸引信为PF，炮弹多选择引信为MOFA等。JDAM所配用引信有可能是联合可编程引信FMU-152/B，也可能是硬目标灵巧引信FMU-157/B。JDAM系列GBU-31或GBU-32侵彻炸弹配用的如果是联合可编程引信FMU-152/B，则这种引信需根据对所攻击目标的事先了解，在载机投弹前飞行中编程装定碰目标后延期炸的时间，如碰30 cm厚混凝土跑道，或者五层钢筋混凝土楼板，所需的延期时间是不一样的；如果配用的是硬目标灵巧引信FMU-157/B，对侵彻目标的层数、经过的空穴以及侵彻后延期炸的时间也需事先装定。至于多层介质硬目标侵彻引信，因其1998年才开始研制，预计在21世纪才能面世。

因此，我们可以这样认为，从引信的角度看，JDAM如从楼顶进入贯穿整个大楼直到地下室爆炸，无论配用FMU-143A/B电子触发延期引信、JPF引信，还是HTSF引信，都必须根据攻击要求，对目标特性有详尽了解，事先有目的地对引信进行装定。

1997年9月，MOTOROLA公司决定在两年内退出引信市场。在这种背景下，JPF引信由戴龙（Dayron）公司赢得投标；HTSF引信则由艾略特（Alliant）及索恩（Thorn）公司中标。从原理上讲，HTSF和MEHTF没有本质区别，只不过MEHTF可计量的目标层数及空穴数更多，并对目标软硬及厚度有更大的适用范围。

3 多层硬目标侵彻引信原理

多层硬目标侵彻引信的一种可采用的原理如图5所示。它的功能是探测战斗部侵入目标的深度，计算战斗部穿越的目标层数和空穴数，判别战斗部侵入目标前破碎或跳飞的临界状态。其工作过程可作如下解释。

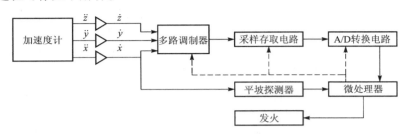

图 5 硬目标侵彻引信原理框图

战斗部进入目标后，一个三维加速度计检得 3 个正交的减速度信号 $\ddot{x}$，$\ddot{y}$，$\ddot{z}$，经运算放大器积分后，输出变化的速度分量 $\dot{x}$，$\dot{y}$，$\dot{z}$，通过多路调制器和采样存取电路的处理，经 A/D 转换后，将 3 个速度分量的数值输入到微处理器中。速度分量并同时输入到平坡检测器中，如果输出一个平坡信号，则说明介质出现一个空穴。

该引信在满足以下四个条件之一时发火：战斗部破碎；战斗部未侵入目标整体跳飞；侵入目标内预定行程；穿越目标内预定数目的空穴（或层数）。其工作原理是，首先微处理器对速度分量 $\dot{x}$ 进行微分，如果所得负加速度值超过给定的战斗部强度的阈值水平，说明战斗部将破裂，则微处理器立即给出发火指令；否则，将弹体赤道平面的速度 $\dot{y}$，$\dot{z}$ 与预置阈值进行比较，以判断战斗部是否跳飞；如果上述两个阈值均未被超过，说明战斗部已进入目标。此后，通过积分速度分量，得到进入目标后战斗部的运动距离，因该距离是通过一个三维传感器得到的，故同时得到战斗部对目标的着角信息。如果战斗部的侵彻行程或深度达到预置的阈值，微处理器给出发火指令。否则继续进行数据处理，如果平坡检测器在一定时间内输出一个连续不变的 $\dot{x}$ 速度分量，说明战斗部进入空穴。每进入一个空穴，微处理器都计数一次，当累计的空穴数与预置的阈值相等时，微处理器输出发火指令。

如果列举的 4 个功能阈值都未超过，则重复上述过程，直到执行其中一个功能为止。

4 两个值得关注的问题

（1）近 30 多年来，美国人十分重视通过技术集成对炸弹进行具有精确打击能力的改造。

1965 年开始，美国人即通过技术集成，按模块化的思想，对炸弹进行制导化的改造。它的好处是以比较低的代价，用比较简单的系统结构，大幅度提高炸弹的命中精度。如 MK－82 通用炸弹加 KMU－388B/B 激光导引头，MK－84 通用炸弹加 KMU－351A/B 激光导引头，M118 通用炸弹加 KMU－370B/B 激光导引头等，这些新集成的制导炸弹由带控制舵的导引头、原炸弹弹体及新换的稳定尾翼组成。直到在科索沃战事中使用的 JDAM，其基本设计思路还是这样，由 MK－83，MK－84 通用炸弹加带控制舵的 GPS/INS 制导组件构成。为增加炸弹的飞行稳定性，在弹体上捆绑 4 条导流片。在 JDAM 系列中，将 MK－83/MK－84 换成 BLU－109/BLU－110 就成为侵彻制导炸弹。BLU－109/BLU－110 穿甲弹体由马丁·洛克希德（Matin Lockheed）公司出品，侵彻能力 1.8 m，当侵彻能力不够时，就研制新的侵彻弹头 AUP（3.2 m）、AUP－1（3.6~5.5 m）、AUP－3（>6 m）等。计划研制中的多层介质硬目标侵彻引信（MEHTF）则不仅可配用已有的 GBU-27/GBU-28 激光制导炸弹、AGM-130 电视制导炸弹、AGM-130A 红外制导炸弹，现有的 JDAM（GBU-31/GBU-32）、JSOW（AGM-154）、JASSM，并可配用于未来带侵彻弹头的陆军战术导弹、高速小型侵彻弹、空地巡航导弹以及近程直接攻击制导炸弹等。

这种基于经济上可承受、三军共享高科技成果的指导思想，值得我们认真加以思考和借鉴。

（2）由军方牵头，树立"适度风险"的研制意识，将预研成果尽快用到装备上。

我国激光制导炸弹即将进场试验，巡航导弹已列为国家重点项目进入研制程序。前者为普通杀爆战斗部，后者为多用途侵彻战斗部，但引信不具备对多层目标侵彻起爆控制的能力。

国内"八五""九五"期间在引信技术预先研究项目中相继安排了硬目标侵彻引信技术的研究课题，起步比美国至少晚 10 年，现已基本解决半无限厚硬目标及多层间隙硬目标的可编程起爆控制的技术问题。该课题由引信动态持性国防科技重点实验室承担。我们认为，在研制一种新的武器系统时，必须重视武器系统毁伤能力以及对毁伤能力控制的有关技术研究。我国的激光制导炸弹及巡航导弹有必要配用硬目标侵彻弹头及引信，该引信应根据通用化、系列化、组合化的指导思想进行设计，炸点控制模块应考虑当前及未来三军精确打击弹药的共同需要，可通用；安全系统模块则可考虑炸弹、地（面）基导弹和空地导弹的不同使用环境，根据组合化的原则进行设计。

本报告所引用引信简图见 MIL-HDBK-145（1980），撰写过程中曾参阅众多的国内外报导和文献资料，恕不一一列举，谨在此向原作者、译者表示谢意。

辑十一

译　文

联邦德国机械工程高等教育[①]

联邦德国卡斯鲁埃大学教授 J. Wauer

谭惠民、石庚辰 译

1 概 述

近 20 年来,由于联邦德国政府在教育方面采取了许多措施,学校教育体制有了不少的变化,人才市场也有了不同的需求,从而使得德国的教育结构发生了深刻的变化。目前,在联邦德国约有 22 万大学生,他们将以特许工程师 Dipl. Ing.(联邦德国工科大学的一种学位)的资格毕业。联邦德国工程师的培养途径有以下几种。

由综合性工科大学培养的特许工程师,其入学资格为普通中学高中毕业,学制为 5~6 年。只有综合大学才有权授予博士学位和在大学任教的资格。外国人必须持有与联邦德国中学毕业同等水平的、取得公证的毕业证明,否则的话,就必须参加一个结合语言学习的补习班,完成一个资格考试,才能入学。

由高等专科大学培养的工程师,其入学资格为普通高中毕业、文理分科的高中毕业或经过与文理分科高中毕业相当的资格训练,学制为 4 年。如仅有职业培训的经历,比如说:从事多年实践工作的学徒,只有在特殊情况下,才允许入学。按照规定,所得学位要说明是大专毕业的特许工程师。对外国人的要求与综合大学所要求的一样,每一个联邦州都设置有一个为外国人补习的中心机构。

一体化全备大学(Integrierte Gesamthochschule),这种新型大学只有在联邦德国少数几个州存在,如黑森州。在这种大学里,基础课之后,学生可沿着两条不同的学习途径,或者接受大专教育,或者接受本科教育。

由职业学院培养的工程师,这种培养途径,目前有巴登-符腾堡职业学院以及在施勒斯维格-霍斯泰因州的职业学院。在巴登-符腾堡学制为三年,以中专特许工程师资格毕业。而在施勒斯维格-霍斯泰因州学制为 8 学期,以中专经济师资格毕业。按规定,其入学资格为文理分科高中毕业。由于采用了与工业生产紧密联系的培养途径,大大地缩短了学习时间,这种学习方式非常适合实际的需要。

应该说明的是,在联邦德国,在同龄人中间有 20%~22% 进入了综合大学,而有大约 6% 进了专科大学。在所有不同层次的工程教育中,无论学习哪种专业,都要完成一定时间的实习,实习必须要在入学前部分或全部完成。实习的范围和时间,根据学习途径以及学校有所不同。已经有的实践活动,例如有关的职业训练,不算作为实习。

一体化全备大学或职业学院这两种学习途径,目前在联邦德国只起次要作用,因此不再

[①] 原文刊于《北工教育》1987.12,本文作了部分删节。

进一步叙述。不仅在专科大学,而且在综合大学,依照它们各自的培养任务都提供了独立的和不同类型的完成学习任务的学习途径,以保证毕业生不仅在工业界,而且在公共事业以及进一步深造中,为今后的晋升和在才能上充分的发展打下基础。

教育的目的,一方面是进行职业的初步训练,使 90% 以上的应届毕业生和今后所从事的职业联系起来,另一方面是综合大学要为科技发展培养后续人才。

综合大学和大专有许多共同之处,但在教学组织、教学过程以及教学内容上也存在许多区别。在所有综合大学里,学习都分成冬季学期(从 10 月 1 日到 3 月 31 日)和夏季学期(从 4 月 1 日到 9 月 30 日)。具体时间可能会有些不同。在一个学期中,只是在讲课时间里有教学活动。非讲课时间,从 2 月中到 4 月中,以及从 7 月中到 10 月中,则作为独立工作、实习、毕业设计以及考试准备时间。在专科大学,这些非讲课时间,在冬季和夏季都要比综合大学缩短大约 4 周。

综合大学以及专科大学都有 4 种教学活动。

(1) 讲课——在综合大学的基础课学习中,经常采取自由听课的方式,即讲师做一个适当题目的专题报告,学生听,做笔记。

(2) 做练习——根据讲课内容,给学生布置一些具体的、与实际工作中遇到的问题相类似的作业。学生可按小组在辅导老师的答疑中得到答案。

(3) 课堂讨论——类似练习,这种教学方式只是在学生小组与教师讨论与教材有关的专门问题时才采用。笔头作业、专题报告、课堂讨论,每一项都要检查其成绩。

(4) 实习或是实验室工作(不要和上面提到的工厂实习相混淆)——学生在做实验、进行实习时,可以得到教师的指导。按规定,这里一般用提问的方式来评定成绩。

在大多数的综合大学和许多专科大学里,学习内容按学期来安排,用学年来划分。其结果是必须进行的教学活动年复一年的重复,因此,只能以冬季学期作为新学期的开始。而执行这样的学年循环,有可能给高等学校的变革造成困难。

2 工科大学的学习过程

2.1 专科大学的学习过程

在联邦德国,专科大学的学习过程分为基础学习和专业学习两部分。基础学习从 2 个学期(如在巴伐利亚)到 4 个学期(如在柏林)。按规定,专业的选择通过安排专业选修课或专题研究来确定。专业学习为 4 学期(如在巴伐利亚,包括两个实习学期)或 2 个学期(如在柏林)。按规定,专科大学的学习期限至少为 6 学期。在巴登-符腾堡和巴伐利亚等地还要另外加 2 个实践学期,其平均学习时间比一般州要多 1~2 个学期。

专科大学的学习比综合大学里的学习在组织上要严密些。因此,就是在专业学习时,学生的选择余地一般也很少。在专科大学,教学计划和教材内容控制得都很严,而在综合大学,特别是在专业学习中,则更多的是建议性的。

在专科大学里,教授上大课这种教学活动,并不像在综合大学里那样占统治地位。在专科大学里,人数不多(15~30 人参加)的小组讲授是很受欢迎的一种讲课形式。因为这种形式有利于教师和学生之间个别接触,有助于许多学生的学习。这一般还可以清楚地反映在专科大学低的淘汰率上。

除去上面讲到的教学组织上的一些特点外，专科大学学习的另一个特点，是其课程安排比综合大学多（每周平均超过 30 小时）。这里对于自学也要受到严格的控制。

专科大学教育的重点放在实际应用上，在基础课学习时，精力就集中在应用上，当然，并不放弃其科学性。在综合大学中，基础课的面很广，所讲内容涉及整个学科领域。

在专科大学的教学过程中，实验室实习、课程设计或其他类似的工作，比综合大学要多，要反复讲解与应用有关的学习内容。像前面已经提到的，在绝大部分专科大学里，专业学习还要经过必修的实习学期才能完成。

在专科大学，学习成绩是由一套系统的学习成绩管理方法给出的。考核的方式可以是严格监督条件下的闭卷考试，也可以是课程设计或实验室工作等。成绩证明按单个课程的教学安排，逐门地累积进行，以减轻阶段考试及毕业考试的负担。这种成绩管理方法，尽管造成了学生的某种精神负担，但促进了学习过程的连续性，也有利于及早对学习情况进行检查，阶段考试甚至可以被取代。按规定，毕业考试由各门课的考试（闭卷的）和在多数情况下的书面论文所组成。这些都在最后一个专业学期完成。专科大学与所在地区的经济和工业部门有许多联系，这些联系形成了只有在专科大学才有的特殊的学习过程。这在纺织、木材、玻璃、造纸和城市水电供应技术等部门尤为突出。这样的学习由于与每个职业领域的紧密联系而显示其特色。

2.2 综合大学的学习过程

综合大学工程教育的学习过程，通常可分成基础课学习、专业基础课学习以及专业研究几个阶段，后两个阶段算作主课学习阶段。

在基础课以及专业基础课学习时，学生对所作的学习安排很少有选择的余地，其主要特点是重视基础理论。对于典型的工程教育，这些课程是：数学、力学、物理、材力和化学。化学课根据专业的不同在内容上有所取舍，数学学习则需要坚持 4 个学期。这些基础课还要由适应于每一个专业的技术基础课来补充，如机械零件、机械设计、电工技术及其他。

在基础课学期阶段（不同专业方向）的同年级学生，会有一些共同的课程需要在规定的学期内完成。因此，有些课程，比如说数学，会有上百人来听课。

基础课学习有时也会安排一些专题讲座。这些专题是作为特殊的基础课来看待的。

基础课学习，规定为 4 个学期，以基础课阶段考试结束，阶段考试由多门课程组成，通常分两次进行。基础课阶段考试在典型的工程教育中是很关键的，每个学生都必须通过。

在基础课学习中，由于一部分学生中断学习、转专业，一部分学生没有通过阶段考试等原因，在建筑工程、电器工程和机械制造等专业中，其淘汰率达到入学学生的 50% 或更多。

主科学习分为系定必修课学习和专业研究两部分内容。系定必修课指的是所有的学生视其专业方向不同而必须完成的课程学习，其中大部分都要进行考试。专业研究通过选修课来完成。

学生的专业方向，通过各自的专业主修课和专业选修课来确定，这两类课程同时构成了专业研究阶段的学习内容。

在主科学习中，将培养学生独立地、系统地运用科学方法的能力，这主要是通过实验、实习以及课程设计或者加工制作实现的。许多学生作为短期科研助手参加学校里的科研工作。

主科学习以国家考试结束。按照规定，系定必修课、专业主修课和专业选修课的毕业考试有笔试和口试两种方式，各种考试以及毕业论文都突出了学习重点。在毕业论文中，学生应表明，他能够独立运用科学方法来解决学习重点中有关理论的、实验的或者是设计方面的疑难问题。按规定，毕业论文应在 3~6 个月的时间内完成。

在综合大学，工程教育的学习任务，最少可在 8 个学期内完成，外加一个学期参加毕业考试和做毕业论文。但实际上学习时间都比较长。在许多大学中，学制为 10~12 学期，甚至还要超出。

3 工科大学的机械工程系

机械工程师的任务和所从事的领域很广，并且是多方面的，所涉及的内容都远远超出了有关机械本身的设计和制造范围。综合大学培养的工程师优先从事科研工作，而专科大学培养的工程师则主要是承担处理日常的具体的工程任务。

所谓机械工程，人们通常理解为下面这些专业，其中的大部分都不在学习中作为专业方向来选择。

——普通机械制造

——机械制造工艺

——专用机械制造（造纸、纺织、塑料机械）

——设计技术

——输送技术

——车辆制造（公路以及轨道车辆）、运输工程

——船舶制造

——农业机械制造

——能源技术、动力工程

——核技术

——水电工程和火电工程

——化工机械设备

——燃料技术

——食品机械、酿造设备

——环境保护工程

——物理工程、物理技术

——机械学

——焊接技术

——采暖、通风、空调技术

——自动控制和调节技术、工程控制论

——金属材料和铸造技术

——采矿和冶金设备

——精密机械技术

——测量技术、电机制造

在联邦德国的许多综合大学和专科大学里都可以学习机械工程。其课程的安排是多种多样的，至于专业方向，更是如此。在综合大学，机械制造系的学习经常分为基础课学习和主科学习两部分。基础课学习为4个学期，在这期间，学生要学习数学、物理等基础课程的基本知识。最重要的课程有数学、物理、化学、力学/流体力学、机械零件/结构、热力学、电工学和材料科学。基础课学习以基础课阶段考试结束。

在主科学习中，有多种专业方向供学生选择。或者以产品的设计制造作为专业方向，如机床、活塞式机械、输送机械或车辆等。或者以理论研究作为专业方向，如精密机械技术，普通机械制造或机械制造理论、自动控制、测量和调节技术等。

在机械制造理论中，一些基础课程，如力学、流体力学和材料科学，在专业学习期间仍占有重要地位。对于以自动控制技术为专业方向的学生，学生要深入学习测量和调节技术以及相应的电子技术和数据处理课程。

如果把机械产品的设计制造作为专业方向，则凡是有关该专业方向的一些应用课程都相应加重。例如学习车辆工程时，要在理论、设计、试验这些广泛的领域里进行探讨。要进行传动、制动、振动、驾驶及控制特性的理论研究。这些研究结果要体现在设计中并且必须在实验中得到验证。航空和宇航技术的研究要用特殊的科学方法来进行，以满足航空和宇航对工程设备的特殊要求，尤其是通过现代计算机的使用，使得这些研究方法得到进一步的发展。

在工艺方法专业中，尤其要研究改进材料性能和成份的机械加工、热加工、化学加工、生物加工、电加工工艺，以及开发设计所需要的设备。化工工程致力于化学工业中的应用研究。工艺方法的其他专业还有如燃料工程、食品工程以及酿造技术等专业。

最近几年来，环境保护工程、生物医学工程等越来越多地成为机械工程系的新型专业。

系定必修课学习和专业研究，在综合大学里至少持续4个学期。在学习过程中，大部分要完成1~2个课程设计。按规定，其中1个为机械设计。完成课程设计需要花费很多精力。此外，学生还必须完成规定的实验及专题报告。

整个学习以毕业考试结束，毕业考试一般由一系列的课程考试以及毕业论文（设计）组成。完成毕业论文（设计）的时间按规定为3~6个月。

在综合大学里，机械工程系的全部学习时间，目前平均都超过12个学期。

3.1 综合大学机械工程系的学习安排和课程安排

联邦德国现有23所综合大学（另外两所联邦国防军高等军事学校分别在汉堡和慕尼黑），这些学校里设有机械制造和工艺方法系科，表1和表2为其中18所大学专业设置的一览表。

表1 联邦德国18所综合大学专业设置一览

专业研究学校 \ 专业名称	生物医学工程	农业建筑机械	能源技术	核与反应堆技术	电机	车辆制造	化学工程	食品工艺	物理工程	材料与焊接	精密机械	测量控制技术	取暖空调技术	环境保护工程	机械制造理论
亚琛工业大学			√	√	√	√	√								
柏林工业大学	√	√		√	√	√	√	√	√	√	√			√	√

续表

专业研究学校 \ 专业名称	生物医学工程	农业建筑机械	能源技术	核与反应堆技术	电机	车辆制造	化学工程	食品工艺	物理工程	材料与焊接	精密机械制造	测量控制技术	取暖空调技术	环境保护工程	机械制造理论
波恩大学		√			√	√				√		√	√		√
布伦瑞克工业大学	√		√	√		√									
克劳斯塔尔大学							√	√							√
达姆施塔特工业大学															√
多特蒙德大学							√								
埃尔兰根-纽伦堡大学							√			√					
埃森大学	√			√											
汉堡工业大学				√						√					
汉诺威大学			√	√	√					√		√	√	√	
豪亨海姆大学								√							
凯泽斯劳腾大学				√	√	√					√				√
卡斯鲁埃大学				√		√	√	√						√	√
卡塞尔大学										√	√				
慕尼黑大学			√			√		√							√
帕德伯姆大学						√									
萨尔布吕大学										√					

表2 机械制造系通常的学习安排

预实习	
第1~2学期：数学、力学、物理、化学	基础课
阶段考试A	
第3~4学期： 　加工工艺、电工技术、机械零件、数学、力学、工程热力学、流体力学、实习	专业基础课
阶段考试B	
第5~8学期：数学方法、控制技术、程序设计等	系定必修课
专业研究： 　如"普通机械制造"专业以输送技术、动力机械作为专业的研究方向等 　如"机械制造理论"专业以振动、材料科学作为专业的研究方向等	专业必修课和专业选修课；实验、实习、设计、讨论、参观
第9学期：毕业考试和毕业论文	

3.2 成人教育

除去前面所介绍的完整的学习途径外,许多学校还设有成人教育。这是为需要获得初步知识技能的人而设置的,学生可获得那些相近的、补充的或者跨专业的知识培训。

这种成人教育首先是面向大学毕业生;部分的、然而日益增多的是面向专职人员,这些人没有正式的学历,但工作需要他们作进一步的进修。

下面以机械制造工程教育为例,扼要地介绍三种不同的情况。

第一种情况(Zusatzstudium)是在所从事的专业方向上继续深造,以便胜任更高一级工作。比如说,从大专程度的工程师进入到本科程度的工程师。

第二种情况(Ergaenzungsstudium)是改变原专业方向的进修,以适应新的职业的需要,比如从机械工程师转到经济管理工程师。

第三种情况(Aufbaustudium)是在本专业或紧密相近的专业进行补习。

按规定,入学的先决条件为已完成所进修内容的初步学习。进修的形式通常为在职的或函授的,这种进修形式特别适合在职人员进修与工作有关的内容。要参加进修,除了要有大学入学资格以外,作为入学先决条件,必须要有多年的实践经验。

在综合大学进行深造的一个最重要的目的是取得博士学位,联邦德国所有的综合大学都有授予博士学位的权力,但专科大学没有这种权力。获得博士学位,对于独立从事科研具有很大意义。

要获得博士学位,其前提是综合大学毕业。一般要经过多年的科研工作,才能完成博士论文。博士论文对科学进步作出贡献,以新的见解显示出自己的学术贡献。博士论文应证明其作者具有独立从事科研工作的能力。

对于学习"纯"自然科学的学生,特别是学化学的学生,获得博士学位具有重要意义。也就是说,大量的毕业生都攻读博士学位,医学专业也是如此。在工程科学领域中,早先只是个别人获得博士学位。目前,每年有5%~15%的工科大学毕业生攻读博士学位,当然也有继续增加的趋势。

4 卡斯鲁埃的高等学校

在卡斯鲁埃市存在一个由以下高等学校组成的高等教育网:

卡斯鲁埃大学

卡斯鲁埃高等专科学校

卡斯鲁埃职业大学

卡斯鲁埃高等师范

卡斯鲁埃艺术学院

卡斯鲁埃音乐学院

除此以外,在成人教育方面,卡斯鲁埃国民大学具有重要地位。负责培养工程师的只是卡斯鲁埃大学、高等专科学校和职业大学。由于职业大学只担负地区性的任务,下面我们将不再谈它。

4.1 卡斯鲁埃大学

卡斯鲁埃大学的样板是 1794 年在巴黎建立的 Ecole 多学科工业学校，1806 年在布拉格、1815 年在维也纳相继建立的德语地区的工业大学。经过长时期的准备，于 1825 年巴登州大公 Ludwig 签署批准建立的卡斯鲁埃大学。创建人是莱茵河水利工程的创建人 Tulla 和德国古典建筑大师 Weinbrenner。因此，卡斯鲁埃大学是德国最古老的工业大学。

1902 年为了纪念当时的大公 Friedrich 一世，曾取名 Friedrichna 工业大学，这个名称，直至现在有时还在使用。1967 年改名为卡斯鲁埃工业大学。

1825 年 12 月在 Wucherer 教授领导下，有 12 名教员、100 名学生的卡斯鲁埃大学开学了。至今，这个学校管理着 18 000 名学生，1 600 名科学家，2 000 名其他职工。校本部也从市场广场搬到了现在的皇帝大街，与皇宫和皇家花园相邻。

在卡斯鲁埃大学从事教学活动的科学家们为许多学科作出了开创性的贡献。如化学家 Karl Weltzien 是化工机械的奠基人，Redtenbacher 是石油化工、煤矿开采和燃烧学的先驱，Engler、Bunte 和 Haber 三人发明了氨合成法、Hertz 发现了电磁波等，这使他们闻名于世。

随着时间的推移，特别是第二次世界大战后，学生数量急剧增长，仅 1971 年至今，学生数翻了一番。以致于必须不断地申报和建设新的教研室、车间和实验室。专业门类及内容也在日益扩展。

1969 年，卡斯鲁埃大学制定了一个基本系科设置法规，自执行以来，只作了某些细节的修改，实践证明，这一法规是很卓越的。目前全校共设置 12 个系，它们是：数学、物理、化学、生物学、思维和社会科学、建筑学、建筑和测量工程、机械工程、化学工程、电气工程、信息工程、管理工程。

1957 年以来，学校和卡斯鲁埃科学中心建立了紧密的合作关系。学校信息工程系是德国最早建立的，1972 年建立了为全德高等学校起示范作用的最大的计算中心。学校成立了一个区域科学研究所作为国际合作机构。学校与许多欧洲国家以及非欧国家的科研机关建立了国际合作关系。

学校积极与工业界进行接触，相互交换重要的科技诀窍。

卡斯鲁埃工业大学经过 160 年的发展，已经成为联邦德国最著名最优秀的大学。

4.2 卡斯鲁埃大学机械系

卡斯鲁埃大学的机械系学制 6 年，有以下一些教研室：输送技术，核处理技术，活塞机械，机械设计学，工程力学，测量与调节技术，反应堆技术，工程设计中的计算机应用，流体力学和流体机械，热力流体机械，工程热力学，金属材料，机床，可靠性与事故预测，方法学。

目前大约有 2 300 名学生在机械系注册学习，以攻读工程师学位。由于名额限制，每个冬季学期最多允许 430 名新生入学。

以上这些教研室一共聘任 200 名教授、讲师、助教等直接从事教学和科研的人员，此外还有一些辅助人员。

前 9 个学期的学习，构成一个独立的学习阶段，凡成绩合格，即承认工学士的程度。

4.2.1 学习计划和学时分配

进入主科学习前，有一次阶段考试。阶段考试前的学习安排与进入主科学习后所选择的专业方向无关。基础课学习包括表3所示的教学内容（数字为周学时）。

表3　卡斯鲁埃大学机械系基础课学习的主要内容

第一学年的学习内容	第1学期		第2学期	
	讲 课	练 习	讲 课	练 习
高等数学Ⅰ和Ⅱ	4	2	4	2
工程力学Ⅰ（静力学）	3	2	—	—
金属材料Ⅰ、Ⅱ（含实验）	4	—	3	2
工程力学Ⅱ（材料力学）	—	—	3	2
实验物理A和B	4	2	4	2
物理实验	—	—	—	2
实验化学基础	3	—	—	—
画法几何	1	1	—	—
机械设计（含工程画）Ⅰ	—	—	2	2
第二学年的学习内容	第3学期		第4学期	
	讲 课	练 习	讲 课	练 习
高等数学Ⅱ和Ⅲ	4	2	—	—
工程力学Ⅲ	2	2	2	2
工程热力学Ⅰ和Ⅱ	3	2	2	2
机械设计Ⅱ和Ⅲ	4	4	2	2
电工技术	—	—	4	—

阶段考试分两部分进行。第一部分内容包括高等数学（Ⅰ，Ⅱ），静力学和材料力学。最晚应在第四学期某一规定的考试时间内完成。考试在严格监视下进行。第二部分考试内容包括运动学和动力学、工程热力学、机械设计、金属材料学、电工技术、实验物理以及化学。最晚应在第6学期规定的考试时间内完成。除了金属材料学采用口试方式外，其他课程都采用严格监视条件下的笔试方式。学生参加考试要出示资格证明，如参加高等数学、工程力学、机械设计考试则要出示所做的相应实验或者作业的成绩。

通过全部考试后，就应该选择某一专业作为主攻方向。可提供选择的有"普通机械制造""机械制造理论""核技术""机械制造工艺"等专业。每一个专业都有其相应的系定必修课程。除此之外，每个学生还可以学两门专业必修课以及一些专业选修课。

1）系定必修课

"普通机械制造"系定必修课有：流体力学（4+2），机械学（4），测量与调节技术（3+1），热交换和材料交换（2+2），设计学（8），振动学的数学方法（2+1）（或材料力学的数学方法、或流体力学的数学方法），机器实验（3），工业企业学（2）。其中实验课、程序设计等需得到考查成绩，而其他课程则需通过严格监视下的考试。

如专业方向为"机械制造理论"，则不学设计学和工业企业学，而代之以两门进一步的数学方法课和模拟计算机实习。成绩证明同前面的专业。模拟计算机只要求考查。

如专业方向为"核技术"，也不学设计学和工业企业学，而用增加选修课时数进行协调。

"机械制造工艺"系定必修课有：流体力学（2）（职业学校水平），测量与调节技术（3+1），工业企业学（2），机械学（4），振动学（或材料力学或流体力学）的数学方法（2+1），加工技术（4）（材料流动技术），制造技术的信息工程（4），方法学（4），程序设计（2+2），制造技术实验（10）等。程序设计和制造技术实验只进行考查，其他则考试。

2）专业必修课

在专业学习期间，除系定必修课之外，学生每周至少应学两门总共6学时的内容较深的专业必修课（见表4），对于机械制造工艺这类的专业，则应增加到8学时。各专业都有相应的课程目录。

表4　卡斯鲁埃大学机械系专业必修课一览表

允许选择的专业必修课	专业方向			
	普通机械制造	机械制造理论	核技术	机械制造工艺
输送机械	√	—	—	√
核处理技术	√	—	√	—
活塞机械	√	—	—	—
机械设计	√	—	—	—
工程力学	√	√	—	—
测量与调节技术	√	√	—	—
反应堆工程	√	—	√	—
计算机在工程设计中的应用	√	—	—	√
流体力学	√	√	—	—
流体机械	√	—	—	—
热力流体机械	√	—	—	—
工程热力学	√	√	—	—
金属材料学	√	√	√	—
可靠性与事故预测	√	√	—	—
机床与驱动	√	—	—	√
方法学	√	—	—	√

除了机械制造工艺专业，每个学生还可选修两门外系开的课程。

3）专业选修课

作为对专业必修课的补充，学生还可以在表列课程中进一步选修其他课程。对于普通机械制造与机械制造理论这两个专业，专业选修课控制在每学期周学时 6 学时以内，核技术专业为 15 学时，机械制造工艺专业为 4 学时。通过口试给出专业选修课的成绩证明。

4）大型作业

在主科学习期间，对于每一门专业必修课，都有一个大型作业，作业时间控制在 500 小时以内。方式可以是理论计算、实验研究或产品设计。

5）毕业设计，毕业考试

在提交全部学习成绩证明，以及完成所有大型作业以后，学生就可进行毕业设计，毕业设计的选题应与所选的学科方向一致，可以是理论题目，也可以是实验题目或是设计题目。毕业设计选题应表明学生能根据科学方法独立地研究一个问题。从接受任务到交出毕业设计的期限是 6 个月。在毕业考试时，两门专业必修课要进行口试，毕业考试最晚不得超过交出毕业设计后一年内。毕业考试通过也就等于学位考试通过。

4.2.2　实习训练准则

在入学前，学生应提交一份参加过至少 8 周（尽可能 10～12 周）工厂实习的证明。在申请做毕业设计时，要求提交一份总共参加过 26 周工厂实习的证明。

以上所说的实习，包括以下三个部分内容：

1）入学前

机械制图和金属材料的手工加工方法 4 周；

切削加工和非切削加工 2 周；

成型方法与热处理 2 周。

2）基础课学习时实习

铸造 4 周；

连接与装配 3 周。

3）毕业设计前实习

作为专业必修课的补充，进行与专业有关的实习 11 周。

实习生必须随身携带记录他工作情况的实习手册，以便可以说明他所接受的训练类型及其内容。

4.2.3　进修学习

只有具备以下条件者才能允许在大学进修学习：已经通过有关某一科研课题内容所必须的初步学习，而这一科研课题又是在进修期间所要进行研究的。初步学习的时间至少为 1 000 小时。这一初步学习必须是在高等学校完成的。进修的时间至少为 1 学期，最多 4 学期，进修过程必须是独立完成。但其学习计划必须由负责指导的大学老师进行安排。在前两个学期内，学习时间为每周 50 小时；另外，还应有 20 学时从事与最终要完成的专题研究有关的工作。最后可以得到一份学习证明，以表明其完成了学习任务及专题研究，但不授予学位。

并不排除留下来攻读博士学位的可能性，这种可能性给予这样一类人：如果这个人已经接受过完整的工程教育,并且已经在高等学校毕业,具有通过学位考试的证明。高等学校助教,如果完成一篇博士论文,同时又能出具表示其工作成绩的一系列官方证明,那么,他攻读博士学位的时间要持续 4~6 年。

5 结 束 语

一个学生在他接受了本科的训练以后,他就具有了某种能力和技巧,使他在目前和最近的将来能在人才市场上求得一个优异的职业机会。

在过去几年中,联邦德国虽然存在着知识分子失业的现象,不过对于工程师以及自然科学工作者来说,这种现象还一直是非常不起眼的,以至可以忽略。在可预见的将来,也不至于有很大的变化。

无返回力擒纵调速器某些动力学问题[①]

Е. В. КУЛЪКОВ

谭惠民译　王宝兴校

摘　要：本文从考虑动力因素对周期大小的影响出发，叙述了带无固有周期平衡摆调速器的周期计算理论基础。得出的公式有助于了解这种调速器的工作规律性，对于设计及分析该类调速器也是有益的。

在现代技术的各个领域内，广泛地应用了各种简易钟表机构，带有无固有周期摆的调速器就是其中的一种。在这一类调速器中，摆的振动是依靠骑马轮齿与摆上的斜面或与固定在摆上的销钉的相互作用来完成的。按其特征，摆的运动是一种突发性的他激振动。

这种调速器（图 1）的摆没有固定的平衡位置，因此，其振幅是一个在很大程度上取决于起始状态的参数。

根本的问题在于：确定 2 倍的摆的振幅（振动范围），它等于摆在一个方向的整个运动角度。振幅即可认为等于这个角度的一半。

摆的振动范围通常不超过 15°~20°。

所研究的调速器的主要参数是摆的振动周期。振动周期定义为两个近似相同的位置所完成的一个循环运动所需的时间。摆的振动周期的大小实质上与作用在骑马轮上的动力矩有关。

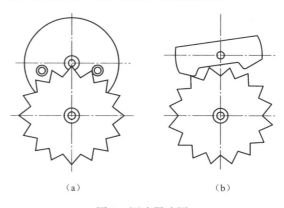

图 1　调速器略图
（a）销钉式卡瓦；（b）平面卡瓦

根据角冲量的概念，提出了确定摆的周期及转角的理论。角冲量不仅与走动装置的结构有关，还和摆及所有传动轮系的转动惯量、卡瓦和骑马轮之间的力矩比，以及其他一系列因素有关。所提出的理论包括了求周期及一些主要角度的方法，这些角度用以修正骑马轮齿与卡瓦在每次冲击开始时的碰撞的影响。

当考虑了上述因素后，就能解释在实验中可以看到的这些调速器的某些规律性：摆的振动幅度与原动机力矩的依赖关系较小，传动轮系转动惯量的较大变化并不显著影响振动周期的大小，等等。

[①]　译自苏联《ПриБоростроение》1960. No. 5；译文刊登于《战斗部通讯》1978（1）。

得到的公式，可用以评价无返回力矩调速器工作中的动力因素的作用，在设计钟表机构时也可用以较有根据地选择结构参数，当用来计算周期时，可以得到较准确的结果。

1 摆与骑马轮相遇点的位置

在稳定振动的条件下，骑马轮齿与卡瓦在严格确定的点相遇。在每一个卡瓦上的这些点的位置，乃是调速器工作时间内摆的转角读数的起点。

为了寻找在相遇时走动零件的角坐标，我们首先研究一下摆和骑马轮的自由转动（图2、图3）。

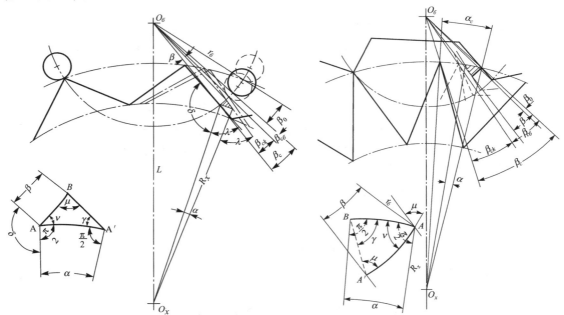

图2 用以确定销钉式卡瓦的自由转角的略图　　图3 确定平面卡瓦自由转角的略图

自由转动的开始与冲击终了相吻合。在此瞬时，骑马轮和摆的位置可用作图或计算的方法确定。

自由转角 β_c 的一部分由骑马轮走过，我们用 β_{ck} 表示；另一部分由平衡摆走过，我们用 β_{c6} 表示。因此，摆的自由转角

$$\beta_{c6} = \beta_c - \beta_{ck} \tag{1}$$

在自由转动这段时间内，摆和骑马轮各自运动而互不接触。因此，同时可以列出摆的转动方程，以及骑马轮的转动方程，作为寻找角 β_{c6} 和 β_{ck} 的第二个条件。这两个方程分别为

$$I\ddot{\beta} - M_6 + M_T = 0 \tag{2}$$

$$I_x\ddot{\alpha} - M_x + M_{x6} = 0 \tag{3}$$

式中，β 和 α 为摆和骑马轮的转角；I，I_x 分别为摆的转动惯量及折合到骑马轮轴的转动惯量（包括骑马轮本身的转动惯量）；M_6，M_{x6} 为骑马轮作用在摆上的力矩以及摆作用在骑马轮上的力矩；M_x 为作用在骑马轮轴上的动力矩；M_T 为平衡摆轴颈上的摩擦力矩。

在摆和骑马轮运动的冲击段上,可找到这些方程的共同的解。在自由转动期间,方程可分别求解。此时,M_6 和 M_{x6} 等于零。

为了确定自由转动的时间,必须知道摆和骑马轮在冲击终了时的速度。因此,我们首先求方程 2 和方程 3 的联立解。我们取 $M_6 = M_{x6}\varphi(\beta)$,得

$$\left[I + I_x\frac{\ddot{\alpha}}{\ddot{\beta}}\varphi(\beta)\right]\ddot{\beta} - M_x\varphi(\beta) + M_T = 0$$

考虑到所研究的调速器的冲击角是一个比较小的量,可以认为

$$\frac{\ddot{\beta}}{\ddot{\alpha}} = \frac{\beta}{\alpha} = i \tag{4}$$

由于在冲击期间 $\varphi(\beta)$ 的变化很微小,我们用平均值代替,即

$$\varphi(\beta)_{cp} = k$$

我们得到摆和骑马轮系统的运动方程

$$I_6\ddot{\beta} - M_x k + M_T = 0 \tag{5}$$

这里

$$I_6 = I + \frac{I_x k}{i} \tag{6}$$

为摆的折合转动惯量。

在一般情况下可以认为,由于碰撞终了的回跳,摆在冲击开始时的速度等于 ψ_0,对式(5)进行积分,即可得到摆在冲击终了时的速度

$$\psi_u = \sqrt{\frac{2(M_x k - M_T)}{I_6}\beta_u + \psi_0^2} \tag{7}$$

式中,β_u 为摆在冲击过程中的转角。

下面,研究自由转动。分别积分方程(2)和方程(3),得到自由转动的时间表达式。
当 $M_T > 0$ 时,由式(2)得

$$t_c = \frac{1}{M_T}\left(\psi_u - \sqrt{\psi_u^2 - \frac{2M_T}{I}\beta_{c6}}\right) \tag{8}$$

当 $M_T = 0$ 时,

$$t_c = \frac{\beta_{c6}}{\psi_u} \tag{9}$$

设骑马轮冲击终了的角速度为 ξ_u,则由式(3)得

$$t_c = \frac{I_x}{M_x}\left(\sqrt{\frac{2M}{I_x}\alpha_{ck} + \xi_u^2} - \xi_u\right) \tag{10}$$

而

$$\xi_u = \frac{\rho_{6u}}{\rho_{xu}}\psi_u = \frac{\psi_u}{i_k} \tag{11}$$

式中,α_{ck} 为骑马轮的自由转角;ρ_{6u}、ρ_{xu} 为传递冲击终了的瞬时,摆及骑马轮中心到骑马轮齿和卡瓦冲击表面的公法线的距离。

下面确定骑马轮转角 α 与骑马轮齿冲击表面相对摆轴的角位移 β 之间的关系。

根据图 2,对销钉式走动装置,由于摆及骑马轮的自由转角很小,将弧线 AB 和 AA' 近似为直线,则在三角形 ABA' 中有:

$$AA' = R_x\alpha;\ AB = r_6\beta;\ \frac{r_6\beta}{\sin\gamma} = \frac{R_x\alpha}{\sin\mu} \tag{12a}$$

$$\mu = \pi - (\nu + \lambda),$$

这里
$$\mu = \frac{\pi}{2} - \lambda;\ \nu = \pi - \delta$$

而由三角形 O_xO_6A 可得

$$\delta = \pi - \arccos\frac{L^2 - R_x^2 - r_6^2}{2R_xr_6}$$

角 λ，ν 和 δ 与走动装置的位置无关，因此角 μ 在自由运动过程中保持不变。

式（12a）可改写为

$$\beta = \frac{R_x\sin\gamma}{r_6\sin\mu}\alpha = D\alpha \tag{12}$$

即系数 D 是常数，角 α 和 β 角之间的未知关系是线性的。

由推论，对带有平面卡瓦的摆，用相同的方法，同样可以得到式（12）。在此情况下，角 γ 和角 μ 可简单地直接取自走动装置图 3。

将式（10）中的 α_{ck}，ξ_u 通过式（12）、式（11）及式（1），分别用 ψ_u 及 β_{c6} 表示。当 $M_T > 0$ 时，使式（8）与式（10）相等，可得

$$\frac{1}{M_T}\left(1 - \sqrt{1 - \frac{2M_T}{\psi_u^2 I}\beta_{c6}}\right) = \frac{I_x}{i_kM_x}\left[\sqrt{\frac{2i_k^2M_x}{\psi_u^2 I_xD}(\beta_c - \beta_{c6}) + 1} - 1\right] \tag{13}$$

当 $M_T = 0$ 时，使式（9）和式（10）相等。考虑到

$$\beta_u = \beta_{c6} + \beta_0 \tag{14}$$

这里 β_0（图 2）为卡瓦在自由转动起始位置所确定的角度。那么，当 $M_T = 0$，$\psi_0 = 0$ 时，由式（7）得

$$\psi_u = \sqrt{2k\beta_u/I_6} \cdot \sqrt{M_x} \tag{15}$$

最终可得

$$\beta_{c6} = \frac{2I_x(\beta_{c6} + \beta_0)k}{I_6i_k}\left[\sqrt{\frac{I_6i_k^2(\beta_c - \beta_{c6})}{I_xDk(\beta_{c6} + \beta_0)} + 1} - 1\right] \tag{16}$$

由最后这个方程可以看出，当摆的轴颈上没有摩擦及摆与骑马轮没有因互撞而回跳时，摆与骑马轮相遇点的位置，以及摆的振动幅度的大小，与作用在骑马轮上的动力矩的大小无关。

Н. Н. Баутин 利用相平面上点变换的研究方法，得出了同样的结论。

摆轴颈上的摩擦及冲击开始时摆的速度 ψ_0 通常是很小的，因此可以认为，上述规律性在相当的程度上为所有我们研究的调速器固有。

用式（16）解冲击角 β_u，得

$$\beta_u = \frac{C_2 + \sqrt{C_2^2 - 4C_1C_3}}{2C_1} \tag{17}$$

这里
$$C_1 = Da + 4D + 4i_k$$
$$C_2 = 2(Da\beta_0 + 2D\beta_0 + 2i_k\beta_c + 2i_k\beta_0)$$
$$C_3 = aD\beta_0^2$$

$$a = \frac{Ii_k}{I_x k}$$

在公式（17）中，只留有一个加号。这是因为当 $\beta_0 = 0$ 时，$C_3 = 0$，而 β_u 不能等于 0。

2 考虑碰撞时，调速器的工作规律

在影响碰撞结果的各种参数（转动惯量的大小、材料的机械特性、结构因素等）的综合作用下，对于无固有振动周期调速器，可以看到骑马轮齿与卡瓦相遇后有以下几种碰后状态：

（1）骑马轮回跳，摆的转动不改变方向；
（2）摆和骑马轮在相遇点都向相反方向回跳；
（3）骑马轮的转动不改变方向，摆回跳。

在着手求解摆的振动周期时，首先应该确定能表征给定调速器固有工作状态的特征参数。摆和骑马轮碰后速度的大小及方向，就是这样的特征参数。下面寻找它们的表达式。

设摆和骑马轮在相遇瞬时有速度 ψ_0 和 ξ_y，碰撞以后的速度为 ψ_B 和 ξ_B。摆轴和骑马轮轴到碰撞线的距离分别用 ρ_6 和 ρ_x（图4）表示。设在碰撞的第一阶段的终了，碰撞点的公共线速度为 U。

以反时针方向作为转动的正方向。那么，当调速器的工作属于上述第二种情况时，对于碰撞过程中的速度变换可作如下描述：

$$\psi_y \rho_6 \to U \to -\psi_B \rho_6 \tag{18}$$
$$-\xi_y \rho_x \to U \to -\xi_B \rho_x$$

可以认为，轮齿与卡瓦的碰撞是弹性的。在碰撞的第一阶段（速度相等），根据动量矩定理，有

$$I(U - \psi_y \rho_6) = -S_1 \rho_6^2$$
$$I_x(U + \xi_y \rho_x) = -S_1 \rho_x^2$$

在碰撞的第二阶段（速度相等），有

$$-I(\rho_6 \psi_B + U) = -S_2 \rho_6^2$$
$$I_x(\rho_x \xi_B - U) = -S_2 \rho_x^2$$

从上述方程中消去冲量 S_1，S_2 及速度 U，得

$$\psi_B = (\xi_y + \xi_B) \frac{I_x}{I} \left(\frac{\rho_6}{\rho_x} \right) - \psi_y \tag{19}$$

引入碰撞时的速度恢复系数

$$K = \frac{S_2}{S_1} = \frac{\rho_x \xi_B + \rho_6 \psi_B}{\rho_x \xi_y + \rho_6 \psi_y} \tag{20}$$

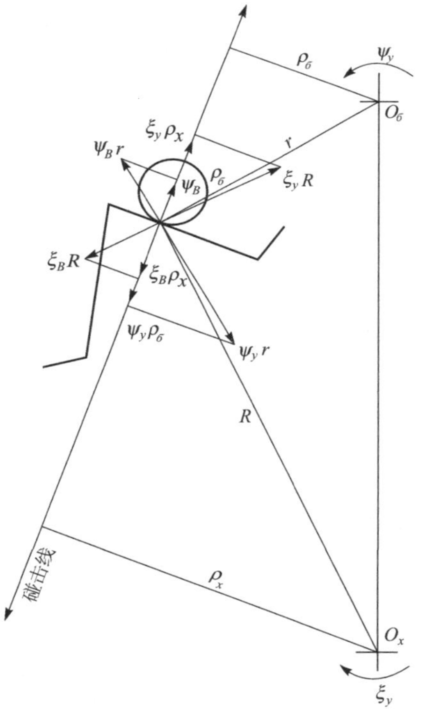

图 4 卡瓦和轮齿的互撞

利用式（19），消去 ξ_B，可以得到碰撞后摆的速度为

$$\psi_B = \frac{(1 + K) i \xi_y - \left(\frac{I}{I_x} i^2 - K \right) \psi_y}{1 + \frac{I}{I_x} i^2} \tag{21}$$

Ф. В. Дроздов 给出 $K = 0.5 \sim 0.6$。

知道了 ψ_B，碰撞后骑马轮的速度就可以按下式计算

$$\xi_B = (\psi_B + \psi_y)\frac{I}{I_x}i - \xi_y \tag{22}$$

研究出瓦上的碰撞，可得到类似的 ψ_B 和 ξ_B 的关系式。

如果按式（21）和式（22）算得的 ψ_B 或 ξ_B 出现负值，这意味着摆或骑马轮在互撞后没有回跳。也即超过相遇点后，摆或骑马轮沿原碰撞方向继续运动。

根据求得的速度 ψ_B 或 ξ_B 的大小及方向，在确定调速器的工作状态时，摆的速度及冲击的起始条件将遵循下述规律①。

（1）如果 $\psi_B < 0$，$\xi_B > 0$，说明碰撞不改变摆的转动方向，但会引起骑马轮的回跳。骑马轮回跳后，摆继续运动到它的角速度 $\psi_0 = 0$。

骑马轮回跳角 α_{OT} 可根据碰撞后骑马轮动能等于这一角度内动力矩所做的功这一条件得到

$$\alpha_{OT} = \frac{I_x \xi_B^2}{2M_x} \tag{23}$$

此时，摆的附加转角

$$\beta_{OT} = \alpha_{OT} i \tag{24}$$

整个冲击角

$$\beta_u = \beta_{c6} + \beta_0 + \beta_{OT} \tag{25}$$

（2）当 $\psi_B > 0$，$\xi_B > 0$ 时，碰撞后摆和骑马轮同时回跳。根据骑马轮回跳角速度的大小，也即回跳能量的大小，骑马轮后退一个角度 α_{OT} [由式（23）算得]，然后在外力矩作用中重新赶上卡瓦。

可以将骑马轮回跳时所占有的极限位置，当做冲击的起始条件。摆的初始速度可近似地取为 $\psi_0 = \psi_B$。

（3）如果 $\psi_B > 0$，$\xi_B < 0$，则只是摆从碰撞点回跳。走动装置零件相遇点的位置将与冲击起点一致，$\psi_0 = \psi_B$。

如果 $I > I_x$，则第一种相遇状态是经常遇到的。

由式（21）、式（22）可以看出，为了计算 ψ_B 和 ξ_B，必须知道摆和骑马轮的互撞速度 ψ_y 和 ξ_y，而他们又和 ψ_0，ξ_0 及可调节碰撞条件的冲击角 β_u 有关。

从式（21）、式（22）中能够消去 ψ_y 或 ξ_y，但这样就会得到一个复杂的四次方程。

在实际应用中，比较合理的是通过逐次接近的方法来求得 ψ_y 或 ξ_y。

在开始计算上述冲击时，暂不考虑碰撞，即认为 $\psi_0 = 0$，以此求得在第一个卡瓦（如出瓦）上冲击终了时摆和骑马轮的速度；然后，再求得骑马轮齿与第二个卡瓦（如进瓦）相遇瞬时它们的速度。根据这些速度可求得在第二个卡瓦上碰撞后的速度的第一次近似值，利用这些第一次近似值，就可以较准确地确定第一个卡瓦的冲击角及骑马轮和摆的碰撞前的速度等。直到下一次确定已经不明显改变上一次的计算结果为止。

由于我们所用的初级碰撞理论的近似性，恢复系数 K 的不准确性及非常数性，可以认为，只要一次近似，对于确定问题就完全足够了。

---

① 与第一次碰撞相比，可能有的随后的碰撞不起重要的作用，将之忽略——原注。

3 摆的振动周期

用符号 t_u，t_C，t_{OT} 分别表示传递冲量的时间，自由转动的时间，以及经过脱离角（回跳角）的时间。根据前面给定的振动周期的定义，有周期

$$T = t'_u + t''_u + t'_C + t''_C + t'_{OT} + t''_{OT} + 2t_{уд} \qquad (26)$$

式中，$t_{уд}$ 为骑马轮与卡瓦碰撞时的接触时间，适用于进瓦及出瓦。

由于 $2t_{уд}$ 是一个比较小的量（约万分之一秒），当 $T > 0.01$ s 时，它完全可以忽略不计。在周期比较小时，碰撞接触时间可以通过实验修正值来考虑。

为求得时间 t_u，我们解方程（5），通过 2 次积分，可得

$$t_u = \frac{1}{C}(\psi_u - \psi_0) \qquad (27)$$

这里

$$C = \frac{M_x k - M_T}{I_6} \qquad (28)$$

而 ψ_u 可由式（7）确定。

自由旋转时间由式（8）和式（9）给出。

当按式（21）、式（22）得到 $\psi_B < 0$ 及 $\xi_B > 0$ 时，骑马轮反转的持续时间可由下列方程求得：

$$I_x \ddot{\alpha} + M_x = 0$$

对上式进行积分。初始条件为：$t = 0$，$\alpha = 0$，$\xi = \xi_0$。反转结束，也即脱离终止的条件为：$t = t_{OT}$，$\alpha = \alpha_{OT}$，$\xi = 0$。考虑到式（23），得

$$t_{OT} = \frac{I_x}{M_x}\xi_0 \qquad (29)$$

将式（27）、式（8）及式（29）分别代入式（26），可以得到确定无返回力矩摆周期的最一般的表达式为

$$T = \frac{1}{C'}(\psi'_u - \psi'_0) + \frac{1}{C''}(\psi''_u - \psi''_0) +$$
$$\frac{I}{M_T}\left[\psi'_u + \psi''_u - \left(\sqrt{\psi'^2_u - \frac{2M_T}{I}\beta'_{c6}} + \sqrt{\psi''^2_u - \frac{2M_T}{I}\beta''_{c6}}\right)\right] +$$
$$\frac{I_x}{M_x}(\xi'_0 + \xi''_0) + 2t_{уд}$$

系数 C' 和 C'' 可由式（28）求得。

当摆轴上的摩擦很小时，可取 $M_T = 0$，则 t_C 可由式（9）求得，周期的一般表达式为

$$T = \frac{1}{C'}(\psi'_u - \psi'_0) + \frac{1}{C''}(\psi''_u - \psi''_0) + \frac{\beta'_{c6}}{\psi'_u} + \frac{\beta''_{c6}}{\psi''_u} + \frac{I_x}{M_x}(\xi'_0 + \xi''_0) + 2t_{уд}$$

如果不考虑摩擦和碰撞，则周期由进出瓦上的自由转动时间及冲击时间组成。将式

---

① 注角 ′ 和 ″ 分别表示与进瓦及出瓦有关的量——原注。

(9) 及式 (27) 中 ψ_u 以式 (15) 代入，取 $\psi_o = 0$，得

$$T = \frac{A}{\sqrt{M_x}} \tag{30}$$

这里

$$A = \sqrt{I'_6}\left(\sqrt{\frac{2\beta'_u}{k'}} + \frac{\beta'_{c6}}{\sqrt{2k'\beta'_u}}\right) + \sqrt{I''_6}\left(\sqrt{\frac{2\beta''_u}{k''}} + \frac{\beta''_{c6}}{\sqrt{2k''\beta''_u}}\right) \tag{31}$$

计算实例

带销钉式卡瓦的无固有周期擒纵调速器有下列参数：

$I = 0.000\ 15\ \text{g} \cdot \text{mm} \cdot \text{s}^2$；$\lambda' = \lambda'' = 56°$；$k' = 0.40$①；$k'' = 0.39$；$\beta'_C = 8°18'$；$\beta''_C = 12°29'$；$\beta'_0 = 7°54'$；$\beta''_0 = 6°01'$；$i' = 1.75$；$i'' = 1.85$；$i'_k = 1.8$；$i''_k = 2.15$；$D' = 0.868$；$D'' = 0.923$；$a' = \frac{I}{I_x} \cdot 5.658$；$a'' = \frac{I}{I_x} \cdot 4.625$；$M_T = 0$；$K = 0.5$。

由于缺乏必要的数据，不考虑碰撞的持续时间。

在表1和表2中，分别给出了不考虑碰撞对振动的影响和考虑碰撞对振动的影响时，摆的振动周期的计算结果。表3给出了碰撞后摆和骑马轮的速度。

表1 不考虑碰撞对振动的影响时的周期（I'_6 单位已在算例中给出）

$\frac{I}{I_x}$	进 瓦		出 瓦		A	力矩为 M_x（g·mm）时周期 T/s			
	β'_u	I'_6	β''_u	I''_6		4	25	100	200
10	10°44′	0.000 153	9°29′	0.000 153	0.027 21	0.013 60	0.005 44	0.002 72	0.001 92
5	11°32′	0.000 157	10°35′	0.000 156	0.028 43	0.014 22	0.005 69	0.002 84	0.002 01
2	12°28′	0.000 167	12°02′	0.000 166	0.032 55	0.016 28	0.006 51	0.003 26	0.002 30
1	12°59′	0.000 184	12°56′	0.000 182	0.035 91	0.017 96	0.007 18	0.003 59	0.002 54
0.5	13°24′	0.000 219	13°34′	0.000 213	0.039 91	0.019 96	0.007 98	0.003 99	0.002 82
0.2	13°36′	0.000 323	13°57′	0.000 308	0.049 17	0.024 58	0.009 83	0.004 92	0.003 48

表2 考虑碰撞对振动的影响时的周期

$\frac{I}{I_x}$	进 瓦			出 瓦			当 M_x 时的 T/s			
	α'_{OT}	β'_{OT}	β'_u	α''_{OT}	β''_{OT}	β''_u	4	25	100	200
10	2°40′	4°42′	15°26′	3°49′	6°53′	16°22′	0.017 51	0.006 95	0.003 44	0.002 45
5	2°47′	4°52′	16°24′	3°51′	6°55′	17°30′	0.019 15	0.007 53	0.003 82	0.002 65
2	2°52′	5°00′	17°28′	3°39′	6°34′	18°38′	0.021 59	0.008 49	0.004 34	0.003 02
1	2°30′	4°22′	17°21′	2°54′	5°14′	18°10′	0.021 93	0.008 15	0.004 39	0.003 03
0.5	1°24′	2°28′	15°52′	1°26′	2°35′	16°19′	0.018 20	0.006 99	0.003 59	0.002 43
0.2	0°01′	0°02′	13°38′	0°00′	0°00′	13°57′	0.010 44	0.004 35	0.002 26	0.001 22

---

① 在带销钉式卡瓦的走动装置中，沿销钉的冲击段实质上不传递冲量而只是自由转动。k 和 i 的大小只取决于沿骑马轮齿的冲击范围——原注。

表3 碰撞后摆和骑马轮的速度

$\dfrac{I}{I_x}$	进 瓦 当 M_x（g·mm）时 ψ'_B/s^{-1}				出 瓦 当 M_x（g·mm）时 ψ''_B/s^{-1}			
	4	25	100	200	4	25	100	200
10	−34.37	−85.93	−171.86	−239.85	−35.24	−88.11	−176.13	−249.01
5	−28.63	−71.54	−143.09	−202.26	−26.64	−66.58	−133.19	−188.34
2	−14.23	−35.63	−71.18	−100.66	−8.48	−21.22	−42.42	−59.98
1	3.52	8.84	17.60	39.64	11.84	29.56	59.19	83.73
0.5	25.35	63.39	126.90	179.86	35.88	89.73	179.35	250.99
0.2	58.17	124.63	249.14	352.38	61.25	153.28	306.55	432.99

$\dfrac{I}{I_x}$	进 瓦 当 M_x（g·mm）时 ξ'_B/s^{-1}				出 瓦 当 M_x（g·mm）时 ξ''_B/s^{-1}			
	4	25	100	200	4	25	100	200
10	157.98	294.45	789.00	1 171.95	188.62	471.32	943.86	1 334.56
5	113.79	180.15	569.16	804.98	133.98	335.03	669.99	947.04
2	72.96	115.36	364.82	515.87	82.39	205.95	411.97	582.46
1	48.18	76.20	240.98	366.40	52.02	130.03	260.06	367.74
0.5	25.72	40.27	128.70	181.95	25.84	64.59	129.18	180.27
0.2	1.73	2.74	8.68	12.30	−0.58	−1.37	−2.74	−4.08

从上述计算结果，可以得到下列基本结论：

（1）当 $I > I_x$ 时，碰撞及与此同时产生的骑马轮的回跳，使周期增大；当 $I < I_x$ 时，碰撞及回跳则使周期变小。

（2）摆的振动周期与比值 I/I_x 的关系较小。当摆的转动惯量 I 与骑马轮的折合转动惯量 I_x 近似相等时，可得到最大的振动周期。

（3）无返回力矩平衡摆的振动周期的长短，在很大程度上依赖于原动机力矩的大小。

（4）不考虑碰撞时，如 $I \geqslant I_x$，则所确定的周期误差为 25%～30%；如 $I < I_x$，则所确定的周期误差可达 50% 以上。在计算带有厚重轮系的钟表机构时，应该考虑这一点。

参 考 文 献

[1] З. М. Аксельрод. Часовые механизмы [M]. Машгиз, 1947.

[2] Н. Н. Баутин. Динамическая модель часового хода без собственного периода [J]. Инженерный сборник ИМАН СССР, т. 16, 1953.

[3] Ф. В. Дроздов. Детали приборов [M]. Оборонгиз, 1948.

M125A1型传爆管无返回力矩擒纵机构的重新设计[①]

(美) 富兰克福兵工厂 路易士·普·法拉斯

谭惠民译 袁玲玲校

摘　要： 本报告给出了用于分析无返回力矩钟表机构摩擦损失及工作效率的数学模型。根据这一数学模型，为M125A1型传爆管重新设计了一种大转动惯量、小质量的翼形摆，能使这种传爆管的最低工作转速由原来的2 000 r/min降为1 000 r/min。报告并提供了M125A1型传爆管的有关性能参数及其使用情况，详细叙述了翼形摆的设计试验过程。

可将本报告与AD782108参照阅读，这对于了解美国关于这种钟表机构设计研究的近期进展情况，或许是有益的。

符号汇编：

a——特殊环境的冲击加速度

A_P——输入力矩的力臂

A_P^*——考虑摩擦后的输入力矩的力臂

A_W——输出力矩的力臂

A_W^*——考虑摩擦后的输出力矩的力臂

E——系统效率

E_P——擒纵机构啮合效率

F——力

F^*——F，μF的矢量和

g_1——在一级齿轮中总的摩擦损失

g_2——在二级齿轮中总的摩擦损失

g_j——在j级齿轮中总的摩擦损失

g_s——因侧向载荷引起的轴承摩擦损失

g_t——因轴向载荷引起的轴承摩擦损失

$G_{P,L}$——传递给卡子摆的转矩

$G_{S,W}$——骑马轮的纯输出转矩

I_1——第一个齿轮的转动惯量

I_2——第二个齿轮的转动惯量

[①] 译自AD A009773，RUNAWAY ESCAPEMENT REDESIGN M125A1 MODULAR BOOSTER，1974.12。译文原刊登于《战斗部通讯》，1978（2）。

I_j——第 j 个齿轮的转动惯量

$m_{P,L}$——卡子摆的质量

M_1——齿轮 1 的输入力矩

M_2——齿轮 2 的输入力矩

P——载荷

P_t——推力载荷

$R_1^* = A_W^*$

$R_2^* = A_P^*$

R_i——环轴承内径

R_o——环轴承外径

R_P——啮合点相对摆轴的位置矢量

$R_{P,L}$——卡子摆轴偏离机构旋转中心的距离

R_W——啮合点相对擒纵轮轴的位置矢量

α——作用线与 R_W 的法线之间的夹角

η——传动比

η^*——转矩比

η_{21}——齿轮 2 和 1 之间的传动比

η_{21}^*——齿轮 2 和 1 之间的转矩比

η_P——擒纵轮与卡子摆之间的传递比

η_P^*——擒纵轮与卡子摆之间的转矩比

$\ddot{\theta}_1$——第 1 个齿轮的角加速度

$\ddot{\theta}_2$——第 2 个齿轮的角加速度

λ——擒纵轮齿的半角

μ——摩擦系数

ξ——arctan μ

ρ_P——轴颈半径

τ——作用线与 R_P 之间的夹角

ρ_{PL}——摆轴半径

ω——弹丸的角速度

1 引　　言

这份报告首先提供了有关 M125A1 传爆管的性能概况及其应用。其次，结合重新设计后擒纵机构①的试验结果，对擒纵轮机构的变化做了说明。第三，介绍了促成这些设计变化的数学模型及其解析式子。最后，结合数学模型中可能计值的参数，对全部参数进行了讨论。

---

① M125A1 型传爆管所用的擒纵机构有两种基本类型：一种包齿数 2.5，擒纵轮齿较锐；另一种包齿数 1.5，轮齿较钝。后者是前者的发展型，但传爆管型号未变，文中冠以"替代的"三字以资区别。采用有翼摆的 M125A1 传爆管只是作者的一种设想，称之为重新设计的 M125A1 传爆管。——译者

数学模型判明，在所有摩擦损失敏感的区域中，有两处是比较重要的——擒纵轮齿与卡瓦啮合的地方以及卡子摆转轴与轴承接触处。两者都在擒纵机构内。因此，进行了设计改进，以减小这两个地方的摩擦力矩。并采取适当措施，将这些改进纳入到 M125A1 传爆管的技术数据汇编（Technical Data Package）中去。

2 概　　况

M125A1 型传爆管延迟解除保险部件#11743960 是用于 M557 引信及 M564/M565 替代引信的安全与解除保险机构。用于 M557 引信的部件装在铝制本体里，这种组合件目前被称为 M125A1 传爆管。该传爆管被拧在引信的底部，用于由加农炮发射的旋转稳定弹上。

用于 M564 及 M565 替代引信上的部件，装在比较小的铝壳内，然后再拧到引信的底部。

延迟解除保险部件的功用是延迟引信的解除保险时间，使飞行的弹丸与火炮之间有一段安全距离。这段延迟时间与以下两个参数有关：在雷管对正前擒纵机构的振动次数及其振动频率。这两个参数的比值即为机构的延迟时间。

第一个参数（振动次数）由所设计的擒纵轮齿数、擒纵轮与转子之间的传动比以及转子的转正角度确定。第二个参数（振动频率）是弹丸转速及机构固有的许多其他因素的函数。弹丸的转速不仅作为偏心转子齿轮的能源，最终用来驱动擒纵机构，并且也在机构的所有构件上产生径向载荷。

要求机构在 2 000 r/min 的转速水平上工作。当转速低于 1 000 r/min 时，离心子必须处于安全位置，以阻止转子旋转。但这并不排斥在离心子释放转子后，机构在低于 1 000 r/min 的转速水平下维持工作的能力。

机构在给定转速水平上开始并维持工作的能力，与该转速时偏心转子齿轮输出转矩的大小及机构中出现的摩擦转矩的大小有很大的关系。可以通过两个途径来改善启动条件：或者尽可能地减小机构中的摩擦，降低机构对现有摩擦力的敏感程度，提高整个机构的效率，或者是补充更多的输入转矩。本报告集中讨论第一种途径的两个方案，并且用实例说明如何通过重新设计来改善 M125A1 传爆管的启动能力。下面将首先通过分析，对经重新设计后的机构的试验结果及一般情况作一介绍。

3 擒纵机构重新设计说明

重新设计包括以下几点：

（1）采用 M125A1 型替代传爆管（尚未编改进型号）擒纵机构的卡子摆销钉的尺寸及位置，擒纵轮的外径及齿形角，擒纵轮与卡子摆的中心距等参数。

（2）采用质量小、转动惯量大的卡子摆结构。

（3）缩小卡子摆下轴承的外径。

（4）卡子摆转轴向传爆管转轴靠拢。

图 1 分别表示早先使用的擒纵机构的结构及改进后的擒纵机构的结构。一般说来，走动装置的结构可用 9 个参数来描述，表 1 即列举了这两种不同结构的有关尺寸。

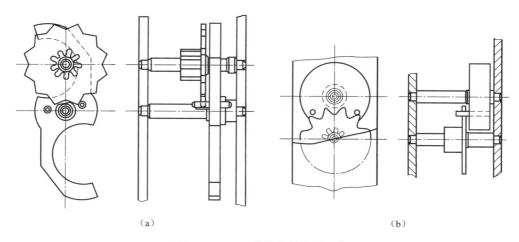

图 1　M125A1 传爆管的擒纵机构
（a）改进后的擒纵机构；（b）原来的擒纵机构

表 1　两种擒纵机构有关尺寸的比较

尺 寸 名 称	原 设 计	改 进 后
销钉卡瓦的半径/in	0.012 57	0.015
销钉间的包角	103°47′	152°6′
销钉包齿数	2.5	1.5
销钉到摆轴的距离/in	0.142 6	0.078 8
擒纵机构中心距/in	0.233 1	0.203 5
擒纵轮半径/in	0.184	0.192
擒纵轮齿形角	27°30′	51°
擒纵轮齿数	12	12
齿顶过渡半径/in	0.003	0.003

现 M125A1 替代传爆管的擒纵机构使用的就是这些改进后的尺寸。截至 1966 年，带有这种擒纵机构的传爆管已经生产了 1 亿 5 千万发以上。这些尺寸是由英格莱哈姆钟表公司（Ingraham Watch Company）根据产品改进合同首先提出来的，该合同还提及了生产能力的许多其他方面。这一设计给出的擒纵机构的公差比较合适，在出现库仑摩擦时，使擒纵轮向卡子摆传递转矩的效率非常高。一般说来，这种擒纵机构与原来的擒纵机构相比，传递给卡子摆的转矩比较高。因此，可以用较大的转矩来克服卡子摆轴承中的摩擦，单就这一点而言，走动装置的尺寸改进是有意义的。但除非同时考虑调整摆的极转动惯量，否则会引起摆的振动加快。

改进后的卡子摆显著不同于原设计的摆。它比较轻，比较薄，转动惯量比较大。它有两个圆弧形的臂，其中的一个臂围着擒纵轮轴布置。伸出的双臂使摆的回转半径增大，因此仅管质量比较小，转动惯量反而提高了。这产生两方面的好处：① 它对高转矩擒纵机构引入的时间变化起到一个补偿作用；② 它减小了卡子摆轴承上的摩擦力矩。这种结构的摆在质量上减轻了 40%，在转动惯量上增加了 75%。另外，改变了卡子摆轴相对于传爆管旋转中心的位置，使摆轴更靠近旋转中心，这就使作用在摆上的离心力的值大大地减小了。还有，摆轴的推力轴承的直径也减小了。由于摆比较轻，加之轴承直径及偏心距的减小，可以使作用在摆上的摩擦转矩大约减小一半，或者还要多些。

可以看出，对擒纵机构所作的全部改进，总的目的是减小摆轴承上的摩擦转矩及增大擒纵轮向摆传递的转矩，而由于摆的转动惯量增大了，因此不致于减少解除保险的时间。在这种擒纵机构样机上所做的试验结果表明，机构的低转速特性如预期的那样，得到了很大的改善。后来，发布了将这些设计变化纳入引信技术数据汇编的工程命令。技术数据汇编是由富兰克福兵工厂引信结构控制委员会审定的。在命令执行期间完成的全部试验，将在本报告中进行讨论。

4 M125A1 型传爆管的特性

最初，M125A1 传爆管的延时机构由离心齿弧，一对轮片、韶轮合件以及无返回力擒纵机构组成。擒纵机构包括两个构件：擒纵轮和销钉式卡子摆。M125A1 的改型（改型未重新编号）则附加了一个轮片、韶轮合件。无论是试验结果还是理论分析都表明，M125A1 型传爆管是个计量弹丸转动圈数的机构。不管弹丸的角速度如何变化，机构都在同一转数下解除保险。理论分析表明，凡是用离心原动机驱动的无返回力擒纵调速器，总是存在这种计量转数的特性。目前的 M125A1 型替代传爆管，解除保险的转数约为 39 转；而原 M125A1 传爆管约在 30 转时解除保险，解除保险的转数之所以较低，是因为少了一级传动轮。富兰克福兵工厂技术报告 R-2006 指出，这一解除保险转数不变的特性是十分有用的，因为它使引信对给定的武器系统有一固定的解除保险距离，该保险距离与弹丸转速的高低及发射装药号的大小无关。

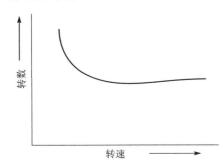

图 2 解除保险转数与传爆管角速度的关系

解除保险的转数与弹丸角速度的关系曲线的一般形状如图 2 所示。机构的解除保险转数不变的特性，适应于图示曲线的平坦部分，它包括实际弹道上 2 950～19 500 r/min 的转速范围。曲线起始段出现倾斜，是与转速无关的摩擦损失影响的结果，诸如转子及齿轮的重力载荷在各自的轴承表面产生的摩擦损失等。

相反，侧向推力载荷的大小则与转速有关，因为它是由离心力引起的，随角速度的平方而变化。当角速度很低时（低于 1 000 r/min），与转速无关的摩擦损失可以与依赖于转速的摩擦损失相比较，这就使得纯驱动转矩与角速度的平方不成正比关系。随着传爆管旋转速度的增加，与转速无关的摩擦损失可以忽略不计，总的摩擦损失及纯驱动转矩就变成近似正比于角速度的平方了。

由图 2 可以看出，存在有某一截止转速，机构就走不动了。这一截止转速受许多因素的影响，其中包括：机构的基本设计、各接触部分的表面质量、这些接触部分的润滑程度，以及使传爆管达到这一转速的角加速度的大小等。高角加速度对机构产生的动力效应,一般总是使截止转速降低。相反,低角加速度不会产生动力效应,这就提高了截止转速。因为要求传爆管在转速达 2 000 r/min 时可靠工作,故截止转速越低,获得的转矩就越大,使机构能通过 2 000 r/min 的旋转试验。可以发现,当采用转动惯量大、质量小的摆及较高的擒纵转矩时,可以有效地降低旋转试验的废品率。

由此看出,这两者的结合有效地降低了截止转速,从而为低转速水平上提高转矩留有更大的余地。

5 试 验 结 果

对三种不同设计的大转动惯量、小质量摆的样机做了弹道试验。这三种不同的设计分别称为最终设计、中间设计及原型设计。所有样机都满足了弹道要求,解除保险距离曲线的 50% 点或平均值只是稍有差别。最终设计已纳入 M125A1 传爆管技术数据汇编中,下面先给出它的试验结果见表 2。

表 2 最终设计的试验结果

武 器	发射装药号	试验类型	发射弹数	备 注
90 mm 加农炮 (M41 炮身)	正常装药	回收	30	未发现擒纵机构机构破坏
105 mm 榴弹炮 (M103 炮身)	7 号	碰地着发	40	无瞎火
8 in 榴弹炮	1 号	碰地着发	40	无瞎火
155 mm 榴弹炮	1 号	碰地着发	40	无瞎火
175 mm 加农炮	3 号	碰地着发	40	无瞎火
90 mm 加农炮 (M41 炮身)	正常装药	Bruceton 法测定解除保险距离	30	平均 233.6 ft, 31.7 转; 标准偏差 3 ft, 0.4 转

5.1 最终设计的试验结果

5.1.1 弹道试验结果

全部试验是在环境温度下用瞬发装定的 M48A3 引信进行的。

试验所用的这些弹道条件是机构在野战使用中可能遇到的旋转环境的极限值。90 mm 加农炮使弹丸产生的转速接近 19 500 r/min,是传爆管所配用的所有武器系统中最高的转速。175 mm 加农炮 3 号装药产生的转速同 105 mm 榴弹炮(M103 身管),为 15 700 r/min。8 in

榴弹炮对应的弹丸转速较低，1号装药产生的转速为 2 960 r/min。155 mm 榴弹炮，在 1 号装药时为 3 210 r/min。同时需要考虑的另外一个问题是武器系统的后坐环境对机构的影响。回收试验表明，卡子摆没有明显的变形，摆轴也没有任何损坏。另外，在摆轴上用作推力轴承（直颈缩小部分）的运动平面上也没有任何不正常的压痕。

5.1.2 实验室试验

① 在进行弹道试验前，随机抽取 10 个样机，装在旋转机上进行旋转试验。用电机控制使转速缓慢上升，以力求使动力效应最小。所有的试验样机都能在 1 000 r/min 时解脱保险。全部试验样机用标准的 MIL-L-11734 引信油进行润滑，在整个研究工作所进行的任何试验中，没有采用干膜润滑。或者说，未发现有这个必要。

在早些各模型上所完成的低转速试验与最终设计的相类似，在此不再重复。可以认为，就对启动能力的影响而言，它们没有什么差别。关于低转速实验室试验的讨论，见富兰克福兵工厂的技术报告 R-2070。它可以在对比的基础上用做确定重要系统参数的工具。

② 其余的用做弹道试验的样机，以 2 000 r/min 的转速进行旋转试验。所有的试样都毫不含糊地解除了保险。为了尽可能地减小动力效应的影响，旋转机的加速过程应尽可能地缓慢。

③ 收集了有关新设计的机构对偏心旋转敏感程度方面的数据，见表 3。

表 3 偏心旋转时机构解脱保险的能力

试件号	偏心范围 R/in
1	$0.075 < R < 0.090$
2	$0.060 < R < 0.075$
3	$0.075 < R < 0.090$
4	$0.060 < R < 0.075$
5	$0.075 < R < 0.090$

一般说来，与同心旋转相比，给定转速下的偏心旋转会产生一个或大或小的转子转矩。这里，机构与试验装置实际转动中心的相对方位变得十分重要，因为作用在所有齿轮合件包括转子上的离心载荷的大小、方向的变化与试验装置的几何中心位置有关。因此，在给定的偏心距上，最好让试验样机在尽可能多的方位上进行试验。对 5 个样机做了试验，以确定延迟解除保险机构在各个方位上都能解除保险的最大偏心距（实际试验是在 8 个等分位置上进行的）。因为试验夹具的偏心距只能进行 0.015 in 的增量调整，所列的结果即以此为限。试验是在 2 000 r/min 的转速水平上进行的。

5.2 原型设计的试验结果

图 3 所示的是大转动惯量、小质量卡子摆、高转矩擒纵机构的原型设计。这一设计类似于海瑞研究所的 David Overman 进行实验时所使用的卡子摆，当它用于特别改装的 M125A1

替代传爆管时,能使保险时间由将近40转增加到100转以上。

将摆做成图3所示的形状,是为了使摆合件适合于放在擒纵轮的下面。这种设计从大量生产的观点来看是不好的,因为它除了要加工一个狭长的毛坯外,还必须进行大量的铣削加工。但是,作为样机试验用来验证数学模型的理论预计,还是令人满意的。下面是用这一设计所得的试验结果。

5.2.1 弹道试验

所有的试验都是在环境温度下用瞬发装定的 M48A3 引信进行的。试验结果见表4。

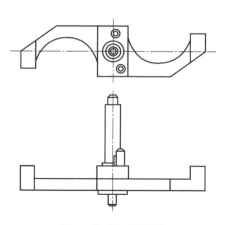

图3 摆的原始设计

表4 原型设计的弹道试验结果

武器	发射装药号	试验类别	发射弹数	备 注
75 mm 加农炮 (AA 炮身)	正常装药	回收	10	销钉弯曲,并有摩擦
105 mm 榴弹炮 (M2A1 炮身)	7 号	Bruceton 法测定 解除保险距离	30	平均 197.54 ft,28.6 转; 标准偏差 3.5 ft,0.5 转
155 mm 榴弹炮	1 号	碰地着发	30	无瞎火

① 随后进行的试验表明,摆的销钉没有淬硬到所需的硬度 RC38~42,而只有将近 RC20。但是,在 75 mm 加农炮产生的 27 000 r/min、21 000G 的环境条件下,另外一组做对比试验的 M125A1 传爆管也以同一形式发生了明显的破坏,在该传爆管中,卡子摆销钉的淬火是很适当的。75 mm 加农炮因旋转而产生的惯性力是 90 mm M41 加农炮的近两倍,这是现用武器中转速最高的。因此,用它进行回收试验是一种过分严格的试验。

② 摆的卡瓦销钉较软时,得到的平均解除保险距离比机构应该具有的要低一些。在载荷较高时,较软的销钉材料将容易磨损,从而使擒纵机构的"有效"几何尺寸产生差别。即使如此,与同一时间同一武器发射的一组标准的 M125A1 传爆管相比,试件的解除保险时间只是稍微快了一点。对比组的平均解除保险距离为 200 ft(29.0 转)。

5.2.2 实验室试验

① 对 100 个样机进行了启动旋转试验,以确定能使机构开始工作的最低转速。在每一次试验时,转速是从静止状态缓慢地加速到能使机构开始工作的水平,以消除由于机构的高角加速度引起的任何动力效应。所得的平均截止转速为 1 028.7 r/min,最低为 880 r/min,最高为 1 180 r/min,见图4。

② 用 100 个试件在 3 000 r/min 的转速水平上进行解除保险转数的试验。得到的解除保险转数的平均值为 32.04 转。如图4所示。这有助于支持前面的假定,即由于疏忽,使用了软销钉,弹道试验所得的 28.6 转要低于机构应该具有的解脱保险转数。

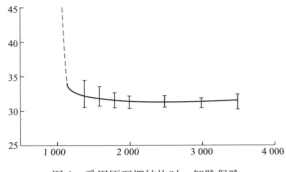

图 4 采用原型摆结构时,解除保险角度与转数的关系

由样机的试验结果显然可见,高转动惯量摆与高转矩擒纵机构的结合,有效地改善了机构的低转速特性。因此,可以预见,机构的可靠性将得到提高,而通不过 2 000 r/min 旋转验收试验的废品率将降低。目前,M125A1 传爆管的生产批量较小(每批最大 5 000 发),显然这种设计是有把握实现的,但它需要较仔细的、较严格的质量控制;换句话说,如果生产批量增大,就会出现较高的废品率。

5.3 中间设计的试验结果

力图用下述观点来发展高转动惯量-高转矩的擒纵机构:既尽可能地接近原型设计,又着眼于将来能用标准的大量生产的工艺进行生产。在原型设计的基础上所作的改进设计如图 5 所示,称为中间设计。这种摆先用半硬黄铜带成形,然后进行铣削加工。实验所需的数量就是这样加工成的。但可以看出,用先进的冲压成形加工方法可以生产出较为经济的成品。这个摆合件比起原型设计来,质量稍为轻些,转动惯量稍为低些,主要的原因是摆端部被强制性地采用了较薄的带材。

总共制造了 500 个试件,进行了下述试验。

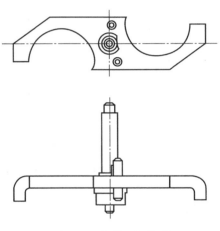

图 5 "成形" 摆外形

5.3.1 弹道试验

试验结果见表 5。

表 5 中间设计的弹道试验结果

武器	发射装药号	试验类别	发射弹数	备 注
90 mm 加农炮 (M41 炮身)	正常装药	碰地着发	40	无瞎火
90 mm 加农炮 (M41 炮身)	正常装药	Bruceton 法测定 解除保险距离	30	平均 162.4 ft,26.18 转; 标准偏差 6.9 ft,0.9 转
155 mm 榴弹炮	1 号	碰地着发	40	无瞎火
105 mm 榴弹炮 (M103 炮身)	7 号	碰地着发	40	无瞎火
8 in 榴弹炮	1 号	碰地着发	40	无瞎火

5.3.2 粗率处理试验

表 6 所示试验按 MIL - STD - 331A 的规定进行。

表 6 粗率处理试验

试验类型	试验发数	试验结果
磕碰试验	32	无失效
颠簸试验	32	无失效
运输振动试验	32	无失效
5 ft 坠落试验	32	无失效
40 ft 坠落试验	32	无失效

5.3.3 实验室试验

① 用了 120 个试件在 2 600 r/min 时测定解除保险的转数，得到的平均解除保险转数为 33.78 转，标准偏差为 1.06 转。不能解释为什么弹道试验时解除保险的转数低了 7 转多。最大可能是实验室的转数测量装置的基线漂移了。一般说来，富兰克福兵工厂的试验数据表明，试件在弹道试验时的解除保险转数要稍低些。在这些试件中，卡瓦销钉的淬火硬度是合适的，这就有可能使磨损减轻，也能使销钉的变形减轻。从回收的 90 mm 加农炮弹中可以看到，尽管引信失灵了，但安全与解除保险机构却解脱保险了，销钉没有永久性的变形。这可以说明，弹道试验时解除保险转数的下降是由于基线的漂移。由于平均解除保险转数 26.18 被认为是可以接受的，就没有试图进一步直接核实这种推测。

② 用了 10 个试件进行解除保险转数与旋转速度关系的试验，结果如图 6 所示。这些试件在 1 000 r/min 时的动作似乎比原型设计要稍稍好些，可能是因为摆稍为轻了一些。

③ 对上述 10 个试件还进行了截止转速的测定。测定的平均截止转速为 839 r/min，最大值为 880 r/min，最小值为 750 r/min。与原型设计相比，中间设计的截止转速比较低，这或许可以用两种摆的质量稍有差别以及两个试验的样本量大小不同（中间设计试验样本 10 个，原始设计试验样本 100 个）来加以解释。

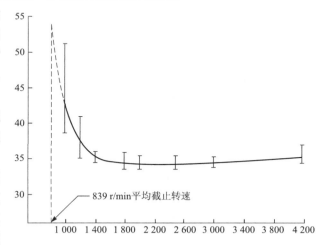

图 6 "成形"摆的解除保险转数与旋转速度的关系

6 总 的 评 价

在这段时间里所做的工作是将成型的高惯量高转矩的擒纵机构纳入到技术数据汇编中

去。大量的有关 M125A1 传爆管及其延期解除保险组件的生产合同已经签订。将这个新的擒纵机构纳入到这些合同中去，估计花费的成本预算超过 50 000 美元，其中部分是由于采用了新的成形摆的成本。虽然图 5 所示的摆是一个有先进结构并可采用模压成形的零件，但承包商及其卖主坚持，除非允许采用精冲工艺，否则还是要采用铣削加工。由于这个原因，中间设计的工程命令被中止了。其后的设计直接发展一种等厚度的摆，这种摆可以用常规的冲压方法加工，因而花销就小了。

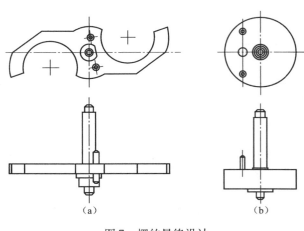

图 7 摆的最终设计
（a）高转动惯量摆；（b）标准摆

由此得到的设计如图 7 所示。实际上，是将原先的中间设计的摆的两端翻平成所需的形状；在摆的销钉孔的周围附加了一部分材料，以允许销钉孔同时冲透，避免了第二次钻削加工；在对角方向上附加材料，以维持对称。所增加的质量，用减小摆轴推力轴颈的办法来补偿——这在预测摩擦损失的数学模型中，是使摆轴承上不依赖于转速的摩擦阻尼降低的一个因素。其结果是，与中间设计相比，最终设计的转动惯量较高，而质量则与原型设计差不多。为进行试验生产了一定数量的试件，试验结果前面已经报告。由于这一设计没有在原合同的基础上增加什么成本，最终签订工程合同，设计被纳入 M125Al 传爆管的技术数据汇编中。

7　摩擦损失的数学模型

下面的分析假定，受擒纵机构控制的运动系统如同一个惯性轮系统，从传动系统的高速端周期性地向这个惯性轮系统附加质量。另外还假定，当附加质量的时间和擒纵轮与摆的冲击时间一致时，系统停止运动。这种方法起初被用来近似求得 M125A1 传爆管的解除保险时间，无论是对定型的设计还是对未定型的设计，都只考虑擒纵轮齿与销钉间的摩擦。下面的分析将考虑整个惯性轮系统的摩擦损失。先研究只是当转矩由一个齿轮传递到另一个齿轮时所造成的摩擦转矩损失。然后，再将轴颈上产生的摩擦损失加上去，计算机构的总的摩擦损失。

8　发生在转矩传递中的摩擦损失

在整个机构中，转矩在三个位置上进行传递。其中两处是轮片与齩轮啮合处，第三处是擒纵轮与卡瓦的接触处（实质是进出瓦交替传递）。本质上都可以看做是凸轮随动机构，因此可以用基本的机构理论进行分析。定性地说，摩擦的存在使这一级向下一级传递的转矩减小。一般说来，损失的大小可用效率作定量的描述。如果在啮合中没有摩擦转矩损失，则效率等于 100%。如果产生的摩擦损失大到这种程度，以至于根本没有转矩传递，则效率等于 0%。以下的分析论证了：无论是齿轮啮合还是擒纵机构啮合，在摩擦系数 μ 一定时，效率是如何确定的。

8.1 齿轮的啮合损失

M125A1 传爆管用的是钟表齿轮,它们的齿廓基本上由圆弧组成。啮合作用的合力使轮片与靿轮的接触点横过它们的中心连线,产生一个近似的滚动运动。众所周知,钟表齿轮的压力角及传递比是随着通过的齿是进入啮合还是脱离啮合而变化的。总的说来,传递效率是摩擦系数及接触点与中心线的相对位置的函数。设想由两个齿轮组成的一个系统(如图 8 所示),它们由某一个能源驱动。该能源在齿轮 1 上产生一个转矩 M_1。转矩传递给齿轮 2,使齿轮 2 产生一个加速度 $\ddot{\theta}_2$。加速度 $\ddot{\theta}_2$ 用下述方程表示:

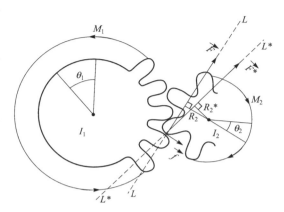

图 8 两个齿轮组成的一个系统

$$\ddot{\theta}_2 = M_2/I_2 \tag{1}$$

式中,M_2 为作用在齿轮 2 上的转矩;I_2 为齿轮 2 的转动惯量。

当齿轮 2 的轴承上没有摩擦时,力矩 M_2 是由齿轮 1 作用在齿轮 2 上的某力 F^* 通过半径 R_2^* 所产生的力矩。力 F^* 是力 F 及摩擦力 $f = \mu F$ 的矢量和,如图 8 所示。力 F 作用在直线 LL 的方向上,这条直线通过轮片与靿轮的接触点并垂直于接触表面。力矩 $F^* R_2^*$ 的大小由下列方程给出

$$M_2 = F^* R_2^* = R_P F(\sin \tau \mp \mu \cos \tau) = I_2 \ddot{\theta}_2 \tag{2}$$

式中,R_P 为接触点与齿轴相对位置的矢径;τ 为 F 与 R_P 的夹角;μ 为接触表面的摩擦系数;"$-$"号表示进入啮合,"$+$"号表示脱离啮合。参数的意义可对照图 9。

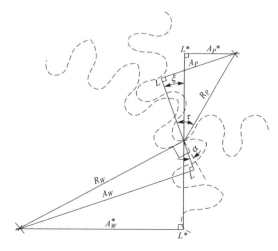

图 9 齿轮接触时的力臂

因为在齿轮 1 上作用有一个与 F^* 大小相等、方向相反的力,因此,作用在齿轮 1 上的总力矩为

$$M_1 - F^* R_1^* = I_1 \ddot{\theta}_1 \tag{3}$$

式中,R_1^* 为作用在齿轮 1 上的 F^* 的反力的力臂。

反作用力矩 $F^* R_1^*$ 的大小由下式给出:

$$F^* R_1^* = R_W F(\cos \alpha - \mu \sin \alpha) \tag{4}$$

式中,R_W 为接触点相对齿轮轴的位置矢径;α 为过接触点的作用线 LL 与 R_W 的垂线间的夹角。

将方程(2)和方程(3)合并,并用式(4)消去 F,可得

$$M_1 = I_1\ddot{\theta}_1 + \frac{R_W(\cos\alpha - \mu\sin\alpha)}{R_P(\sin\tau \mp \mu\cos\tau)}I_2\ddot{\theta}_2 \tag{5}$$

令 η 为齿轮啮合的传动比，则有

$$\ddot{\theta}_2 = \eta\ddot{\theta}_1$$

将之代入方程（5），可得

$$M_1 = (I_1 + \eta_{21}\eta_{21}^*I_2)\ddot{\theta}_1 \tag{6}$$

式中

$$\eta^* = \frac{R_W(\cos\alpha - \mu\sin\alpha)}{R_P(\sin\tau \mp \mu\cos\tau)} \tag{7}$$

"$-$"号表示进入啮合；"$+$"表示脱离啮合。

η_{21} 这一因子可以用图解法。取图 9 中的力臂 A_W 和 A_P 的比值进行估计，即

$$\eta = \frac{A_W}{A_P} \tag{8}$$

式中

$$A_W = R_W\cos\alpha$$
$$A_P = R_P\sin\tau$$

η^* 这一项也可以用图解法进行估计。将作用线 LL 绕接触点向蜗轮轴方向转一角度 ξ，使 $\xi = \arctan\mu$，显然，摩擦系数 μ 可以表示为

$$\mu = \frac{\sin\xi}{\cos\xi}$$

因此，方程（7）可表示为

$$\eta^* = \frac{R_W\left(\cos\alpha - \frac{\sin\xi}{\cos\xi}\sin\alpha\right)}{R_P\left(\sin\tau \mp \frac{\sin\xi}{\cos\xi}\cos\tau\right)} \tag{9}$$

在分子分母上同时乘以 $\cos\xi$，可得

$$\eta^* = \frac{R_W(\cos\alpha\cos\xi - \sin\xi\sin\alpha)}{R_P(\sin\tau\cos\xi \mp \sin\xi\cos\tau)} \tag{10}$$

$$= \frac{R_W\cos(\alpha + \xi)}{R_P\sin(\tau \mp \xi)} = \frac{A_W^*}{A_P^*} \tag{11}$$

如果没有摩擦存在，$\xi = 0$，$\eta^* = \eta$。当轮片与蜗轮之间的接触点落到中心线上时，也有 $\eta^* = \eta$。在这种情况下，$\alpha = \pi/2 - \tau$，$\cos\alpha = \sin\tau$，因此，作为一种特殊情况，方程(11)可以表示为 $\eta^* = R_W/R_P$。

η^* 这一因子有时可看做是齿轮 2 和齿轮 1 之间的转矩比，因为当齿轮 1 没有惯性时，齿轮 2 上的转矩可用齿轮 1 上的转矩与 η^* 的比值进行估计。即

$$M_1 = (M_{输出})_1 = F^*R_1^* \tag{12}$$

$$(M_{输出})_1 = M_2 = F^*R_2^* \tag{13}$$

式中，$(M_{输出})_1$ 为齿轮 1 的输出转矩。从式(12)解得 F^*，将其代入(13)得

$$M_2 = M_1/\eta^* \tag{14}$$

式中

$$\eta^* = R_1^*/R_2^*$$

同样，对于齿轮系，系统的运动方程可用下式表示：

$$M_1 = (I_1 + \eta_{21}\eta_{21}^* I_2 + \eta_{31}\eta_{31}^* I_3 + \cdots + \eta_{K1}\eta_{K1}^* I_K)\ddot{\theta}_1 \tag{15}$$

式中，η_{21} 为齿轮 2 和 1 之间的传动比；η_{31} 为齿轮 3 和 1 之间的传动比；η_{K1} 为齿轮 K 和 1 之间的传动比；η_{21}^* 为齿轮 2 和 1 之间的转矩比；η_{31}^* 为齿轮 3 和 1 之间的转矩比；η_{K1}^* 为齿轮 K 和 1 之间的转矩比。

如前面讨论的，一对齿轮间的传动比及转矩比可以通过作图的方法加以确定。而合成传动比则可由下式确定：

$$\eta_{31} = \eta_{32}\eta_{21} \tag{16}$$

$$\eta_{K1} = \eta_{K,K-1}\eta_{K-1,1} \tag{17}$$

转矩比也可以用同样的方法进行计算：

$$\eta_{31}^* = \eta_{32}^*\eta_{21}^* \tag{18}$$

$$\eta_{K1}^* = \eta_{K,K-1}^*\eta_{K-1,1}^* \tag{19}$$

齿轮啮合有时用效率进行分析，啮合效率以 E 表示，则有

$$E = \eta/\eta^* \tag{20}$$

因此，任一齿轮系统的运动方程可以写成

$$M_1 = \left(I_1 + \sum_{j=2}^{K}(\eta_{j1}^2/E_{j1})I_j\right)\ddot{\theta}_1 \tag{21}$$

$$M_1 = \left(I_1 + \sum_{j=2}^{K}E\eta_{j1}^{*2}I_j\right)\ddot{\theta}_1 \tag{22}$$

将方程（21）与方程（22）比较，可以看出，齿轮啮合损失的效果是使有效转动惯量与效率值相关。因为 $E \leq 1$，方程（21）圆括号内这一项（即齿轮 1 的附加惯量）由于存在齿轮间摩擦而必然增大。

8.2 擒纵机构的啮合损失

如同齿轮啮合一样，擒纵轮齿与销钉间的摩擦损失也可以用效率作定量的描述。摩擦损失是由于擒纵轮齿作用在销钉表面上的力所引起的。销钉沿擒纵轮齿的滑动，引起与滑动方向相反的摩擦力，使转矩下降。当没有摩擦时，擒纵轮作用在摆上的转矩可由下式给出：

$$G_{P.L} = G_{S.W}/\eta_P \tag{23}$$

式中，$\eta_P = A_W/A_P$ 为擒纵轮和摆之间的速度比或传动比。

进瓦上的力矩如图 10 所示。用图 11 所示的接触点的矢径及转矩压力角来表示，则得

$$A_W = R_W\cos\alpha \tag{24}$$

$$A_P = R_P\sin\tau \tag{25}$$

$$\eta_P = \frac{R_W\cos\alpha}{R_P\sin\tau} \tag{26}$$

由于沿销钉啮合表面有摩擦力作用，转矩比发生变化，转矩比用式（27）表示：

$$\eta_P^* = A_W^*/A_P^* \tag{27}$$

用矢径 $\bar{R}_W$、$\bar{R}_P$、压力角 τ 和 α 表示，则得

$$A_W^* = R_W(\cos\alpha - \mu\sin\alpha)$$

$$A_P^* = R_P(\sin\tau \mp \mu\cos\tau)$$

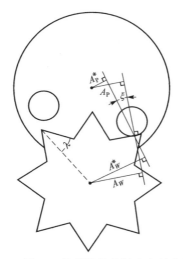
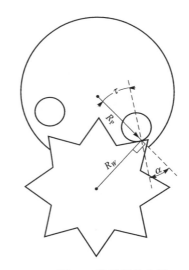

图 10　擒纵机构接触点上的力矩臂　　　　　图 11　擒纵机构参数

故
$$\eta_P^* = \frac{A_W^*}{A_P^*} = \frac{R_W(\cos\alpha - \mu\sin\alpha)}{R_P(\sin\tau \mp \mu\cos\tau)} \tag{28}$$

利用倍角公式，并取摩擦系数 $\mu = \tan\xi$，最后得
$$\eta_P^* = \frac{A_W^*}{A_P^*} = \frac{R_W\cos(\alpha + \xi)}{R_P\sin(\tau \mp \xi)} \tag{29}$$

式（29）中，"－"号适用于进瓦；"＋"号适用出瓦。

显然，如果在进瓦上 $\tau = \xi = \arctan\mu$，则 $\eta_P^* \to \infty$，也即啮合效率趋近于零。因此，和齿轮啮合效率一样，擒纵机构的啮合效率可以精确地加以确定。

$$E_P = \eta_P/\eta_P^* \tag{30}$$
$$= \frac{\sin(\tau \mp \xi)}{\cos(\alpha + \xi)} \frac{\cos\alpha}{\sin\tau} \tag{31}$$
$$= (A_P^*/A_W^*)(A_W/A_P) \tag{32}$$

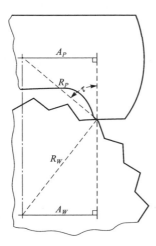

图 12　平面卡瓦走动装置的力矩臂

在进瓦上，当 $\xi \to \tau$ 时，$E \to 0$。对销钉式卡瓦的无返回力擒纵机构，在进瓦啮合期间，如图 10 所示，角 τ 近似等于擒纵轮的齿形角 λ，τ 的具体大小与擒纵轮轴相对摆轴的位置有关。但对于如图 12 所示的平面卡瓦擒纵机构来说，角 τ 被画到卡瓦平面内，它的大小与两个走动零件的中心距无关。

擒纵机构的啮合效率值是衡量一种具体的擒纵机构究竟能经受多大的摩擦系数而不至于闭锁的一个尺度。确定擒纵机构各个啮合点效率的图解分析表明，对于销钉式擒纵机构来说，当销钉处于进入齿的根部时，存在有对摩擦最敏感的接触点。在这一点，角 τ 有最小值。如前所述，当 $\mu = \tan\tau$ 时，$E \to 0$，因此这一点的效率随着摩擦系数的增大而将急剧减小。对于带平面卡瓦的擒纵机构来说，由于同样的原因,对摩擦最敏感的接触点出现在进瓦接触表面的终了处。

9 轴承摩擦损失

9.1 概述

如前面所做的那样,我们先考虑两个齿轮构成的传动系统中存在的轴承摩擦损失的情况。假定作用在齿轮 2 上的力矩为

$$M_2 = F^* R_2^* - g_2 = I_2 \ddot{\theta}_2 \tag{33}$$

式中,g_2 为在第二级齿轮中总的轴承摩擦损失。

同样可以列出齿轮 1 的运动方程

$$M_1 = M_{输入} - g_1 - F^* R_1^* = I_1 \ddot{\theta}_1 \tag{34}$$

式中,g_1 为第一级齿轮中总的摩擦损失。

将两个方程合并,并用前面确定的传动比及转矩比代替方程中的力臂比,得

$$(I_1 + \eta_{21} \eta_{21}^* I_2) \ddot{\theta}_1 = M_{输入} - (g_1 + \eta_{21}^* g_2) \tag{35}$$

式中

$$\eta_{21} = \frac{\ddot{\theta}_2}{\ddot{\theta}_1}, \eta_{21}^* = \frac{R_1^*}{R_2^*}$$

式(35)中等式左边括号这一项表示有效转动惯量,与方程(6)相比,没有变化。但方程(35)中等式右边括号这一项代表有效的轴承损失。请注意齿轮 2 对有效轴承损失产生的影响。与齿轮 1 本身的轴承损失大不一样,齿轮 2 的轴承损失当反映到齿轮 1 上时,实质上被放大了 η_{21}^* 倍。同样,对于由若干个齿轮组成的传动系列,利用所确定的有关效率的概念,可得

$$\left(I_1 + \sum_{j=2}^{K} \frac{\eta_{j1}^2}{E_{j1}} I_j \right) \ddot{\theta}_1 = M_{输入} - \left(g_1 + \sum_{j=2}^{K} \frac{\eta_{j1}}{E_{j1}} g_j \right) \tag{36}$$

式中,第 K 个齿轮为传动系统的最后一个齿轮。轴承损失 g 的大小,可用一般的机械设计公式进行计算。

9.2 颈轴承损失

改进的 M125A1 传爆管使用了颈轴承作为径向支承。对于这种结构,摩擦损失 g_s 可以用下列公式进行计算:

$$g_s = P \cdot \rho_P \sin(\arctan \mu) \tag{37}$$

式中,μ 为摩擦系数;P 为侧向载荷;ρ_P 为轴半径。

9.3 推力轴承损失

齿轮合件被支承在环轴承中,其轴线与传爆管旋转轴平行。这时的摩擦损失 g_t 可用下式计算:

$$g_t = \mu P_t \frac{2(R_0^3 - R_i^3)}{3(R_0^2 - R_i^2)} \tag{38}$$

式中，P_t 为推力载荷；R_0 为环轴承外径；R_i 为环轴承内径。

9.4 总的轴承损失

在任何一级齿轮上，总的轴承损失是上述两种轴承损失的和，即

$$g_j = g_s + g_t \tag{39}$$

一般说来，机构侧向载荷产生的摩擦损失 g_s 与 ω^2 成正比，而 g_t 则不是。如果推力载荷完全是由齿轮合件的质量产生，则在 500 r/min 左右时，g_s 与 g_t 这两项近似相等。

10 机构中存在的附加摩擦损失

以上所讨论的有关摩擦损失的方程，适用于任何使用无返回力矩擒纵机构的时间延迟装置。一般说来，摩擦损失大致来自两个方面——轴承及啮合。但是在某些装置中，有时会引入只是这些装置所独有的附加摩擦。例如，M125A1 传爆管的转子闭锁系统就会产生这样的摩擦损失。这个系统由一个销子及其支承弹簧所组成。当转子进入到解除保险位置时，销子被弹射进机构的夹板孔中。在整个解除保险期间，销子在弹簧支承下顶在夹板上使运动受到阻碍，产生一个摩擦转矩。因此，在数学模型中，除了前已论及的摩擦损失外，还必须考虑这一新引入的摩擦转矩。此外，偏置的销子在转子推力轴承上还产生一个附加的推力载荷，也引入一个附加的摩擦损失。

一旦计算了这些摩擦转矩损失的大小，就可以将它们与其他摩擦损失合在一起。注意，在这种情况下，这是一种与转速无关的摩擦损失，因此，在高转速时，它所起的作用不显著，但在低转速时，它所起的作用很重要。

11 数学模型摘要

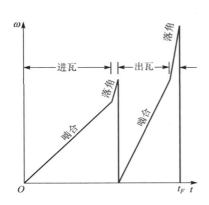

图 13 主动轮的角速度与时间的关系
（与擒纵轮的相似）

图 13 表示走动装置中擒纵轮所遵循的速度与摆的两个半周期之间的关系。因为齿轮系统的其余部分是与擒纵轮啮合在一起的，除了它们的角速度将随各自与擒纵轮之间的传动比而下降外，它们的运动还必须与擒纵轮协调一致。

如本报告前面已经推导的，机构的运动方程可作如下的归纳。

（1）图 13 中斜率较小的部分表示啮合段的运动（擒纵轮直接驱动摆），对应的运动方程为

$$\left(I_1 + \left(\sum_{j=2}^{K} \frac{\eta_{j1}^2}{E_{j1}} I_j\right) + \frac{\eta_{P1}^2}{E_{P1}} I_P\right) \ddot{\theta}_1 = M_{输入} - \left(g_1 + \sum_{j=2}^{K} \frac{\eta_{j1}}{E_{j1}} g_j\right) - \frac{\eta_{P1}}{E_{P1}} g_P$$

式中，I_1 为第 1 个传动轮的转动惯量；I_j 为第 j 个传动轮的转动惯量；I_P 为卡子摆的转动惯

量；I_K 为擒纵轮的转动惯量；η_{j1} 为第 1 个传动轮与第 j 个传动轮间的传动比；η_{P1} 为第 1 个传动轮与摆之间的传动比；E_{j1} 为第 1 个传动轮与第 j 个传动轮间的合成啮合效率；E_{P1} 为第 1 个传动轮与摆之间的合成啮合效率；$\ddot{\theta}_1$ 为第 1 个传动轮的角加速度；$M_{输入}$ 为第 1 个传动轮的输入转矩；g_1 为在第 1 个传动轮上的轴承损失；g_j 为在第 j 个传动轮上的轴承损失；g_P 为在摆上的轴承损失。

(2) 图 13 中斜率升高的那部分表示运动的自由落角段，运动方程同啮合段，只是 I_P 及 g_P 等于零。

两点说明：

① 本报告未受委托描述擒纵轮齿与销钉卡瓦碰撞时系统的运动这一十分困难的问题（在一个周期内，这样的碰撞将发生两次），因此，本报告没有关于这方面的内容。这种碰撞为解这里描述的运动方程规定了边界条件。

② 作为一种近似估算，可以认为碰撞使擒纵轮及摆的角速度下降到零。对本报告所提出的高转动惯量摆进行的高速摄影表明，碰撞实际上使擒纵轮回跳。但并不是所有的走动装置都有这种情况。

12 应用于 M125A1 型传爆管上的运动方程

M125A1 型传爆管的钟表机构由转子、齿弧合件，一个轮片、韶轮合件，一个擒纵轮、韶轮合件，以及摆合件组成。由此有

I_1 —— 转子、齿弧合件的转动惯量；
I_2 —— 轮片、韶轮合件的转动惯量；
I_3 —— 擒纵轮、韶轮合件的转动惯量；
I_P —— 摆合件的转动惯量。

此时，转子的运动方程为

$$\left(I_1 + \frac{\eta_{21}^2}{E_{21}}I_2 + \frac{\eta_{31}^2}{E_{31}}I_3 + \frac{\eta_{P1}^2}{E_{P1}}I_P\right)\ddot{\theta}_1 = M_{输入} - \left(g_1 + \frac{\eta_{21}}{E_{21}}g_2 + \frac{\eta_{31}}{E_{31}}g_3 + \frac{\eta_{P1}}{E_{P1}}g_P\right)$$

已知传动比 η_{21} 及 η_{31} 分别为 6 及 18。η_{P1} 可以写成 $\eta_{31}\eta_P$。同样，效率 E_{P1} 也可以写成 $E_{31}E_P$。将它们代入方程，可得

$$\left(I_1 + \frac{6^2}{E_{21}}I_2 + \frac{18^2}{E_{31}}I_3 + \frac{18^2\eta_P^2}{E_{31}E_P}I_P\right)\ddot{\theta}_1 = M_{输入} - \left(g_1 + \frac{6}{E_{21}}g_2 + \frac{18}{E_{31}}g_3 + \frac{18\eta_P}{E_{31}E_P}g_P\right)$$

亦即

$$\left(I_1 + \frac{36}{E_{21}}I_2 + \frac{324}{E_{31}}I_3 + \frac{324\eta_P^2}{E_{31}E_P}I_P\right)\ddot{\theta}_1 = M_{输入} - \left(g_1 + \frac{6}{E_{21}}g_2 + \frac{18}{E_{31}}g_3 + \frac{18\eta_P}{E_{31}E_P}g_P\right)$$

上述方程中其余各因子的值，可作如下的估计：

(1) 效率 E_{ij} 的大小为 $0 < E_{ij} < 1.0$；

(2) E_{31} 必定小于或等于 E_{21}，乘积 $E_P E_{31}$ 必定总是小于或等于 E_{31}，即 $E_{31} \leqslant E_{21}$，$E_P E_{31} \leqslant E_{31}$；

(3) 对于本报告所讨论的两种走动装置，传递比 η_P 大于 1.0（见下一节的数值计算），即 $\eta_P > 1.0$；

(4) 由于转子、齿弧合件的实际尺寸非常大,因此,转子的转动惯量 I_1 及其轴承摩擦损失比传动轮系中其他零件的转动惯量及摩擦损失要大许多倍。但值得注意的是,方程中转子惯量的系数等于1,而摆惯量的系数约超过400,同样,转子摩擦损失的系数等于1,而摆的摩擦损失的系数则超过30。

可以看出,两个括号中的最后一项被加权得很厉害,以至于成为最重要的一项。一般说来,摆的转动惯量是有效转动惯量的主要组成部分,摆的轴承摩擦则是有效轴承摩擦的主要组成部分。传递比 η_P、传递效率 E_P、擒纵轮到转子的效率 E_{31} 这几个参数,由于它们出现在最后一项,因此也很重要。不幸的是,我们不能用缩小擒纵轮到转子的传动比的办法来改善摩擦损失,这会使控制转子旋转角度的振动次数产生相应的损失。因此,比较有效的,还是对擒纵机构进行改进。

13　改进设计与原设计的定量比较

13.1　传动比及效率

可以对原设计及改进设计后作用在摆上的摩擦转矩进行定量的比较。摩擦转矩随摩擦系数及所考虑的弹丸转速而变化。下列方程假定,与作用在摆上的离心力相比,通过擒纵轮作用在摆轴颈上的任何载荷都可忽略不计。这样,摆轴上的摩擦为

$$g_{P.L} = g_{S.P.L} + g_{t.P.L}$$

$$= m_{P.L}\omega^2 R_{P.L}\mu\rho_{P.L} + m_{P.L}a\mu\frac{2}{3}\frac{R_{O.P}^3 - R_{i.P}^3}{R_{O.P}^2 - R_{i.P}^2}$$

$$= m_{P.L}\mu\left(\omega^2 R_{P.L}\rho_{P.L} + \frac{2a}{3}\frac{R_{O.P}^3 - R_{i.P}^3}{R_{O.P}^2 - R_{i.P}^2}\right)$$

式中, $g_{P.L}$ 为在摆轴承上的摩擦转矩损失; $g_{S.P.L}$ 为侧向反力在摆轴承上产生的摩擦转矩损失; $g_{t.P.L}$ 为轴向推力在摆轴承上产生的摩擦转矩损失; $m_{P.L}$ 为摆的质量; $R_{P.L}$ 为摆轴对弹丸转轴的偏心距; μ 为摆轴承上的摩擦系数; $\rho_{P.L}$ 为摆轴颈的半径; a 为环境加速度(在通常的实验室试验时等于 $1G$); $R_{O.P}$ 为摆轴环轴承的外半径(在进行典型的实验室试验时使用了较小的轴环); $R_{i.P}$ 为摆轴环轴承的内半径; ω 为弹丸角速度。

因为转子转矩与 ω^2 成正比,因此 $g_{P.L}$ 也可表示为

$$g_{P.L} = m_{P.L}\omega^2\mu\left(R_{P.L}\rho_{P.L} + \frac{2a}{3\omega^2}\frac{R_{O.P}^3 - R_{i.P}^3}{R_{O.P}^2 - R_{i.P}^2}\right)$$

图14对比表示了两种不同设计造成的摆轴承上的摩擦转矩与弹丸旋转速度的关系。新设计摆的摩擦转矩下降了将近51%。

用对比两种擒纵机构的传递比的方法,

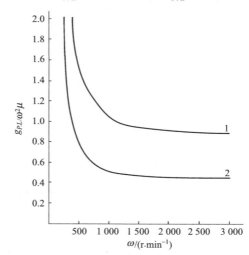

图14　摆轴承上的摩擦转矩与弹丸转速的关系
1—标准摆;2—轻摆

也可对擒纵轮向摆传递的转矩进行定量的比较。

两种擒纵机构在公称尺寸时的最小摆动角都近似等于8°。下面对两种设计在不同啮合位置上的传递比及效率进行比较。

应该记得,由擒纵轮向摆传递的转矩,与传递比成反比。如没有摩擦,则

$$M_{P.L} = M_W/\eta_P$$

式中,$M_{P.L}$ 为传递给摆的转矩;M_W 为作用在擒纵轮上的纯转矩;η_P 为擒纵轮对摆的传递比。

因为目的在于提高向摆传递的转矩,因此传递比越低越好。同样道理,如果考虑有摩擦时,则希望传递该转矩的效率最高。由

$$M_{P.L} = E_P M_W/\eta_P$$

可见,效率越高,传递给摆的转矩就越大。

我们考虑擒纵机构第一次啮合时"必须"经过的啮合位置的传递比及效率。根据无返回力擒纵机构的作用性质,实际擒纵位置的范围需用动力学的方法加以确定。从理论上讲,销钉可以进入到擒纵轮齿的根部,沿整个轮齿表面移动。因为沿擒纵轮齿表面的行程将对面的卡瓦销钉按相邻的齿谷很好地进行了分度,因此卡子的最小摆动角是有保证的,从而,该擒纵机构的啮合范围就被确定了。表2给出了第一次啮合时各啮合位置的传递比及效率值。

表2 传递比及啮合效率值的比较

摆的位置	进 瓦			
	原设计擒纵机构		改进后擒纵机构	
	传递比	$\mu=0.2$ 时效率	传递比	$\mu=0.2$ 时效率
第一次接触	1.919 3	0.543 8	1.418 6	0.654 5
+1°	1.934 2	0.551 6	1.452 4	0.659 5
+2°	1.948 4	0.559 2	1.485 0	0.664 5
+3°	1.961 9	0.566 7	1.516 7	0.669 3
+4°	1.974 8	0.574 1	1.547 4	0.673 9
+5°	1.987 0	0.581 2	1.577 2	0.678 4
+6°	1.998 6	0.588 2	1.606 1	0.682 8
+7°	2.009 8	0.595 1	1.634 2	0.687 0
+8°	2.020 4	0.601 8	1.661 5	0.691 4
第二次接触	2.027 8	0.606 6	1.662 4	0.691 5
摆的位置	出 瓦			
	原设计擒纵机构		改进后擒纵机构	
	传递比	$\mu=0.2$ 时效率	传递比	$\mu=0.2$ 时效率
第一次接触	1.394 4	0.719 5	1.523 5	0.698 0
+1°	1.473 2	0.710 4	1.596 1	0.696 3
+2°	1.557 6	0.700 8	1.671 5	0.694 2

续表

摆的位置	出 瓦			
	原设计擒纵机构		改进后擒纵机构	
	传递比	$\mu=0.2$ 时效率	传递比	$\mu=0.2$ 时效率
+3°	1.647 7	0.690 4	1.750 2	0.691 7
+4°	1.744 4	0.679 3	1.832 4	0.688 8
+5°	1.848 3	0.667 5	1.918 4	0.685 5
+6°	1.960 3	0.654 4	2.008 6	0.681 8
+7°	2.081 1	0.641 1	2.103 3	0.677 6
+8°	2.211 8	0.626 4	2.203 0	0.673 0
第二次接触	2.314 0	0.614 9	2.206 4	0.672 8

上述数据表明，当 $\mu=0.2$ 时，在进瓦上，改进设计的擒纵机构传递给摆的转矩约比原设计大50%；在出瓦上，则小3%左右。就机构通过2 000 r/min的转速验收试验来说，进瓦上的冲击得到改善显得特别重要。这是因为传爆管所受的角加速度总是使擒纵机构落在进瓦上，也就是说，该机构的冲击是从进瓦开始的。这就存在销钉与轮齿之间从根部开始接触的可能性。表3为齿根部啮合的效率及传递比与摩擦系数的关系的比较。

表3 进瓦齿根部的效率比较

摩擦系数 μ	原设计擒纵机构		改进后擒纵机构	
	传递比	效率	传递比	效率
0.0	1.89	1.00	1.11	1.000
0.1	1.89	0.721	1.11	0.773 4
0.2	1.89	0.474	1.11	0.609 6
0.3	1.89	0.258	1.11	0.485 8
0.4	1.89	0.063	1.11	0.388 8
0.435	1.89	0.000	1.11	0.359 7

改进设计比原设计增加的转矩百分比与摩擦系数的关系见表4。

表4 转矩增量与摩擦系数关系

摩擦系数 μ	以百分比表示的转矩增量/%
0.1	70.3
0.2	82.6
0.3	320.6
0.4	1 050.8

由上述数据可见，改进后的擒纵机构在高摩擦环境中有更好的工作能力，特别是有更好的启动能力。

高转动惯量的摆与改进后的走动装置的结合，使传递给摆的总的转矩得到增加，并降低了在摆轴承上的摩擦转矩。因此，作用在摆上的纯转矩增加了。增加量的大小取决于下列表面间实际存在的摩擦系数的大小：销钉与擒纵轮啮合表面之间，摆的轴颈与夹板孔侧表面之间，摆的下推力轴承与夹板表面之间。如果两种机构的最终效率保持一致，则可近似认为，以百分比表示的纯动力转矩增量等于它们的摆的转动惯量的比值。由此可得，作用在摆上的纯转矩（传递的转矩减去摩擦转矩）总的增加了43.75%。

13.2 擒纵轮的转动惯量

用于改进设计的大直径擒纵轮（公称直径0.384 in），其转动惯量要高于原设计的尖齿擒纵轮（公称直径0.368 in）。由大轮算得的转动惯量为 0.280×10^{-6} slug·in^2[①]，而小轮为 0.168×10^{-6} slug·in^2。与各自的摆的转动惯量相比，原设计擒纵轮比摆小10倍，而改进设计擒纵轮则比摆小8.2倍，都比较小。在擒纵机构啮合期间，这两种情况下擒纵轮对整个传动轮系有效转动惯量的影响是微不足道的。但在擒纵机构的自由落角运动期间，齿轮系脱离摆而运动。在这种情况下，擒纵轮的转动惯量在有效转动惯量中占主要成分。因此可以预测在自由落角期间，改进后系统的角加速度比原设计系统的角加速度要小一些。一般说来，在整个走动周期中自由落角所占的时间，与啮合时间相比是很小的，因此对解除保险时间造成的差别也是很小的。

13.3 摆的转动惯量

新设计的翼摆结构有较大的回转半径。这种摆的轮廓面积为 $0.090\,6\ in^2$，比原有圆形摆（面积 $0.107\ in^2$）小15.3%，而面积惯性矩则从 $0.001\,658\ in^4$ 提高到 $0.004\,771\ in^4$，是原有圆形摆的287.73%。因为

$$k = \sqrt{I/M}$$

式中，k为回转半径；I为转动惯量；M为质量。

亦即回转半径从0.127 4 in 增大到0.229 1 in，提高了79.8%。

翼摆只有0.051 in 厚，比圆摆薄50%，以致尽管极转动惯量增加了将近44%，而总重却减轻了46%。

翼摆的转动惯量约等于 2.30×10^{-6} slug·in^2，而圆形摆是 1.69×10^{-6} slug·in^2。如前所述，作用在摆上的转矩提高了，本来会引起机构转速的升高，为了保持原有的延迟时间，就需要比较高的转动惯量。最后，机构的实际延迟时间约为31.95转，对应的原设计机构的延迟时间为30转。之所以仍然多了将近两转，是因为用做保险距离试验的试件中，擒纵轮直径尺寸是允许范围内的较大值，这就导致试件的走动稍为慢了些。

14　关于新擒纵机构的大量生产

本报告所叙述的擒纵机构的变化，作为工程指示已纳入技术数据汇编，直到该改进废置为止。在三家制造这种改进设计的承包商中，两家购买成品摆，然后钻销钉孔，第三家在落

---

① 1 slug = 32.174 0 lb（质量）。

料时将孔冲透。

一般说来，通不过 2 000 r/min 转速验收试验的废品率大大地降低了。一家承包商采用聚四氟乙烯的干膜润滑，以降低这一验收水平的剔除量。该承包商认为，如果擒纵机构的设计变化完全按他的合同实现，就不再需要这种润滑剂了。另一家承包商认为，这种剔除实际上是不存在的。显然，废品率的减小终究将使成本降低。另外还可预料，在野战条件下，机构的可靠性将得到改善，特别是对于低转速武器。

15 结　　论

对 M125A1 传爆管擒纵机构进行改进，目的在于改善装置的低转速工作能力。制造了改进设计的 3 种不同改型的样机，对这些样机不仅做了弹道试验，还进行了实验室试验。试验结果良好。最后一种改型适合用标准的大量生产工艺进行大批量的生产。

这些设计变化现已在 M125A1 技术数据汇编中得到了反映。这一改进设计的大量生产表明，所有的设计要求都得到了满足。通不过 2 000 r/min 转速试验的废品率显著减小。在将近 500 发弹丸上进行了初始样机的实弹射击试验，未发现瞎火。

16 推　　荐

从理论上讲，本报告提出的有关 M125A1 型传爆管的改进设计，适用于任何一种无返回力矩擒纵走动装置，特别适用于那些在可靠性方面存在问题的无返回力矩擒纵走动装置。运用所推导的说明摩擦损失的数学模型，可以设法降低摩擦及提高工作效率。比如通过减小颈轴承的直径，减轻传动系统中每个构件的重量，研制一种摩擦损失较小的转子闭锁系统等，可以使目前的 M125A1 传爆管的性能得到进一步的改善。还可这样设想，即重新设计一种转子，它应该给出同样的输出转矩，但重量要比现在的轻，以便产生较低的摩擦损失。

从降低生产成本的观点来看，这些设计变化中的任何一个都是多余的。经改进设计后机构能在 1 000 r/min 的转速下工作，而目前的验收要求为 2 000 r/min。在使用 M125A1 传爆管的现行弹药中，经受的最低弹道转速为 2 950 r/min，这似乎更说明，虽然机构性能还可进一步改善，不过对目前的使用来说，并不是必须的。但是我们应该看到，如果将来需要一种能在非常低的转速及转矩环境中工作的钟表机构，就可以在此基础上作进一步的改进。

参 考 文 献

[1] Louis P. Farace and Seth D. Shapiro. Computer Approximation for the Runaway Escapement in Varying Torque Environments：M125A1 – M125A1E3 Booster. Frankford Arsenal Report R – 2006，May 1971.

[2] Louis P. Farace and James P. Harper. Feasibility of Dry Film Lubrication for the M125A1 Booster. Frankford Arsenal Report R – 2070，March 1973.

薄锥壳对轴向冲击的弹塑性响应

B. Albrecht   W. E. Baker   M. Valathur

谭惠民译　杨欣德校

1 引　言

本文主要研究薄锥壳在小端受轴向冲击时产生的弹塑性波的传播问题。其中有关弹性范围的某些问题，1966 年 Berkowitz 和 Bleich、1968 年 Albrecht 都曾进行过研究。后者述及的封闭解还是和实验结果有关。

虽然在公开的文献中可以找到各种形式的有关锥壳的控制方程，不过本文提出的运动方程及其相容性是和应力-应变关系结合在一起的，共构成 6 个拟线性的双曲线方程，可以沿特征线用数值积分求解。

对于本项研究所选用的应力-应变关系，认为材料对加载率不敏感，以便于描述实验用试件的材料固有特性。

2 控 制 方 程

2.1 运动方程

图 1 所示为厚度等于 h 的锥壳的中性层几何状态。X 为轴线坐标，S、θ、Z 分别为切线、转角及法线坐标；σ_S、σ_θ 为拉应力和角应力；u_S、u_Z 则为 S 和 Z 方向的位移。

薄锥壳没有弯曲，当考虑壳的单元 ABCD 时，可以得到运动方程（Valathur 1972）

$$\rho \frac{\partial^2 u_S}{\partial t^2} = \frac{\partial \sigma_S}{\partial S} + \frac{\sigma_S - \sigma_\theta}{S} \tag{1}$$

$$\rho \frac{\partial^2 u_Z}{\partial t^2} = \frac{\sigma_\theta}{S} \cot \alpha \tag{2}$$

式中，ρ 为单位体积的质量。

2.2 方程的相容性

应变-位移关系很容易由考虑壳体单元的位移得到。拉伸应变 ε_S 可由计算子午线单元 AC 在位移过程中的长度变化得到，如图 1 所示。此处

---

① 本译文原刊于《现代引信》，1987（4）。

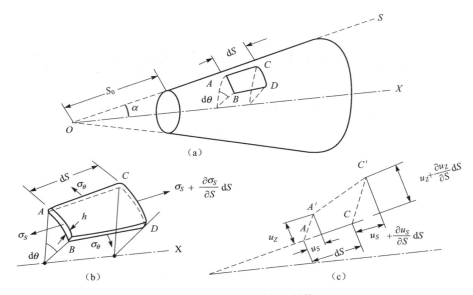

图 1 锥壳的几何形状及结构

$$\varepsilon_S = \frac{\partial u_S}{\partial S}$$

角应变是由位移 u_S 和 u_Z 引起的沿圆周方向的长度变化率。如半径以圆周相同的比率变化，则

$$\varepsilon_\theta = \frac{u_S}{S} + \frac{u_Z}{S}\cot\alpha$$

因此，相容条件为

$$\frac{\partial \varepsilon_S}{\partial t} = \frac{\partial V}{\partial S} \tag{3}$$

$$\frac{\partial \varepsilon_\theta}{\partial t} = \frac{V}{S} + \frac{W}{S}\cot\alpha \tag{4}$$

式中，$V = \partial u_S/\partial t$；$W = \partial u_Z/\partial t$。

2.3 基本方程

用于分析的基本关系可以根据弹性性态、屈服条件、流动规律以及塑性性态来求得。

根据虎克定律，弹性性态可表示为

$$\varepsilon_S = \frac{1}{E}(\sigma_S - \nu\sigma_\theta) \tag{5}$$

$$\varepsilon_\theta = \frac{1}{E}(\sigma_\theta - \nu\sigma_S) \tag{6}$$

式中，E 为杨氏模量；ν 为泊松比。

屈服可以根据 Mises 屈服条件求得，对于我们所讨论的问题，则可以写成

$$\sigma_S^2 + \sigma_\theta^2 + (\sigma_S - \sigma_\theta)^2 = 2\sigma_0^2 \tag{7}$$

式中，σ_0 是简单拉伸时的屈服应力。如应力状态超过由方程（7）求得的屈服表面对，则发

生塑性流动。流动速率将随着方程（7）左边增量的增加而变大，并超出 $2\sigma_0^2$。

在塑性范围或流动状态下，可以采用的基本方程为

$$\dot{\varepsilon}_{ij}^p = \begin{cases} f(\sigma,\varepsilon)S_{ij} & \text{加载时} \\ 0 & \text{卸载时} \end{cases} \tag{8}$$

式中，S_{ij} 为应力偏量。

塑性状态是由单轴情况产生的。假定常规的总应变 ε 是由弹性和塑性分量两部分组成，即

$$\varepsilon = \varepsilon^{(s)} + \varepsilon^{(p)} \tag{9}$$

进而我们假定，可以用 Ramberg-Osgood 方程（Mclellan，1967）很好地描述所用材料的应力-应变关系，则总应变可以写成

$$\varepsilon = \frac{\sigma}{E} + K\sigma^n \tag{10}$$

式中，K 和 n 是根据实验数据确定的材料参数，在本文中杨氏模量及材料参数是根据 Christman 等人（1971）的数据得出的。对方程（10）微分即得应变率表达式：

$$\dot{\varepsilon} = \frac{1}{E}\dot{\sigma} + Kn\sigma^{n-1}\dot{\sigma} \tag{11}$$

对于基本上是二维应力状态的薄壳而言，可以假设每一主应变都可以表示为弹性和塑性应变之和，也即方程（11）可以表示为二维的一般形式：

$$\dot{\varepsilon}_S = \frac{1}{E}(\dot{\sigma}_S - \nu\dot{\sigma}_\theta) + Kn\bar{\sigma}^{n-1}\left(\dot{\sigma}_S - \frac{1}{2}\dot{\sigma}_\theta\right) \tag{12}$$

$$\dot{\varepsilon}_\theta = \frac{1}{E}(\dot{\sigma}_\theta - \nu\dot{\sigma}_S) + Kn\bar{\sigma}^{n-1}\left(\dot{\sigma}_\theta - \frac{1}{2}\dot{\sigma}_S\right) \tag{13}$$

式中

$$\bar{\sigma} = \frac{1}{\sqrt{2}}[(\sigma_S - \sigma_\theta)^2 + \sigma_S^2 + \sigma_\theta^2]^{\frac{1}{2}} \tag{14}$$

2.4 加载和卸载准则

假定存在屈服函数 $f(\sigma_{ij},\varepsilon_{ij},K)$，则加载和卸载准则可以表示为

$$\frac{\partial f}{\partial \sigma}\dot{\sigma}_{ij} < 0, f = 0 \quad \text{（卸载）} \tag{15}$$

$$\frac{\partial f}{\partial \sigma}\dot{\sigma}_{ij} > 0, f = 0 \quad \text{（加载）} \tag{16}$$

$$\frac{\partial f}{\partial \sigma}\dot{\sigma}_{ij} = 0, f = 0 \quad \text{（中性变载,既非加载也非卸载）} \tag{17}$$

3 特征线方法

前面给出的方程（1）~方程（6），可以用来解薄锥壳中应力和应变波的传播问题。所有变量 σ_S、σ_θ、ε_S、ε_θ、u_S 和 u_θ，通常可以通过变量 S、t 和边界条件来加以描述。我们还可以看出，方程（1）~方程（6）是一些双曲线方程，因此可以和特征方程一起，在（S,

t）平面内，用图解积分的方法求解，特别是在得不到封闭形式的解时。将这种方法应用于塑性波的传播，参见 Courant 和 Friedrichs（1948），Jeffrey 和 Taniuti（1964），Lister（1967）以及 Morse 和 Feshback（1953）的论述。

作为特征线方法解题的准备，将带有 6 个未知数的 6 个方程简化为 5 个方程和 5 个未知数。这就是用方程（3）、方程（4）消去 ε_θ，u_s 和 u_z，最终的方程组为

$$\left.\begin{aligned}
&\rho\frac{\partial V}{\partial t} - \frac{\partial \sigma_s}{\partial S} - \frac{\sigma_s - \sigma_\theta}{S} = 0 \\
&\rho\frac{\partial W}{\partial t} + \frac{\sigma_\theta}{S}\cot\alpha = 0 \\
&\frac{\partial \varepsilon_s}{\partial t} - \frac{\partial V}{\partial S} = 0 \\
&\frac{\partial \sigma_s}{\partial t} - \nu\frac{\partial \sigma_\theta}{\partial t} + f(\overline{\sigma})\left(\frac{\partial \sigma_s}{\partial t} - \frac{1}{2}\frac{\partial \sigma_\theta}{\partial t}\right) - E\frac{\partial \varepsilon_s}{\partial t} = 0 \\
&\frac{\partial \sigma_\theta}{\partial t} - \nu\frac{\partial \sigma_s}{\partial t} + f(\overline{\sigma})\left(\frac{\partial \sigma_\theta}{\partial t} - \frac{1}{2}\frac{\partial \sigma_s}{\partial t}\right) - E\left(\frac{V}{S} + \frac{W}{S}\cot\alpha\right) = 0
\end{aligned}\right\} \quad (18)$$

式中，$f(\overline{\sigma}) = EKn\overline{\sigma}^{n-1}$，$\overline{\sigma}$ 可根据方程（14）确定。

最终有特征线和特征关系式为

$$\frac{dS}{dt} = \begin{cases} \pm C_P & \text{卸载时} \\ \pm C & \text{加载时} \end{cases} \quad (19)$$

式中

$$\left.\begin{aligned}
C_P &= C_0\left[\frac{1}{(1-\nu)^2}\right]^{\frac{1}{2}} \\
C &= C_0\left[\frac{1+f}{(1+f)^2 - \left(\nu + \frac{f}{2}\right)^2}\right]^{\frac{1}{2}} \\
C_0 &= \left(\frac{E}{\rho}\right)^{\frac{1}{2}}
\end{aligned}\right\} \quad (20)$$

当 $dS = 0$ 时

$$\rho\dot{W} + \frac{\sigma_\theta}{S}\cot\alpha = 0 \quad (21)$$

$$(1+f)\dot{\sigma}_s - \left(\nu + \frac{f}{2}\right)\dot{\sigma}_\theta - E\dot{\varepsilon}_s = 0 \quad (22)$$

$$-\left(\nu + \frac{f}{2}\right)\dot{\sigma}_s + (1+f)\dot{\sigma}_\theta - E\left(\frac{V}{S} + \frac{W}{S}\cot\alpha\right) = 0 \quad (23)$$

（在卸载时，$f \equiv 0$）

当 $\dfrac{dS}{dt} = +C$ 时

$$\rho(CV' + \dot{V}) + \left[-\frac{C}{C_0^2}(1+f) + \overline{R}\frac{C}{C_0^2}\left(\nu + \frac{f}{2}\right)\right](C\sigma'_s + \dot{\sigma}_s) +$$

$$\left[\frac{C}{C_0^2}\left(\nu + \frac{f}{2}\right) - \bar{R}\frac{C}{C_0^2}(1+f)\right](C\sigma_\theta' + \dot{\sigma}_\theta) - \frac{\sigma_s - \sigma_\theta}{S} +$$
$$\rho C\bar{R}\left(\frac{V}{S} + \frac{W}{S}\cot\alpha\right) = 0 \quad (24)$$

（在卸载时，$C_0 = C$，$f \equiv 0$）

当 $\dfrac{\mathrm{d}S}{\mathrm{d}t} = -C$ 时

$$\rho(-CV' + \dot{V}) + \left[\frac{C(1+f)}{C_0^2} - \bar{R}\frac{C}{C_0^2}\left(\nu + \frac{f}{2}\right)\right](-C\sigma_s' + \dot{\sigma}_s) +$$
$$\left[-\frac{C}{C_2^2}\left(\nu + \frac{f}{2}\right) + \bar{R}\frac{C}{C_0^2}(1+f)\right](-C\sigma_\theta' + \dot{\sigma}_\theta) - \frac{\sigma_s - \sigma_\theta}{S} -$$
$$\rho C\bar{R}\left(\frac{V}{S} + \frac{W}{S}\right)\cot\alpha = 0 \quad (25)$$

（在卸载时，$C = C_p$，$f \equiv 0$）

式（24）、式（25）中

$$\bar{R} = \frac{\nu + \dfrac{f}{2}}{1+f}$$

方程（21）～方程（25）的形式表明，当方程被表示为与特征线方向的偏导有关时，在数学表达上可以显得十分简明。

对于上述这样的拟线性系统，很难得到封闭形式的解。因此方程组通过数值方法解算（1952 Courant 等，1949 Courant 和 Peter，1964 Jeffrey 和 Taniuti）。本文所用的方法是有限差分法和特征线法的综合，以便充分发挥各自的特点。

在利用特征线法时，有关变量是结合由方程（20）解得的主波波前进行计算的。一旦这一工作完成，就可以在波前的后面构成一个矩形的网格。然后，可以用通常的方式将特征关系式写成有限差分的近似表达式。通过所划分的网格，利用已有的计算机解法，可以得到已知初始条件下的主波波前的解。这种有限差分近似、所得的特征关系式以及计算过程，Albrecht 等（1977）作过详细介绍。

4 实 验 研 究

对锥壳进行冲击实验是为了对分析方法进行验证。实验时用平头圆柱弹丸对静止试件进行冲击。试验装置配有电阻应变测量仪，以测量沿母线各个位置的应变-时间历程。试验分成三挡，可以很方便地得到很宽的速度范围。

为了使冲击速度达到约 1 000 ft/s，使用了新墨西哥大学的小型单级气体炮。发射的弹丸直径为 1.25 in。冲击速度可以通过选择发射压力和弹丸质量加以控制。用靠近炮管端的两个带有光源的光电二极管测定冲击速度。当炮弹通过这两个光电管时，将光线切断，同时产生电信号。这两个信号间的时间间隔由一台电子计数器记录。试件离炮口约 0.5 in，因此测得的速度基本上就是冲击速度。

在白沙导弹发射场有一门 5 in 海军炮，发射弹丸的冲击速度在 1 000～5 000 ft/s，测速技术和上面所描述的相类似。试件离炮口约 300 ft，以减少炮口冲击波的影响。炮弹通过周围的空气从炮口飞向试件。

在田纳西州 Tullahoma 的冯·卡尔曼气体动力实验室有两门轻气炮，可以用来产生约 9 000 ft/s 的冲击速度。其中一门为 0.5 in 口径，另一门为 2.5 in。早些时候发展的试验方案用的是较小的这门炮。炮弹在真空中从炮口自由飞向试件：对于小炮，这段距离为 4 ft；对于大炮，这段距离为 40 ft。

用于实验的锥壳如图 2 所示。它们由铝板旋压而成，因此是没有接缝的。一般说来，尺寸 A 用于单级气体炮试验，尺寸 B 用于 5 in 海军炮，尺寸 C 和 D 则用于两种轻气炮。

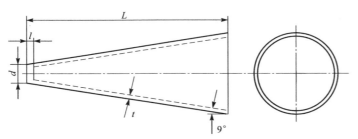

锥壳尺码	各部尺寸/in			
	d	L	l	t
A	0.500	5.55	0	0.062
B	0.750	11.75	0.25	0.125
C	0.125	1.35	0.17	0.030
D	0.250	2.76	0.26	0.062

材料 6061 - T6 铝

图 2　实验用壳体外形与尺寸参数

应变测量是在沿锥体母线约某几个位置上用电阻应变仪完成的，用的是箔式应变片。也可以选用高延伸率的应变片，则测量应变的范围可提高 10%。单轴的应变片用来测量纵向应变，双轴应变片则用于需要同时测量纵向和横向应变的地方。所有的应变片都用低温环氧树脂黏结到锥壳上，树脂允许产生 10% 的应变。黏结在锥壳上的应变片数目视锥壳大小而定，从 3 个到 10 个不等。

在实验工作的初始阶段，某些试验是专门为了确定壳体在初始附加波作用期间的弯曲和屈曲情况。在这些试验壳体上，与贴有应变片的外表面对应的内表面，也贴有一些应变片。试验结果表明，不存在可以辨认的弯曲，只有局部的屈曲，并只限于与弹丸接触的区域。

试验过程中应变片的输出信号由惠斯顿电桥记录并由示波器显示，用照相机记录。测试系统每个通道的带宽为 0~15 MHz，或者更大些。

对于每个实验，锥壳都是被支撑在炮口的前面，以实现弹丸对锥壳的平面冲击。由于我们感兴趣的只是第一个波所产生的应变，因此支撑端的牢固程度并不重要，只要牢固到足以在冲击发生前不产生运动即可。

在完成的一系列试验过程中，用了各种不同的弹丸材料。大多数试验时，是用铝制弹丸进行的。但在用 5 in 炮进行高速试验时，则必须用不锈钢弹丸，因为铝制的在发射过程中会发生断裂。

虽然各种试验都进行得很顺利，但我们还是遇到某些实验上的困难。为了解决这些问题，采用了专门的技术。比如我们就遇到各种示波器在适当时间触发的问题。有关这些问题的讨论已经超出了本文的范围。在 Albrecht 等 1971 年发表的文章中给出了有关的信息。

本课题研究过程中，在锥壳上进行了 100 余次的试验。其中一组记录数据是在冲击速度约 8 000 ft/s 的条件下得到的。试验结果见图 3～图 6 及表 1。

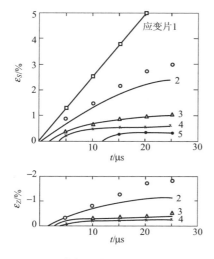

图 3　冲击速度为 144 ft/s 时的
应变-时间曲线

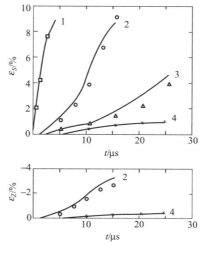

图 4　冲击速度为 875 ft/s 时的
应变-时间曲线

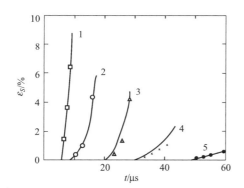

图 5　冲击速度为 3 580 ft/s 时的
应变-时间曲线

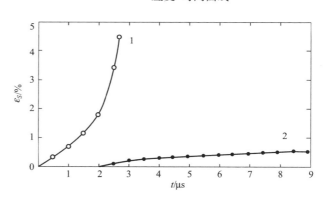

图 6　冲击速度为 8 000 ft/s 时的
应变-时间曲线

表 1　试验结果的归纳

锥体尺寸	弹丸材料	冲击速度/(ft·s^{-1})	从冲击端到应变片的表面距离/in				
A	钢	144	0.07	0.26*	0.46*	0.81*	1.97
B	铝	875	0.06	0.27*	0.61	1.02*	
C	钢	3 582	0.38	0.74	1.26	2.00	2.98
D	铝	8 000	0.13	0.83			
注：* 在该处的应变片为双轴应变片。							

5　结　论

利用轴对称问题动力学方程的特征线方法，无论在弹性范围还是在塑性范围，都可以很方便地确定锥壳中冲击传递的主要特性。所预测的特性，特别是离冲击距离较远处的特性，与 8 000 ft/s 冲击速度时的实验结果的一致性很好。因此，我们相信，如果进一步将弯曲应力和剪切应力结合进来考虑，就可以得到有关传播速度以及主应力产生的应变在理论预测和实验结果之间更好的一致性。

电磁近炸引信
——瑞典博福斯公司在联邦德国登记的专利（DE2821529）[①]

1978.5.17. 申请　1978.12.7 公布
谭惠民翻译　杨辅宗校对

专利范围

(1) 能在距金属目标某一距离上引爆载体（如火箭、炮弹以及其他类似抛射物）中炸药的电磁近炸引信。这个引信有一个能产生电磁场的发射器（2.14），通过这个电磁场的直接作用，使接收器（3.15）产生一个电动势，当出现金属目标（4）时，由于目标场的作用，接收器将感应出一个叠加的电动势。除发射器和接收器以外，近炸引信还包括一个用做信号处理的装置。信号处理装置能将叠加电动势与直接感应电动势分离，并形成一个与叠加电动势有关的输出信号。

(2) 权项1所述近炸引信的接收器（3.15）位于发射器（2.14）的前面，两者之间有一段距离。主要是，它们都位于载体的前部。

(3) 权项2所述发射器（2.14）由一个线圈构成，它被安放在载体的一个截面上，安放的方式能使该线圈产生的电磁场主要沿载体的运动方向作用。

(4) 根据权项3，近炸引信的接收器（3.15）由一个或几个线圈构成。

(5) 权项1～权项4所述近炸引信有一个信号处理装置（9.18），用来进行幅度修正。该装置按接收器信号幅度的大小来调节发射器的信号幅度，以确定一个微分信号。

(6) 权项5所述近炸引信的接收器信号的相位是可调的，调整的目的是抵制已经进行幅度修正的发射器信号。

(7) 权项6所述近炸引信通过控制装置（34.35.36）修正相位和幅度误差。

(8) 权项1～权项7所述近炸引信具有第二个近感装置，特别是利用光反射来实现近炸。如利用一个激光二极管（26）发射光线，然后用探测器接收目标反射光线。

专利说明

本发明涉及一个电磁定距或近炸引信。当装有炸药的载体与金属目标相隔某一距离时，该引信即引爆载体（如火箭、炮弹或其他类似的东西）中的炸药。

迄今为止的绝大部分近炸引信，所利用的都是电磁波，如雷达近炸引信、红外近炸引信、光学近炸引信等。利用磁原理的近炸引信也是人们比较熟悉的，众所周知，它需要一个

[①] 该译文原刊于《现代引信》，1989 (3)。

环绕铁磁目标形成的地磁场。这种近炸引信包括一个以若干线圈组成的探测系统,当通过这些线圈的磁场发生变化时,在线圈中就会感应出一个电动势。因此,如果带有这种磁近感引信的载体飞过含有铁制零件的目标时,感应电动势就会在探测系统中形成电流,该电流即可用作载体战斗部的起爆脉冲。事实上,由于目标附近地磁场的变化非常小,要利用上述原理对目标精确定距是有困难的。

本发明的任务在于提供一种电磁近炸引信,当一个金属目标处于载体的某一确定距离、特别是 0.5~1.5 m 这样的近距离时,该电磁近炸引信即可引爆载体中的炸药。进一步的任务对于一个电磁近炸引信纯属创新,即要求其近炸作用与地球磁场无关,并且与目标是否由铁磁物质构成无关。

本发明的定距引信包含一个发射单元,用来产生一个电磁场;一个接收单元,它一方面因发射单元电磁场的直接作用而产生一个电动势,另一方面因金属目标所形成电磁场的作用而感应一个叠加电动势;此外还包括一个信号处理装置。信号处理装置使叠加电动势与直接感应的电动势分离,并给出一个与叠加电动势有关的信号。

为便于叙述,下面通过实例及有关附图来说明本发明的组成及工作原理。

图 1 为近炸引信工作原理略图;

图 2 为近炸引信的发射器、接收器以及信号处理装置的工作方式方框图;

图 3 为带有控制电路的本发明的另一种表达形式。

图 1 表示一个火箭的局部,它的前部装有属于本发明的引信。图中的箭头从原理上表明:以振荡线圈 2 形式出现的发射器,产生一个按已知规律分布在空间中的电磁场;振荡线圈或发射线圈 2 在火箭横截平面内的安放角度,能使所产生的电磁场基本上都作用在前方。电磁场沿火箭轴向有一个分量;在与之垂直的方向上,即火箭的横向也有一个分量。

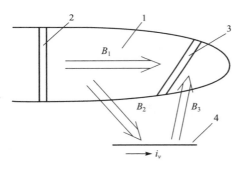

图 1　近炸引信工作原理

此外,近炸引信有一个以探测线圈 3 形式出现的接收器。接收器被安放在火箭的前部,与振荡线圈相隔一段距离,当探测线圈上作用有一个电磁场时,线圈中就感应出一个电动势。

探测线圈可安置在与火箭纵轴成 90°角的一个平面内。此时,探测线圈所探测的主要是在弹轴方向的目标。探测线圈也可安置在与火箭纵轴平行的平面内。此时,探测线圈主要用来探测垂直方向的目标。

由振荡线圈 2 产生的 B_1 这部分电磁场,越过火箭头部,作用在探测线圈 3 上,在线圈 3 中直接产生一个电动势。当金属目标 4 出现在火箭附近时,B_2 这部分电磁场作用在目标上,使金属表层产生涡流 i_v,该涡流引起一个叠加电磁场。叠加电磁场将在探测线圈中感应一个叠加电动势。将这个叠加电动势与直接感应的电动势分离,就可以确定金属目标的存在。利用什么方法来实现这种分离,将结合图 2 详细解释。

由图 1 可见,振荡线圈和探测线圈被安置在火箭的头部,彼此间有一段距离。两个线圈之间的距离对近炸引信的作用距离会产生影响。如果这两个线圈之间的距离太小,近炸引信的工作范围（在此范围内如果有目标存在，近炸引信会给出足够的输出信号）也将变小，以致不能满足需要。不过这两个线圈之间的距离也不能太大，因为金属目标将减弱火箭内直接作用于探测线圈的电磁场 B_1。具体的原因也将结合图2加以解释。总的希望是得到较高的直接感应电动势。此外，尽可能做到在两个线圈之间的空间中不安放金属零部件。火箭的外壳也采用非金属材料制造，比如用塑料。如图1所示，振荡线圈是环状的，尽可能贴近外壳，仅由塑料外壳环抱。

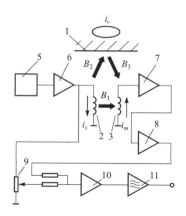

图2 磁近炸引信原理框图

图2的方框图表示近炸引信的工作原理。振荡器5产生一个频率为 f_0 的正弦振荡，经过驱动级6，在发射线圈中产生必需的电流 i_s，然后发射线圈产生一个频率为 f_0 的电磁场。这个电磁场按已知的规律分布在空间中。图示 B_1 这部分电磁场作用在接收线圈3上（探测线圈），同时在线圈中感应出一个电动势。当图示 B_2 这部分电磁场作用在一个金属目标上时，就在金属表层产生涡流 i_v。涡流 i_v 引起一个叠加电磁场，在图中用 B_3 表示。叠加场在接收线圈中感应出一个叠加电动势。上述两个电动势，在接收线圈中造成一个接收信号 i_m，该信号在放大器7和8中得到放大。

驱动级6的输出端与起幅度调整作用的电位器9相连。调整电位器，使进入放大器10的发射器信号与接收器信号有同样的幅度。在放大器7和8中，对接收信号的相位进行调整，调整的结果是将电位器9的每一输出信号抵消掉。在理想的条件下，放大器的输出端得到零值信号。实际上，这就使得发射线圈和放大器不可能造成噪声信号。不过，这同时也会引起发射器信号的某些畸变。

放大器11的用途是将允许通过的信号频带限制在一个很窄的频率范围 Δf 内，其中值就是发射频率 f_0。

借助于微调装置，实际上也有可能平衡掉所有在目标附近的金属物体（如金属建筑物）所引起的叠加信号，从而指示消极信号的平衡状态。当目标与该装置的相对位置发生变化时，整个电磁场的分布也随着变化，从而形成一个有效信号。

前面已经提及，近炸引信应在一个比较小的距离上对金属目标作用。对于大多数目标，应在大约 1.2 m 的距离上产生一个有效信号。这个有效信号比较小，大约只有直接感应信号的千分之一。有效信号的大小，与目标的几何尺寸、电磁特性、运动速度，以及发射器的频率等有关。

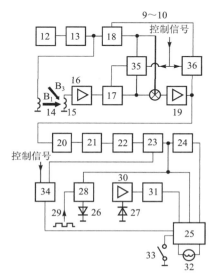

图3 磁-激光复合引信原理框图

图3表示本发明可以采用的一种阐述形式，它进一步提供了分辨有效信号（叠加信号）的线路。在图2所示的情况下，振荡器12产生一个适当频率的正弦振荡信号，驱动级13产生发射器14所必须的电流，从而产生一个正弦变化的电磁场。这个电磁场的一部分 B_1 在接收线圈15中感应出一个电动势。当一个金属目标

（导电目标）以类似图1这种情况接近发射线圈和接收线圈时，在接收线圈15中将感应出一个叠加的电动势。在通常情况下，这个叠加电动势与直接感应电动势相比是比较小的。由于这个原因，需要采取以下的信号处理方法，以便将这个叠加电动势分辨出来。

在静态条件下，也即如果被测的只是电磁场 B_1 时，由接收线圈15给出的信号，被加到放大电路16和相位修正电路17上，以形成比较合适的幅度修正电路的驱动电压。无论是幅度修正电路，还是相位修正电路，在制造时都需要事先调整，使得放大器19以后的输出信号尽可能的小（在理想状态下应该是零）。事实上总是会保留一些叠加信号（残余信号）。唯一的要求是当叠加一个有效信号时，上述残余信号不会妨碍信号电路的正常工作。当一个导电目标在线圈附近经过时，带通滤波器20的输入端将出现一个由残余信号与叠加的有效信号组成的合成信号。经带通滤波器以后，合成信号将保留下来，而噪声及残余信号中的高频成分就被滤掉了。带通滤波器的通带宽度按以下原则选择：当引信以某一最大速度经过目标时，所形成的调幅信号刚好能够通过。

在检波器21中进行频率转换，也即检波器只检出信号峰值，检波后留下的是一个频率范围从 $f=0$ 到 $f=f_{max}$ 的信号，其中 f_{max} 是带通滤波器的带宽。静态残余信号与频率 $f=0$ 对应。残余信号的缓慢的热漂移则造成频率很低的噪声信号，显然，该低频噪声是不希望有的，因此用高通滤波器22滤掉。经滤波后，有效信号中仍然会混有少量的残余噪声。

在电平检波器23中，有效信号与事先确定的门限电平相比较。所谓门限电平，指的是当火箭从上面或正面接近目标时，所能达到的电平。

与此有关的另一个需要解决的问题是，意外的干扰脉冲或类似的信号，不应诱发引信起爆电路工作。为此，起爆电路通过适当方式连有一延时电路（约1 ms）。在图中，表示延时电路24的输出与逻辑电路或起爆电路25连接。按照这种连接方式，在起爆电路能作出逻辑反应前，要求电平检波器的控制信号必须至少出现两次。

为了避免预期的叠加信号过早引爆整个系统，以及为了避免引信在诸如坦克这类目标的伸出的炮管的一侧爆炸，本发明要求引信只有在满足第二个探测条件时，才能实现近炸。这第二个条件，比如说，可以通过反射光探测器来得到。图例表示用激光二极管26给出一束光线，用探测器27接收反射光。此时需从电平检波器23输出一个信号，以解除闭锁单元28对光学部分的闭锁作用，如图3所示。可以用注入脉冲29对所选用的激光二极管实现闭锁，也可以通过放大器30的作用对探测的反射光闭锁。

除此以外，必须满足第三个条件，起爆回路才能最终实现起爆：光学接收器必须探测到一个（可能的话最好两个）由激光二极管发射出去，并经目标反射回来的光学脉冲。与接收器相连的电平检波器31的用途是防止任何低电平的干扰脉冲由此通过。

起爆电路25采用众所周知的方法与电雷管32相连。此外，起爆电路还接有一个碰合开关33，当火箭与目标直接相碰时，该开关闭合。

要求起爆电路在引信电子部分达到它的驱动状态期间，不因电子干扰而发生意外的爆炸。为此目的，安置了闭锁电路34，它既用来闭锁电平检波器，也用来闭锁起爆电路。该闭锁电路同时还有另一功能，即利用给出的控制信号，对残余信号电平进行快速修正。修正的目的在于，在一段时间内（约20 s）将残余信号限制在一个合适的低电平上，以消除任何平衡误差。这种误差可能是由长期贮存造成的老化现象而引起的。

控制信号将进行两级修正，其中第一级实现相位误差的修正，第二级实现幅度误差的修正。

　　在进行相位误差修正时，已经过相位修正的检波器信号和已经过幅度修正的振荡器信号之间可能的时差，可借助相位误差修正装置 35，以适当方式加以确定。信号过零时所产生的对时间的微分，可以是正的或负的，据此可测定时差。该时差（脉冲宽度）可用来调整相位修正线路中的某一参数，如调整某一电阻值。

　　在进行幅度修正时，可借助于装置 36，将放大器 19 输出端的残余信号电平与以适当方式选择的电压相比较，后者表征能通过信号处理电路的残余信号的最高允许电平。

　　如果残余信号的电平超过了比较信号的电平，在幅度修正电路 18 处即形成一个修正信号。此时，该修正信号就可以用来调整幅度修正电路中的某一参数，如调整某一电阻值。

　　所述的相位和幅度误差修正，在电路接通过程结束时立即完成。在此以后，残余信号的调整电平即保持不变，如果说有偏差产生的话，主要是由于电子温漂造成的。

　　在幅度和相位修正电路中，可应用场效应管作为调整电阻的元件。

辑十二

1980—2010 几个片段

留 德 杂 忆[①]

1980年9月，我有幸得到阿登纳基金会提供的奖学金，以访问学者身份赴联邦德国学习两年。在此以前，我在上海外国语学院进修了8个月的德语。俗话说60岁学吹打，我这是近40岁从字母开始学德语，其困难及所达到的水平，可想而知。

1980年9月2日乘坐德国汉莎航空公司的飞机离开北京，1982年9月30日乘坐中国国际航空公司的飞机返回北京，整整2年1个月。其中，六个月在Manheim歌德学院补习德语，念了四个月初级班，要求72分及格，我考了70分，勉强进入中级班的预备班，又念了两个月。然后进Karlsruhe大学机械系工程力学研究所（Institute）进修，一共是三个学期。合作导师J. Wauer教授，在学业和生活两方面都给了我很大照应。我在德国与当时绝大部分中国访问学者一样，为了节省开销，包括医疗保险，都在学校注册登记为"学生"。

进修期间，主要是听了两门课，《振动学的数学方法》以及《振动测量的理论和方法》，做了不少实验。另外，在Wauer教授的指导下，搞了个专题研究《阻尼对随同力矩作用下简支弹性直杆稳定性影响》，这是一个为飞机翅膀一类的构件作最基本简化后构建的模型，用来研究这一类构件的动态失稳问题。我的本行虽然与力学关系密切，但只是用其来解决专业中的理论计算问题，对力学领域本身的行情并不十分清楚。教授对我最后写成的论文的评价语是：这是一篇凝结着谭先生创造力和勤奋的论文，解决了一个至今尚未搞清的问题，是一篇描述非保守载荷杆稳定特性的重要文章，所给出的数值解方法为解这一领域的问题，提供了经验。教授所说的这些话更多的是一种鼓励，不能太当真。（这篇文章部分内容后来被教授采纳写成一篇新的论文，收录在德国《Ingenieur – Archiv》54（1984）205-219，教授的另一名学生为第一作者，我为第二作者，教授为第三作者。）

另外，我就近参观了"奔驰"、"西门子"、"法本"等几家不同种类的工厂企业，瞻仰了丢勒、歌德、贝多芬等几位大艺术家的故居，游览了除曼海姆（歌德学院所在地）、卡斯鲁埃（进修大学所在地）以外几个德国城市，如柏林、梅因茨、斯图加特、纽仑堡、波恩、慕尼黑、海德堡、法兰克福、维尔茨堡等，以及黑森林中只有上千居民的小乡村。接触了西德各阶层的人，如官员、教授、医生、商人、学生、工人、农民，以及警察和醉汉，目睹了一位不买车票又不愿补票的人，被警察赶下公交车的情景，以及科尔在学校礼堂作竞选演讲时（后来科尔当选德国总理）反对派学生敲桌子、蹬地板的热闹场面。

两年，对于离开祖国、亲人而言，是一段漫长的时间；但对于研究一门学问，了解一个国家和民族而言，则是太短了。不过总的来说，我觉得中国人对德国的了解要略胜于一般德国人对中国的了解。

Wauer教授对我在人际交往方面的评价语是：除了有关专业方面的问题外，谭先生尚以他周到的礼貌和令人愉快的性格而受到尊敬，他胸有成竹的谈吐以及他对我们生活方式所表

---

① 原文为1983年9月在系座谈会上的发言稿。

示的巨大兴趣，对于促进有着不同文化背景的我们两国人民之间的相互了解，作出了很大的贡献。

教授所说的更多的是一种客气话。我不是外交人员，只是一名普通的有着正常情感的中国人，对大部分德国人很有好感，很对脾气，与学校里的大部分同事相处比较正常罢了。

德国教育制度的严格性及其形式的多样性，给我留下了极其深刻的印象。前者使真有才华的青年受到良好的教育，后者使不想有学问的人也得学习，因为无论哪种职业（除了清洁女工外）都需要有学历。因此，在德国，职业歧视现象或职业自卑心理并不是很严重。

德国人民的勤奋，守纪律，讲究效率，按部就班，照章办事（有时简直到了繁琐的程度），都很让我钦佩。

我想，教育、效率、遵纪守法等，至少是西德战后这些年来取得很大成绩的重要原因。

不过，我也发现，国内对德国情况的某些宣传并不完全准确。如德国人的"准时"，在我的经验中，无论私人约会，观看演出，极少是"准时"的。我乘坐过几次城际列车，开车及到站的时间，确实十分准时。另外，所谓德国人的礼貌，更确切的说是一种"教养"的表现，有时甚至是与人相处时试图保持距离的一种"手段"。

两年中，通过电视、电影、戏剧、音乐、展览会、博物馆、报刊杂志等，有机会接触了一些西方艺术。说实在的，除"古典音乐"外，真正的"德国造"很少。据一位研究哲学的德国朋友说，贝多芬和歌德的时代将一去不复返，因为在物质文明高度发达的工业社会里人的精神状态都很紧张，一切都商品化了，有严肃主题及深刻社会内容的作品很少有人愿意写，更重要的是很少有人愿意看。

我希望我们国家将来能走出一条既有高度的物质文明，又有高度的精神文明的建设路子来。

德国人办事效率确实高，上午到学校，下午办手续，第二天就开始听课。学生学习比较自由，但考试制度十分严格。2~3门考试不及格，即被要求转到不需要这些课程的另外一个系去。因此，对于一些许多系都设的公共基础课，实际意味着不及格即取消在该校的学籍，得申请去其他学校学习了。允许留级，反正要考够该考的课程。我住过不到一年的学生公寓的"楼长"，即是一位念了8年大学本科的老学生。

在德国，人的价值是学历、能力和品性的综合，评价标准是工资和头衔。研究所（Institute）主任必须是四级教授（相当我国的一级教授），而四级教授不得由本校毕业生当，得由外校毕业的人应聘，搞关系网不行，得有真才实学，得有著作，在同行中有影响，有能与人共事的名声，要发表"施政演说"，由聘任单位的教授、助教及学生代表投票通过，含糊不得。这样做的结果是德国整个大学教育的水平都比较高，象慕尼黑大学，亚琛大学，卡斯鲁埃大学，算是德国比较有名的三所工科大学，主要指他们的历史传统，对外国人有意义，对德国人意义不是很大。

在德国，大教授（四级教授）的社会地位在我的感觉中不亚于政府高官，工资情况不很清楚，大致是一位高级技工的三倍。

教授一定要上第一线，要讲课，而且课时较重，一般每周6~8学时，而且要保证质量。科研以教授为中心，科研任务来自各个大公司、大企业及联邦国防军，这部分科研任务的实用性很强；另外有些任务来自政府及非政府组织的基金会，强调课题的理论性、学术性及前沿性。通常前者是为了"赚钱"，后者是为了"扬名"。发表文章要向刊物交钱。

按理说，教授应经常有论文发表，实际情况 1~3 级教授差不多是这样做的，因为关系到升级问题。一旦当上四级教授（这很难），到顶了，也就不怎么努力了。有的大教授已七、八年没东西发表了，指导我的合作导师 Wauer 教授说，这种情况允许，但不好。

这是一个对历史十分珍惜的国家，在柏林可以看到一座十分现代化的教堂，在他的旁边则是一座在废墟基础上修复的残缺的教堂，给我留下十分震撼的印象。

物质真是十分丰富，食用油的价格和矿泉水一样，水果和蔬菜一样，甚至更便宜。让我有些意外的是，Wauer 教授使用的相机和汽车都是经济实用的品牌，而不是德国人引以为傲的 Leica 和 Benz。

摸着石头过河[①]

1982年底，胡耀邦同志提出国家改革开放问题。83年初学校开始抓改革，我们系当时的吕育新书记是改革积极分子。系主任马宝华老师自告奋勇兼任教研室主任。王宝兴老师则极力推荐我任副主任，积极支持马老师的改革工作。

教研室绝大多数同事积极性很高，都想把教研室搞上去，但对改革中可能出现的困难估计是不足的，思想准备也是不充分的。我当时作为一名副手，一名在德国进修两年后回国不足半年的中年（时年43岁）讲师，一名由马、王两位老师介绍入党只有三年多的新党员，一方面积极协助马老师的工作，另一方面对改革工作能否坚持下去，实在感到没有把握。因此，三个月后，马老师不再兼任教研室主任，由我负全责，我们所做的一些事，是一些领导即使不谈改革，也是我们要做、能做、可做的事。

83年4月，我们教研室提出了一个工作方案，至今刚好一年，主要做了以下几件事。

1. 调整教研室管理班子，主要是精简、年轻化。
2. 严格工作量管理，有奖有罚。

具体做法是，在上学期期末粗线条布置未来新一学期的工作。新学期开始时进行工作量预分，学期期中进行一次调整。到学期终了时进行结算。按工作量多少，工作质量好坏，工作态度优劣，适当的给以奖励，或不给奖励。

在实验室工作的同志，采取坐班制。坐在那里不出活，不认为干好了活，少计工作量。把教学实验、科研实验、设计及加工落实到人头。

工作量管理的核心是劳逸要均衡，赏罚要分明。我这里只有赏，没有罚——不能扣工资，但可以用教研室收入支付奖金。

3. 实验室建设。

自筹资金，改善工作条件，装修房子，包括地下室，总共300平米，开设一个计算室，将冲击测试实验室所需仪器充实配套，使老师、特别是研究生看书写字做实验的条件稍为好了一些。

对于教学实验，因有专人负责，故能保证基本质量；对于科研实验，因有比较专业的高端设备以及经过培训的专业人员，故能较好的为教研室科研提供支持，并开展相应的对外服务。

4. 在提高教学质量上下功夫。

总的指导思想是加强基础理论，加强工程设计能力、外语、测试技术、计算机运用能力的培养，把好各门课程的考试关、课程设计关、毕业设计关。

a. 专业的引信设计理论，一定会引来一场变革，原来的按机构简化成模型、列动力学方程、解方程这种传统内容和讲法将逐渐退出舞台；陆续开设冲击与振动、应力波理论、优

[①] 1984年4月12日向校领导汇报工作的提纲。

化设计、可靠性等选修课程。

　　b. 减少专业课的讲课时数，恢复课程设计，主要是工程设计能力的基本训练。

　　c. 每名学生都要在毕业设计中使用电子计算机，给 25 机时落实到人头，每人发张机时卡。

　　d. 专业外语加强阅读能力训练，要求大量翻译国外文献。

　　e. 增大考试容量及提高考试难度，把学生得分距离拉开，使考试成绩等级分明。

　　f. 完善各种教学法文件，每门课程、每项实习、每个毕业设计都要有大纲。

　5. 积极争取科研项目及开展对外技术服务。

　　一年来，争取到 6 项政府和军方的科研项目，开展了 6 项对外技术服务，还办了两个培训班。对外技术服务及办班是有偿的，所得经费根据国家及学校有关政策，教研室可留成一部分，用于奖励。

　6. 所取得的效果或者说达到的目的。

　　做了以上几件事后，一个比较明显的效果就是大家在精神上和肉体上开始有些紧张起来，老师和学生都一样。

　　在这种情况下，内部关系的协调很重要。老的要关心爱护小的，小的要尊重、体谅老的。老、小都是相对而言。对参加管理的人员则要求公正、民主，讲效率，有权威。

　　在我们现在的体制下，一个教研室所能做的改革是有限的。一句话，我们做我们所能做的、允许做的、领导可以不管的。

　　或许，改革之风迟早要吹进高等教育这块领地。希望不久的将来，教师拥有尊严，学生能在良好的教学环境中健康成长，国家收获德才兼备的有用之材。

行业、产品和学科[①]

一、国家教育主管部门抓专业合并，与国际接轨，出国参观学习，与国外名校交流办学经验，绝对有益，但有些做法值得商量，对建设中国特色的社会主义高等教育未必有益。

实践证明军工行业的高等教育有其特色。国家有一大批军工企业，如果撤消、合并高校的军工专业，军工企业所需专业人才，谁来提供？由通用专业的毕业生从事军工专业技术工作，效率可能更低。

在看得见的将来，我们需要做的工作是拓宽专业面，拓宽的目的是为了加强军工专业，办好军工专业。保留兵器科学与技术，如同保留舰船、航空、航天等一样，但要做必要的专业调整，淡化产品色彩，突出功能技术属性，有步骤地、渐进地走向兵器机械、兵器电子、兵器化学、兵器信息等大学科建设。世界大同后，就可以去掉"兵器"这两个字了。

二、具体到引信技术这个学科，我们主要做了以下几件事。

1. 抓基本建设。

a. 理顺学科建设关系，包括学科的主要研究内容和学科的办学层次。学科主要研究内容是系统技术、探测技术、控制技术和动态测量技术。办学层次为本科生淡化军工色彩，硕士生、博士生强化军工色彩。在数量上一半对一半，争取后者更多一些。

b. 抓住机会，改善办学条件，为学科建设提供更好的物质条件，如正在进行的国防科技重点实验室建设。

c. 规划、设计并争取重大科学研究项目。国家及企业的科研项目是我们学科建设的经济基础，也是显示学科建设取得成果的重要标志。

d. 建设好一支教学科研队伍，在流动中改造、优化学术队伍，同时也为学科建立更广阔的国内外学术联系创造条件。

2. 在产学研关系中找对自己的位置。

相对于专业研究所而言，学校的优势在于基础预研，钱不多，题目难啃，彼此矛盾不大；相对工厂而言，学校的优势在于提出设计思想、设计方案，帮助工厂创新产品，厂校之间也构不成矛盾，可以互利。

学校要有领导新潮流的意识，不要老去想抢同行的饭碗。

3. 学术民主、百无禁忌在学术领域非常重要。学术带头人不是家长，胸襟要宽广，环境要宽松，要让团队中的人特别是年轻的同事敢想、敢说。每个人都要有自己合适的位置，不同的情况下有可能发生角色转换，但无论如何要扮演好自己的角色。

一定会遇到利益分配的问题。我们现在钱不多，但不要不公！

4. 学科建设成效的重要体现是所培养学生的质量。如果一个学科建设到不只是学生挑

[①] 兵器工业总公司曾是多所国防类院校的主管部门，1995年11月兵总召集相关院校兵器类学科的负责人就学科建设问题进行座谈，本文为座谈会上的发言提纲。

你，而是你可以有充分余地地挑学生，就进入良性循环了。做到这一点的前提是你的专业设置是合理的，有好的老师，好的实验室条件，以及充足的研究经费。我们正在朝这个方向努力。学生好 + 学习条件好 = 高质量学生。

对学生一定要严格要求。否则，既害了学生，也败坏了学术风气和学科形象。

5. 不要见利忘义，认准了方向就锲而不舍地去努力。作为高校教师，搞学问、教学生是天职。想赚钱不是不可以、不正确，可以转行，开公司去，堂而皇之的干。

"老师"和"老板"是两种完全不同的职业，一旦混淆，就会乱了套！与此同时，高校教师待遇应切实得到改善，但这和当好一名教师是两个不同范畴的问题。

工科学术带头人应有的素质[①]

对人才素质的要求，搞工的和搞理的有些不一样。我是搞工的，就工程技术学科的学术带头人应具备的条件谈一些意见。

一、作为学术带头人应具备的基本条件

1. 在某一学科领域或该领域的重要方向已经取得重要成果，作出重要贡献。著作、论文、获奖是一些定量标准。
2. 工程问题总是和物理实体联系在一起的，或者说和产品，如一台车、一枚导弹联系在一起的。一说到产品，总是多学科的结合，其中的关键可能是某一学科领域的问题，而要构成一个高质量的产品，就不仅仅是某一学科领域的问题。因此，工科的学术带头人，知识面要广一些，要懂一些相关领域、相关学科的东西，甚至懂一些人文科学。
3. 不能是书呆子，要有组织能力、运筹能力。
4. 人品要好，能团结人，把不同类型的人笼在一起，要知道别人的利益在哪里，助人为乐。
5. 自己的知识、专长能帮助政府、军方在决策时参考。

二、学术带头人如何产生

1. 国家要创造良好的竞争环境，对学术带头人的"培养"要十分慎重，更不要"选拔"一个学术带头人。
2. 要有一种办法将"学术带头人"和"行政官员"真正的分离，各人有各人的职责。
3. 一定要给知识分子在经济上有个能过上体面生活的保证，以保证学术带头人不至于看学术以外的脸色行事。这和知识分子要爱国、爱党，有明确的政治立场是两回事。
4. 比较年轻、有中西结合的思维模式和知识结构、创新精神是工科学术带头人三个重要条件或者说素质。不要论资排辈，不搞终身制，几年不出新东西，相应的称号和待遇就取消。
5. 要建立一套比较独立的评价、遴选学术带头人的机制，由行政领导认定学术带头人的这种情况必须得到有效扼制。充分鼓励人才流动或许是个好方法，以有利于优秀人才冒出来。

[①] 原文为2001年6月14日参加科技部人才座谈会时的发言提纲。

辑十二　1980—2010 几个片段

告 别 江 湖[①]

我很快就要满 70 岁了，要退休了。我退出江湖后，就不会再参与江湖上的事了，包括传统意义上的"教研室"的事、"专业"的事。这可能是我有关"业务工作"的最后一次发言了。

我入学时，1958 年，我们这个专业编号为"4"，或称"四专业"。后来因院系调整，曾经有过其他几个番号，但"82"这个番号使用的时间最长，俗称老"82"，在江湖上的影响也以"82"为大。

"82"主要是研究机电引信及引信的各类安全系统。曾经衍生出一些新的研究方向，如近炸引信、机器人、图像识别、网络安全等，先后成长为一些独立的教学研究单位，发展势头很好，队伍也很强大。

引信，特别是机电引信，严格说来是一个行业，一类产品。在未来很长一段时间里只要还有弹药，从地雷、手榴弹到炮弹、导弹、原子弹，还是要用到引信及各类安全系统，还会有工厂生产这种东西，部队采购这种东西，专业研究所研发一些性价比更好的新东西。因此还是会有本科生及硕士生、博士生等人才需求，但数量不会多，愿意学的年轻人也将越来越少。

一个行业，一类产品的发展，依赖于工业技术及科学理论的进步。看看我们这半个世纪来所谓的引信技术的进步，主要是依赖精密机械制造业、传感器技术、半导体工业、微机电技术、信息科学和网络技术的进步和发展，是有关的技术或理论在引信中的具体应用。现在我们作为重要工作在搞的，如微机电安全系统、弹道修正引信、无人巡飞弹等，早已不是传统意义的引信技术了。或者说，搞 MEMS 技术的，搞制导技术的，搞飞行器技术的，这些专门领域的人，只要具备一些引信方面的基础知识，搞这些课题的研究可能会更出色。我想这也就是为什么美国有以引信作为产品之一的各类工厂，有引信协会、引信研究所，但大学里没有引信专业，而有不同学科的教授在研究与引信有关问题的根本原因吧！

我有几位前辈老师，都十分优秀，1961 年时，经历了一次专业分家的事件，都分到太原机械学院去搞所谓常规引信技术了；留在北京的则搞所谓导弹引信技术。事实证明，这是一段伤筋动骨的历史，形而上学的历史。将一些办企业的方法引入教育领域，会使学科发展的道路愈走愈窄。

事实上，《引信技术》专业教育存在的问题，自 1984 年开始，就被提出来了，并由马宝华老师主持着手进行专业改造。当时的指导思想是拓宽专业面，军民结合，机电结合，教学与科研结合。自 1985 学年开始，每年除了继续少量招收《引信技术》专业本科生外，还先后以军民融合的《电子精密机械》、《机械电子工程》专业名称招收本科生；而硕士、博士则一直以《引信技术》专业为主招生，直到 1997 年，国家公布的官方学科名录中，

[①] 原文为退休前与系内同事们一次座谈的发言提纲，2010 年 4 月 22 日。

《引信技术》被纳入《机械电子工程》。在我们学校,《机械电子工程》本科教育淡化军工色彩,硕士和博士培养则根据学生来源及导师研究方向,军民兼有;即使是军工方面的研究课题,也不局限于引信技术这一小范围了。

《引信技术》作为中国高等教育的一个独立的专业或者学科名称,从1997年起成为历史。

2001年,马老师主持的《机械电子工程》博士点被评为国家重点学科;同为马老师主持的《武器系统与运用工程》博士点也在这一年被评为国家重点学科,但不设本科。这两个学科点的一级学科分别为《机械工程》和《兵器科学与技术》,在我们学校,现在都是国家重点学科。

目前,仍以机电引信及引信各类安全系统为主业的人员,大部分留在《武器系统与运用工程》这一学科方向。当然,过去的《引信技术》与现在的《武器系统与运用工程》已不可同日而语了。我们的办学道路或许正在逐渐与国际接轨。这么多年真是一段艰难的历程,其中的甘苦一言难尽。

一个军工专业的研究内容及研究方向,会随着军事需求的变化及科学技术的进步,发生巨大的变化。比如说,30年前可以在一个机械厂完成加工一枚巡航导弹用的触发引信;而一枚现代化的触发引信,可能基本上是一个电子产品!深入研究这两种触发引信需要两种经过不同学术训练的学科人才。或者反过来说,由不同学科背景的人来研究它们这才是正道。

一个学科总是会有发展、蜕变等问题发生,尤其是在中国这一个甲子的历史巨变时期。我只是期盼,还在从事与引信技术有关教学科研工作的同志,能将老"82"的一些优秀的精神基因传承下去,如良好的综合素质,宽广的视野,宏大的胸襟,坚强的意志等。

《引信技术》作为高等学校一个独立学科,它成为历史是必然的。对于这段历史,总觉得有许多话可讲,可又不知道从何谈起。在这里,想和大家分享的,是我的一些个人体验:

作为高校教师,特别是年轻教师,一定要根据专业的发展趋势,不断学习新的知识,寻找一个合适的舞台,搭建一个合理的架构,以有利于上一两门自己喜欢讲授的课程,有较好的取得科研课题的渠道,有值得信赖的直接领导,能组成对胃口的工作团队。搞工科的,搞我们这样工科的,不能当单干户,单干户是搞不出名堂的。要积极主动的安排一些时间,干一些看似与自己无直接关系的事。可以想象一下,如果我们没有重点学科,没有重点实验室,没有几个资质认证,我们个人的境况将会怎样?!只有集体兴旺了,个人才会有锦绣前程。

我们现在所面临的一些难题,有些是体制所产生的。我们改变不了大局面,但还是可以创造一个比较好的有利于学科发展的小局面。

祝新一代的老"82"的同志们取得更大的进步和成绩。

谭惠民简历

1940 年 6 月 18 日出生于上海。

1946 年 9 月至 1952 年 7 月在上海毓德小学念书，班主任宣冬玲老师。

1952 年 9 月至 1958 年 7 月就读于上海麦伦（现为继光）中学，班主任吴玲玲老师、潘成舟老师、孔慧英老师。

1958 年 9 月至 1963 年 7 月，进入北京工业学院（现为北京理工大学）机械二系学习，毕业于引信设计与制造专业本科，并留校任助教。毕业设计题目"飞航导弹引信装置分析研究"，马宝华老师指导。

1976 年参加编著的《引信设计》教材由北京工业学院出版。

1978 年任讲师。

1979 年 12 月由马宝华、王宝兴介绍加入中国共产党。

1979 年 12 月至 1980 年 7 月，在上海外国语学院进修德语，外籍老师里特尔先生。

1980 年 9 月至 1982 年 9 月受联邦德国阿登纳基金会奖学金资助，赴德学习。

1980 年 9 月至 1981 年 3 月，在曼海姆歌德学院接受语言培训，老师奎斯特小姐。

1981 年 4 月至 1982 年 9 月，在卡斯鲁埃工业大学（TU Karlsruhe）机械系工程力学研究所进修并做客座研究，研究专题"阻尼对随同力矩作用下简支弹性直杆稳定性影响"，合作导师瓦悟尔教授。

1981 年译著《机械弹簧》由国防工业出版社出版。

1982 年 9 月自联邦德国回国，参加《引信构造与作用》编写，该教材于 1984 年由国防工业出版社出版。

1983 年至 1995 年任引信技术教研室主任。

1986 年任副教授。

1987 年至 1989 年参加 863-409-2 专题专家组，并主持"拦截器引爆控制技术"项目的研究工作。

1989 年译著《系统动力学》由国防工业出版社出版。

1991 年作为撰稿人、编委、总审人参与工作的《兵器工业科学技术词典·引信》由国防工业出版社出版。

1992 年 1 月参加筹建机电工程与控制国防科技重点实验室，1995 年 12 月实验室通过验收，任实验室北京分部主任至 2002 年，任实验室（西安总部）副主任、学术委员会委员至 2004 年。

1992 年 11 月任教授。

1993 年享受政府特殊津贴，获光华科技基金二等奖，同年 11 月任博士生导师。

自 1987 年起，任原国防科工委引信技术专业组秘书，1996 年任副组长，1999 年任总装备部引信与火工品技术专业组副组长，2002 年至 2006 年任顾问。参加了我国"八五""九五""十五"引信技术预研规划的制定工作。

1993年至2000年,任末敏弹系统预先研究、演示验证副总研究师,负责机电安全与引爆子系统的研制工作。

1995年参与编写的《飞航导弹战斗部与引信》由宇航出版社出版。

2000年根据科研案例编写并内部出版了博士生专题讲座讲义《安全与引爆控制系统设计方法》。

2002年任中大口径榴弹引信系列安全性改造项目副总质量师。

1983年至2007年,因教材编写、预先研究、型号研制所取得的成绩,先后获全国高校优秀教材奖1项,国家发明三等奖1项,部委科技进步一等奖1项、二等奖7项。

编 后 语

所编《谭惠民文集》收录了谭惠民教授从1976至2010年间的多种著述，其中约三分之一篇幅为首次公开发表。作为我国引信行业现代化进程的推动者与实践者之一，谭惠民先生的工作涉及参与发展规划制定、负责项目研制、主持课题评审、授课及指导学生、著书立说等诸多方面。鉴于此，我们根据先生自己选定的文章，做了如读者所见的分类编辑，除了出于技术安全原因作了一些必要的处理外，特别注重原始风貌的保存，希望能为后学者提供多方面的借鉴，并为引信学科留下一份难得的历史记录。

在2009年初步完成文集内容整理后，谭惠民先生对初稿进行了多次修订，并于2018年底再次补充了5份发言稿作为文集最后一辑。其时恰逢改革开放40周年，增补内容以先生的留德回忆起始，以先生在退休前与机电工程系同事座谈时的讲话收尾，基本勾勒出先生在改革开放的大背景下为教研室、学校、引信学科乃至兵器行业付心血、谋发展的艰辛历程。实际上，文集所涉及的专业领域的主要内容，除教材节选《引信弹簧设计法》及两篇有关钟表机构的译文为七十年代所作外，其余均为先生自1980年起在引信领域辛勤耕耘的记录。由文集的内容也可以反映出我国引信领域自改革开放以来在技术方面的进步过程。

编者曾先后受教于谭惠民先生，并有幸成为先生的助手及同事，对先生的风采多有领略。先生是位难得的智者，他既具有干练、条理分明的组织才能，也具有富于理智、得失兼顾的远见卓识，更具有严谨、细致的学者风范，文集对此有多视角的反映。先生对后学者不论亲疏、门派，一视同仁，言传身教"为人、思辨、宽容"这些让人终生受益的道理，在文集中也可见一斑。而对先生这一生有着重要影响的，是文集中有专文论及的他的老师马宝华先生。编者和两位先生相识多年，深感他们在对学科发展所作的战略思考和具体实践方面的默契、协调，以及在学术领域的至诚合作、理性争辨精神，堪称师生、学人关系的楷模，值得我们这些晚辈认真学习，并加以发扬光大。

负笈京城至今，谭惠民先生在过去的北京工业学院、现今的北京理工大学已经度过了整整一个甲子，用先生自己的话说，自从进入到引信这个行当，始终在和分析与解决"Safety and Arming"这一矛盾打交道，而身处变革的时代，矛盾更是层出不穷，先生用他的智慧与耐心来一一化解，华发早生却道出了其中的辛劳。自退休起，先生嘎然作别实验室与会议室，"不再参与江湖上的事"，重拾多年来没有时间顾及的雅趣，与金石笔墨为伴，享受难得的清净与安逸，洒脱之余，更显大智慧。先生在那个"一切服从祖国需要"的年代，按照国家的意志，以引信作为自己毕生的事业，这是引信技术学科的幸运，但也可作这样的设想，如果给先生提供一个更大的舞台，情形将如何？……

在先生即将迎来"七九"华诞之际，将文集完成修订增补正式付印，以志庆贺，并以此来致敬先生为引信事业所付出的年华。

编 者

2019年1月18日